全国高级技工学校电气自动化设备安装与维修专业教材

QUANGUO GAOJI JIGONG XUEXIAO DIANQI ZIDONGHUA SHEBEI ANZHUANG YU WEIXIU ZHUANYE JIAOCAI

电工基本技能训练

鲁劲柏 主 编

中国劳动社会保障出版社

简　介

本书为全国高级技工学校电气自动化设备安装与维修专业教材，主要内容包括安全用电、电工基本操作技能、电子基本操作技能、钳工基本操作技能。

本书由鲁劲柏任主编，何薇、翟桂敏任副主编，段亮、刘涛、蒋莉莉、金闵辰、李鑫参加编写，刘振兴审稿。

图书在版编目（CIP）数据

电工基本技能训练/鲁劲柏主编. --北京：中国劳动社会保障出版社，2023
全国高级技工学校电气自动化设备安装与维修专业教材
ISBN 978-7-5167-5951-6

Ⅰ.①电… Ⅱ.①鲁… Ⅲ.①电工技术-技工学校-教材 Ⅳ.①TM

中国国家版本馆CIP数据核字（2023）第216464号

中国劳动社会保障出版社出版发行
（北京市惠新东街1号　邮政编码：100029）
*
北京谊兴印刷有限公司印刷装订　新华书店经销

787毫米×1092毫米　16开本　16印张　360千字
2023年12月第1版　2025年6月第2次印刷
定价：34.00元

营销中心电话：400-606-6496
出版社网址：http://www.class.com.cn
http://jg.class.com.cn

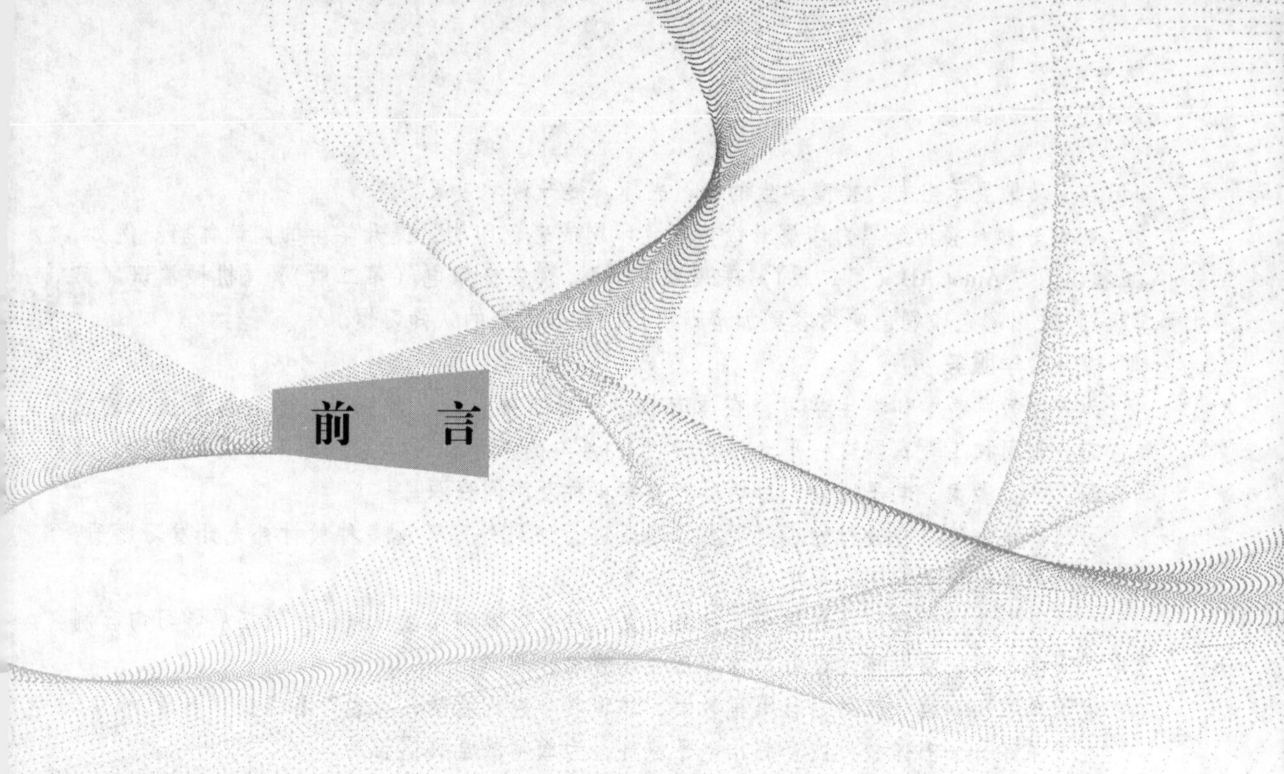

前　言

为了更好地适应高级技工学校电气自动化设备安装与维修专业的教学要求，全面提升教学质量，人力资源社会保障部教材办公室组织有关学校的一线教师和行业、企业专家，在充分调研企业生产和学校教学情况、广泛听取教师使用反馈意见的基础上，吸收和借鉴各地技工院校教学改革的成功经验，对现有全国高级技工学校电气自动化设备安装与维修专业教材进行了修订（新编）。

本次教材修订（新编）工作的重点主要体现在以下几个方面。

更新教材内容

◆ 根据企业岗位需求变化和教学实践，针对培养高级工的教学要求，确定学生应具备的知识与能力结构，调整部分教材内容，增补开发教材，合理设计教材的深度、难度、广度，充分满足技能人才培养的实际需求。

◆ 根据相关专业领域的最新技术发展，推陈出新，补充新知识、新技术、新设备、新材料等方面的内容，更新设备型号及软件版本。

◆ 根据现行的国家标准、行业标准编写教材，保证教材的科学性和规范性。

◆ 在专业课教材中进一步强化一体化教学理念，将工艺知识与实践操作有机融为一体，构建“做中学”“学中做”的学习过程；在通用专业知识教材中注重课堂实验和实践活动的设计，将抽象的理论知识形象化、生动化，引导教师不断创新教学方法，实现教学改革。

优化呈现形式

◆ 创新教材的呈现形式，尽可能使用图片、实物照片和表格等形式将知识点生动地展示出来，提高学生的学习兴趣，提升教学效果。

◆ 部分教材将传统黑白印刷升级为双色印刷或彩色印刷，提升学生的阅读体验。例如，《工程识图与 AutoCAD（第二版）》采用双色印刷，《安全用电（第二版）》《机械常识（第二版）》采用彩色印刷，使内容更加清晰明了，符合学生的认知习惯。

提升教学服务

为方便教师教学和学生学习，在原有教学资源基础上进一步完善，结合信息技术的发展，充分利用技工教育网这一平台，构建"1 +4"的教学资源体系，即 1 个习题册和二维码资源、电子教案、电子课件、习题参考答案 4 种互联网资源。

习题册——除配合教材内容对现有习题册进行修订外，还为多种教材补充开发习题册，进一步满足学校教学的实际需求。

二维码资源——在部分教材中，针对重点、难点内容制作微视频，针对拓展学习内容制作电子阅读材料，使用移动设备扫描即可在线观看、阅读。

电子教案——结合教材内容编写教案，体现教学设计意图，为教师备课提供参考。

电子课件——依据教材内容制作电子课件，为教师教学提供帮助。

习题参考答案——提供教材中习题及配套习题册的参考答案，为教师指导学生练习提供方便。

电子教案、电子课件、习题参考答案均可通过技工教育网（http://jg.class.com.cn）下载使用。

致谢

本次教材的修订（新编）工作得到了辽宁、江苏、山东、河南、湖北、广东、广西等省（自治区）人力资源社会保障厅及有关学校的大力支持，在此我们表示诚挚的谢意。

人力资源社会保障部教材办公室

2022 年 11 月

目　录

课题一 安全用电

任务1 电气安全标志及安全技术规范的认知

学习目标

1. 掌握电气安全标志的基本概念，能正确识别常见的电气安全标志，树立安全用电的意识。
2. 熟悉电气设备安全技术规范的基本内容。
3. 了解电气安全防护技术的基础知识。

任务引入

电气安全与人们的生产和生活密不可分。为了防止电气意外事故的发生，电工在完成各项作业的不同阶段均应遵守相应的安全技术规范要求。同时根据不同的情况，需要在电气设备上悬挂各类不同颜色、不同图形的安全标志，提醒人们对不安全因素的注意与重视。

本任务旨在认知常见的电气安全标志、电气设备安全技术规范和电气安全防护技术。

相关知识

一、电气安全标志

安全标志是指通过颜色与几何形状的组合表达通用的安全信息，并且通过附加图形符号表达特定安全信息的标志。

根据国家标准《电气安全标志》（GB/T 29481—2013），电气安全标志包括禁止标志、指令标志、警告标志和提示标志。此外，还有一类辅助标志，用来为上述四类安全标志提供补充说明。

《安全标志及其使用导则》（GB 2894—2008）规定，安全标志由图形符号、安全色、几何形状（边框）或文字构成。

《安全色》（GB 2893—2008）规定，安全色是指传递安全信息含义的颜色，包括红、蓝、黄、绿四种颜色，见表1－1－1。

表1－1－1　安全色的种类与说明

安全色	图示	说明
红色		传递禁止、停止、危险或提示消防设备、设施的信息，常用于禁止标志，如禁止烟火等
蓝色		传递必须遵守规定的指令性信息，常用于指令标志，如必须戴安全帽等
黄色		传递注意、警告的信息，常用于警告标志，如当心触电等
绿色	紧急出口 紧急出口	传递安全的提示性信息，常用于提示标志，如紧急出口等

对比色是指使安全色更加醒目的反衬色，包括黑、白两种颜色。通常情况下，对比色与安全色同时使用，用以突出安全色。安全标志中安全色与对比色的搭配使用规定见表1－1－2。

表1－1－2　安全标志中安全色与对比色的搭配使用规定

安全色	红色	蓝色	黄色	绿色
对比色	白色	白色	黑色	白色

二、电气设备安全技术规范

为了提高工业生产和日常生活中的电气安全水平，最大程度降低电气安全风险，电气设备在设计、制造、销售和使用时的部分安全技术要求如下：

1. 电气设备必须按标准制造，在规定使用期限内保证安全，不应发生危险。

2. 可以采用绝缘防护技术、直接接触保护技术、间接接触保护技术等对电气设备按设计用途使用时由于电能直接作用而造成的危险提供足够的保护。

3. 电气设备应具有足够的机械强度、良好的外壳防护和相应的稳定性，以及适应运输的结构。

4. 电气设备的电气连接、机械连接和既是电气连接又是机械连接的连接件、装置、连接器、端子、导体等必须可靠锁定。使用中发热、松动、位移或其他变动应保持在允许的范围内，并能承受电、热、机械的应力。

5. 电气设备运行时，可采用防护罩、防护窗或排屑装置等专门技术手段防止工件、刃具或部件以及作业时的金属屑、粉尘等飞甩出去。应采用平衡、减振、隔声、消声、导声等技术，降低电气设备噪声和振动，使其控制值尽可能低。

6. 电气设备的电源必须能通、断或控制，使其有最大限度的安全性。控制装置和联锁机构必须具有危险防护功能。

7. 标志是电气设备必要的组成部分，基本特性、接线、符合标准必须明示。识别必须使用中文，并清晰、持久地标记在产品上。如不能标记在产品上，应在包装箱上标记或使用说明书中说明。

三、电气安全防护技术

电气安全防护技术是指为了杜绝电气意外事故的发生，在技术上采取的一系列预防和保护措施，如绝缘防护、安全距离、屏护、接地技术、漏电保护、过电压防护、采用安全电压等。常用的电气安全防护技术见表 1－1－3。

表 1－1－3　　常用的电气安全防护技术

电气安全防护技术	图示	说明
绝缘防护		使用绝缘材料将带电导体封护或隔离，瓷、玻璃、云母、橡胶、木材、胶木、塑料、布、纸和矿物油等都是常用的绝缘材料 日常生活中许多电气设备都有一定的绝缘防护，如导线的绝缘层、电工工具的绝缘手柄等
安全距离	1.5m 线路电压为1～10kV时的安全距离	安全距离是防止发生触电事故或短路故障而规定的带电体之间、带电体与地面及其他设施之间、人体与带电体之间所必须保持的最小距离或最小空气间隙 安全距离的大小主要根据电压的高低、设备状况和安装方式确定，例如，电压等级为 10 kV 及以下时，人体与带电体的安全距离为 0.7 m；10 kV 架空线路经过居民区和工矿企业地区时与地面的安全距离为 6.5 m；城市架空线路（1～10 kV）接近或跨越建筑物的安全距离为 1.5 m

续表

电气安全防护技术	图示	说明
屏护		用防护装置将带电部分、场所或范围隔离，即采用遮挡、栅栏、围墙、保护网和各种罩、箱、盒等将带电体与外界隔绝开来
接地技术		将正常情况下不带电，而在绝缘材料损坏后或其他情况下可能带电的电气设备金属部分（与带电部分相绝缘的金属结构部分）与大地做良好的电气连接
漏电保护		安装漏电保护装置，在设备或线路漏电时，通过漏电保护装置的检测机构取得异常信号，经中间机构转换和传递，促使执行机构动作，自动切断电源，起到保护作用
过电压防护	避雷针 避雷器	过电压是指会损伤电气设备绝缘的突然升高的电压。过电压会危害电气设备或线路的绝缘，造成设备、线路或建筑物的损坏并可能引发事故 常见的过电压防护方法包括装设避雷针（避雷线、避雷网、避雷带）、避雷器、元器件的过电压保护装置等

任务实施

一、任务准备

根据任务需要，准备好实训资料如常见的电气安全标志图片、电气安全事故相关的视频等，设置好安全防护措施。

二、识别电气安全标志

1. 判别电气安全标志的类型并说明其表达的信息

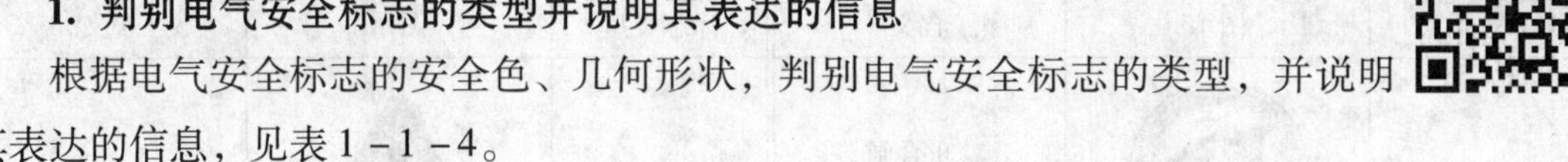

根据电气安全标志的安全色、几何形状，判别电气安全标志的类型，并说明其表达的信息，见表1－1－4。

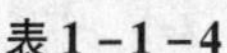

表1－1－4　　电气安全标志的类型与说明

标志类型	图示	说明
禁止标志		禁止标志是禁止人们不安全行为的图形标志，如禁止用水灭火、禁止合闸等。禁止标志的几何形状是带斜杠的圆环，圆环形边框与斜杠为红色，背景为白色，图形符号为黑色
警告标志		警告标志是提醒人们对周围环境引起注意，以避免可能发生危险的图形标志，如注意安全、当心触电等。警告标志的几何形状是等边三角形，三角形边框为黑色，背景为黄色，图形符号为黑色
指令标志		指令标志是强制人们必须做出某种动作或采用防范措施的图形标志，如必须戴安全帽、必须戴防护手套等。指令标志的几何形状是圆形，背景为蓝色，图形符号为白色
提示标志	在此工作 EXIT 出口	提示标志是向人们提供某种信息（如标明安全设施或场所等）的图形标志，如在此工作、出口等。提示标志的几何形状是方形，背景为绿色，图形符号为白色
辅助标志		辅助标志是为另一个标志提供补充说明，起辅助作用的标志。辅助标志的背景为白色或安全标志的颜色，符号或文字为相应的对比色，边框为黑色

2. 识别电气安全标志的含义

根据电气安全标志的图形符号，识别电气安全标志的含义。常见的电气安全标志及其含义见表1－1－5。

表1－1－5　常见的电气安全标志及其含义

标志类型	图示	含义	标志类型	图示	含义
禁止标志		禁止合闸，线路有人工作	警告标志		注意安全
		禁止烟火			当心电离辐射
		禁止用水灭火			当心火灾
		禁止启动			当心触电
		禁止攀登			当心电缆
		禁止靠近			当心自动启动
指令标志		必须接地	提示标志	 EXIT 出口	出口
		必须戴安全帽			Ⅲ类设备
		必须穿防护鞋			过电压保护装置

续表

标志类型	图示	含义	标志类型	图示	含义
指令标志		必须拔出插头	提示标志		带中性线的三相交流电
		必须戴防护手套			适合带电作业
		必须穿防护服			在此工作

三、熟悉电气设备安全技术规范

在安装或维修电气设备、线路时，必须严格遵守各项安全操作规程和规定。违反安全操作规程和规定，造成人身伤亡和设备事故，不仅对国家和企业造成经济损失，还直接关系到个人的生命安全。

1. 操作前的安全准备工作（见表1-1-6）

表1-1-6　　操作前的安全准备工作

规范要求	图示
操作前必须按规定穿戴好安全帽、工作服、绝缘鞋（靴）等	
操作前应清扫工作场所和工作台面，防止灰尘、线头等杂物落入电气设备内造成故障	

续表

规范要求	图示
操作前必须检查工具、仪器仪表和防护用品是否完好，检查绝缘部分有无老化、龟裂、破损等，若有问题应立即更换	

2. 安装过程中的电气设备安全技术规范（见表 1－1－7）

表 1－1－7　　安装过程中的电气设备安全技术规范

规范要求	图示
工作中应保持工具、防护用品、用电设备等的绝缘部分干燥，严禁用湿手扳开关、在电线上挂衣服等违规行为	
严禁在工作场所（特别是易燃、易爆物品的生产场所）吸烟或进行明火作业，以防止发生火灾	
工作场所中的带电物体应保证有可靠的安全距离	

续表

规范要求	图示
在烘干电动机和变压器的绕组时，严禁在烘房或烘箱周围存放易燃、易爆物品，严禁在烘箱附近使用易燃溶剂清洗零件或喷刷油漆	
电动机通电前，应先检查绝缘是否符合要求，金属机壳是否接地	
电气设备发生火灾时，应立即切断电源，再用干式灭火器灭火，严禁用水、泡沫灭火器灭火	

3. 调试过程中的电气设备安全技术规范（见表1－1－8）

表1－1－8　　调试过程中的电气设备安全技术规范

规范要求	图示
调试过程中，如遇电气设备故障，应先切断电源，并用验电笔（低压验电器）测试电气设备是否带电。在确定电气设备不带电后，才能对其进行检查和修理。检修过程中，应在电源开关处挂上“有人工作，禁止合闸！”的标示牌	

续表

规范要求	图示
调试过程中，如需拆除电气设备，对可能带电的线头应用绝缘黑胶布包好，还必须设置短路、接地保护措施	
电气设备跳闸时，不得强行合闸，应查明原因，排除故障后再合闸；不得用铜丝、铝丝等金属丝代替熔体	

4. 操作结束后的电气设备安全技术规范（见表1－1－9）

表1－1－9　　操作结束后的电气设备安全技术规范

规范要求	图示
清理工作场所，擦净仪器仪表、工具上的油污和灰尘，工具应放至规定的位置并摆放整齐或归还至工具室	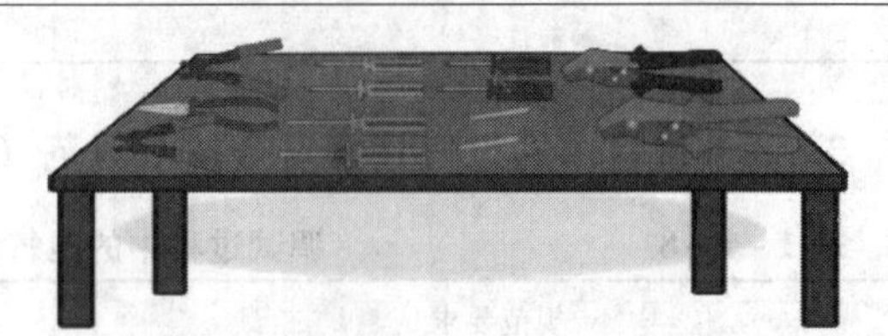
工作结束后，断开电源总开关，防止电气设备因长时间通电发热而造成火灾	

续表

规范要求	图示
做好安装与调试工作记录，积累经验	

任务2 触电急救和电气消防

学习目标

1. 了解触电的基础知识。
2. 掌握触电急救的基础知识。
3. 掌握电气消防的基础知识。
4. 掌握常用的触电急救技能。

任务引入

在工业生产和日常生活中，常会因为意外发生触电事故或电气火灾，因此，需要掌握触电急救和电气消防的基础知识。如果发生触电事故，应立即采用正确的方法进行触电急救。

本任务旨在认知触电急救和电气消防的基础知识，掌握常用的触电急救技能。

相关知识

一、触电基础知识

触电是指当电流流过人体时对人体产生的生理和病理伤害。

1. 电流对人体的伤害

电流对人体的伤害是多方面的，最主要的伤害是电击和电伤。电击是电流通过人体内部，对人体内脏和神经系统造成破坏；电伤是电流通过人体外部造成的局部伤害，如电弧烧伤、熔化的金属渗入皮肤等。触电过程中，电击和电伤往往同时作用于触电者。

电流是危害人体的直接因素，通过人体的工频交流电流达到 10 mA 时，会使人感到麻痹或剧痛，难以摆脱电源，达到 30 mA 以上且持续时间超过 1 s 时，就可能危及人的生命。电流在人体内持续的时间越长，人体电阻减小越多，电流越大，对人体造成的伤害越大。

工业生产中的电流分为直流和交流，交流又分为高频和工频。与直流电流、高频交流电流相比，50 Hz 的工频交流电流对人体的伤害更大。

2. 常见的触电形式

触电的主要形式包括单相触电、两相触电和跨步电压触电三种，见表 1－2－1。

表 1－2－1　触电的主要形式

触电形式	图示	说明
单相触电	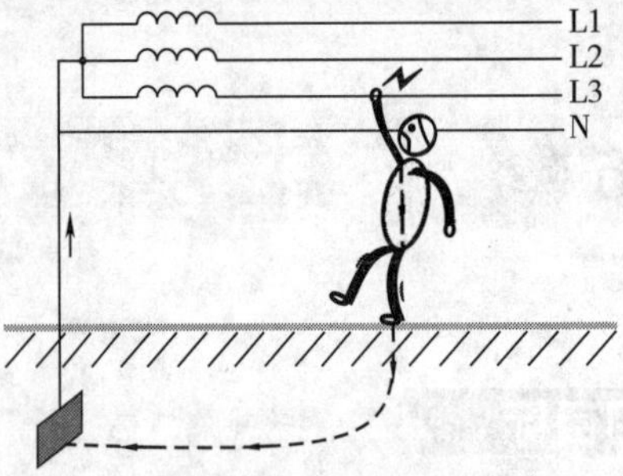 L1 L2 L3 N	人体触及一相带电导线或漏电的电气设备金属外壳，人体承受的是电源的相电压（在低压供电系统中为 220 V）
两相触电	 L1 L2 L3 N	人体同时触及两相带电导线，人体承受的是电源的线电压（在低压供电系统中为 380 V）
跨步电压触电		在高压电网接地点或防雷接地点、高压相线断落或绝缘损坏处，电流流入地下，在接地点周围土壤中产生电压降。当人走进这一区域时，前后脚之间形成跨步电压，其大小取决于线路电压和人体与电流入地点的距离

知识拓展

特低电压（安全电压）

在规定的条件下，加在人体上一定时间内不致造成伤害的电压称为特低电压（安全电压）。

国家标准规定：在正常情况下特低电压的限值为交流 33 V、直流 70 V 及以下；在潮湿的环境下特低电压的限值为交流 16 V、直流 35 V 及以下。

特低电压限值仅是为了确保触电时能将通过人体的电流限制在较小范围内，并不意味着人体可以长时间接触这样的电压，如果长时间接触，仍然是危险的。

二、触电急救基础知识

发生触电事故后，触电者通常会失去知觉或假死，成功救治的关键在于使触电者脱离电源并及时采取正确的急救措施。

1. 使触电者脱离电源

使触电者脱离电源的方法见表 1－2－2。

表 1－2－2　使触电者脱离电源的方法

触电类型	处理方法	图示	说明
低压触电	拉		如果能在附近快速找到电源开关或插座，应根据就近原则迅速拉下电源开关或拔出电源插头
	切		如果不能快速找到电源开关，应迅速用绝缘完好的钢丝钳或断线钳剪断电线，以断开电源 为避免短路事故，剪断电线时需注意，不同相的电线应在不同的位置剪断
	挑		对于因电线绝缘损坏造成的触电，可用绝缘工具、干燥木棒等将电线挑开

续表

触电类型	处理方法	图示	说明
高压触电	拉闸		在高压设备上触电时，救护者应戴上绝缘手套、穿上绝缘靴后拉下电闸

使触电者脱离电源的过程中，切不可直接接触触电者的身体，以防救护者触电。如必须接触触电者的身体，救护者应使自身处于绝缘的位置，并使用绝缘工具或穿戴绝缘护具接触触电者。

2. 简单诊断

将脱离电源的触电者迅速移至通风、干燥处，松开其衣裤，使其仰卧，并检查其呼吸、心跳情况，观察瞳孔是否放大，如图 1－2－1 所示。

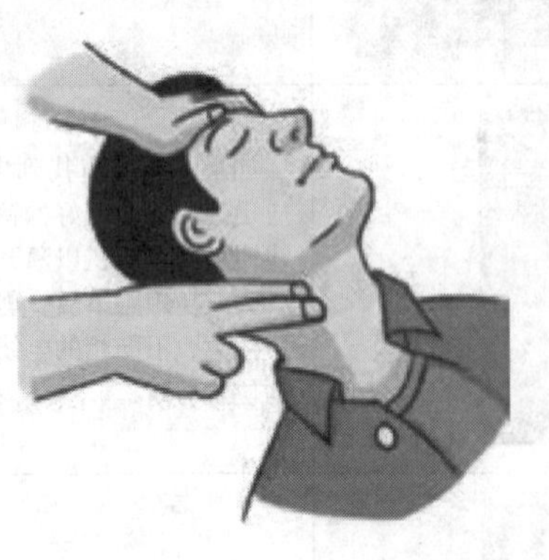

a）

b）

图 1－2－1　触电简单诊断

a）触摸颈动脉有无脉搏　b）观察瞳孔是否放大

3. 采用正确的急救方法施救

通过简单诊断后，根据触电者的情况采用正确的急救方法进行触电急救，见表 1－2－3。

表 1-2-3　触电急救方法的选择

触电者情况	急救方法
有心跳，无呼吸	口对口人工呼吸法
无心跳，有呼吸	胸外心脏按压法
无心跳，无呼吸	心肺复苏法

三、电气消防基础知识

电气火灾是指电能通过电气设备或线路转化为热能并成为火源所引发的火灾。如果设备材料选择不当、过载、短路、照明及电热设备故障、接触不良、雷击、静电等都可能引起高温、高热或者产生电弧、放电火花，从而引发火灾事故。常见电气火灾的原因及预防措施见表 1-2-4。

表 1-2-4　常见电气火灾的原因及预防措施

原因	分析	预防措施
线路过载发热	线路过载时发热量超过允许限度，致使绝缘层燃烧引起火灾	（1）使用的负载不超过线路容量 （2）装设过载自动保护装置
短路产生电弧、火花	由于使用时间较长或环境因素，电气设备或线路绝缘层破坏，产生电弧或火花，点燃本身可燃绝缘材料或附近易燃材料等	（1）及时更换老化的线路和设备 （2）装设自动保护装置 （3）线路的安装设计应符合环境要求
接触不良产生热量	导线与导线、导线与电气设备的连接处处理不当，造成局部电阻大，在电流的作用下产生热量，点燃绝缘层或附近易燃材料	（1）按规范接线 （2）定期检查，及时维修
电气设备使用不当	电热设备使用不当，点燃附近易燃材料	正确使用电气设备，使用过程中有人看护
静电火花	在易燃易爆场所静电火花引起火灾	严格遵守安全制度，执行安全防护措施

由于电气火灾往往带电燃烧、蔓延迅速，如果扑救不当，可能会引起触电事故，扩大灾害范围，加重损失。电气火灾的扑救方法主要分为断电灭火和带电灭火两类。

1. 断电灭火

（1）有配电室的，可以先断开主断路器；无配电室的，应先断开负载断路器，然后断开隔离开关。由于开关设备受烟熏、水淋后绝缘强度降低，断开时应使用合适的绝缘工具操作。

（2）当线路带有负载时，应穿好绝缘靴，戴好绝缘手套，使用绝缘胶柄钳等绝缘工具将电线剪断。不同相的电线应分别在不同的位置剪断，以防造成线路短路。

2. 带电灭火

发生电气火灾后，有时因特殊原因，无法立即断电，只能带电灭火。带电灭火时应注意以下几点：

（1）使用合适的灭火器和不导电的灭火剂，如二氧化碳或干粉灭火器等；不允许使用泡沫灭火器，因为其灭火剂具有一定的导电性，容易造成漏电事故。

干粉灭火器的使用方法如下：提起灭火器，拔出保险栓，按下压把，将喷口对准火源根部扫射，如图 1－2－2 所示。

a）

b）
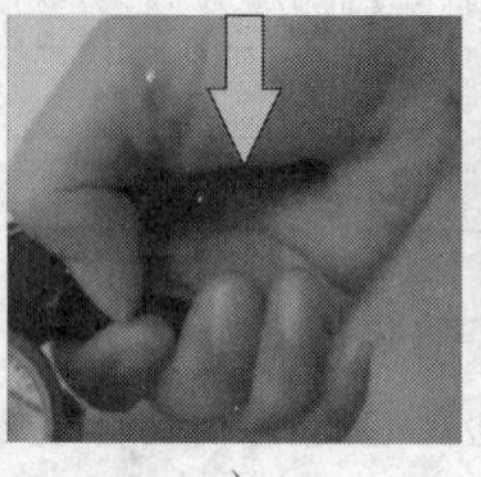
c）

d）

图 1－2－2　干粉灭火器的使用方法

a）提起灭火器　b）拔出保险栓　c）按下压把　d）将喷口对准火焰根部扫射

（2）若带电导线断落地面，应划出警戒线，防止误入；扑救人员需要进入灭火时，必须穿好绝缘靴。

（3）在带电灭火过程中，以及在火灾扑灭后设备仍然带电时，任何人不得接近带电设备。

任务实施

一、任务准备

根据任务需要，准备好实训器材如触电急救训练用橡胶人等，设置好安全防护措施。

二、口对口人工呼吸法急救

若触电者呼吸停止，但有心跳，应立即采用口对口人工呼吸法进行急救。口对口人工呼吸法的操作步骤见表 1－2－5。

表 1－2－5　口对口人工呼吸法的操作步骤

步骤	图示	操作说明
1		使触电者身体仰卧，松开其衣裤 一只手放在触电者前额，用手掌将额头用力向后推，另一只手的食指与中指放在颏骨下方，向上抬起下颏（对颈部损伤者不适用），双手协同将头部推向后仰，使其气道畅通
2		若发现触电者口中有异物，将其头偏向一侧，清除触电者口腔中的异物

续表

步骤	图示	操作说明
3		在保持触电者气道畅通的同时，救护者用放在触电者前额上的手捏住触电者的鼻子，救护者平静吸气后，与触电者口对口紧合，在不漏气的情况下，连续以正常呼吸气量吹气两次，每次吹气时间 1 s 以上
4		除开始大口吹气两次外，后续的吹气量无须太大，但要使触电者的胸部膨胀，每 6 ~ 8 s 吹气一次（对触电儿童每 3 ~ 5 s 吹气一次），每吹完一次，放松捏着鼻子的手，使气体从触电者的肺部排出，如此反复进行，直至触电者苏醒为止

(1) 若触电者上、下牙咬紧，嘴不能张开，无法进行口对口人工呼吸，救护者可采用口对触电者鼻孔吹气的方法进行急救。

(2) 口对口人工呼吸法急救过程中，若触电者胸部有起伏，说明人工呼吸有效，操作方法正确；若胸部无起伏，说明气道不够畅通，存在阻塞或吹气不足（注意吹气量不宜过大，以胸廓有上抬为宜），操作方法不正确。

(3) 急救过程要持续进行，不得随意中断。

三、胸外心脏按压法急救

若触电者心跳停止，但有呼吸，应立即采用胸外心脏按压法进行急救。胸外心脏按压法的操作步骤见表 1 - 2 - 6。

表 1 - 2 - 6　胸外心脏按压法的操作步骤

步骤	图示	操作说明
1	胸骨柄 胸骨体 正确按压位置 剑突	使触电者仰卧在平坦坚硬的地方，救护者站立或跪在触电者一侧胸旁，救护者的两肩位于触电者胸骨正上方，两臂伸直，肘关节固定伸直，双手掌根相重叠，手指翘起，将手掌根部置于触电者心脏按压位置上

续表

步骤	图示	操作说明
2	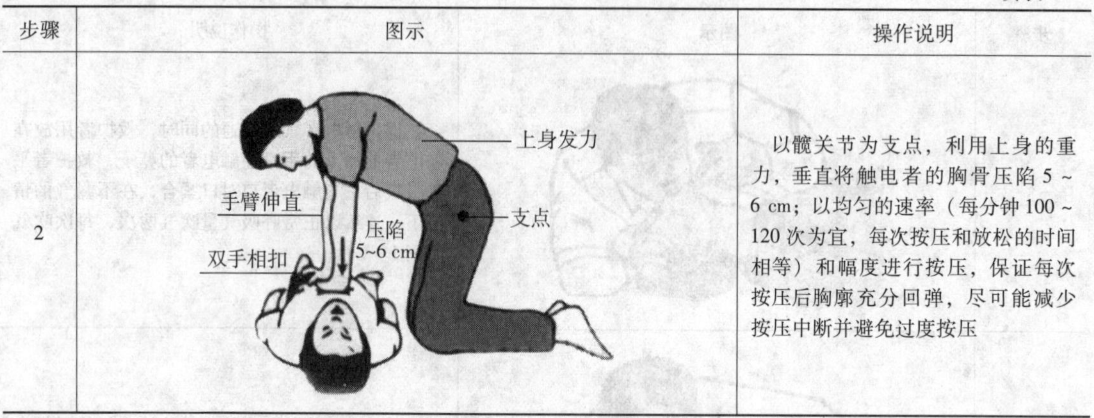	以髋关节为支点，利用上身的重力，垂直将触电者的胸骨压陷 5 ~ 6 cm；以均匀的速率（每分钟 100 ~ 120 次为宜，每次按压和放松的时间相等）和幅度进行按压，保证每次按压后胸廓充分回弹，尽可能减少按压中断并避免过度按压

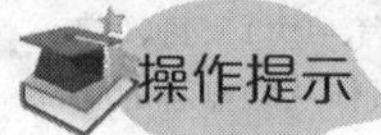

操作提示

（1）两手掌不能交叉放置，按压位置一定要准确。

（2）不能做冲击式按压，放松时应尽量放松，但手掌根部不要离开按压位置，以免下次按压时位置错误。

（3）按压深度：成人为 5 ~ 6 cm，儿童为胸廓前后径的 1/3。

（4）应防止按压速度不由自主地加快，影响急救效果。

（5）急救过程要持续进行，不得随意中断。

四、心肺复苏法急救

若触电者丧失意识，心跳和呼吸全无，应立即采用心肺复苏法进行急救（最好在 4 min 以内进行）。

1. 单人心肺复苏法

当只有一个救护者给触电者进行心肺复苏时，胸外心脏按压和口对口人工呼吸应交替进行，每按压 30 次吹气 2 次，且速度都应快些。

2. 双人心肺复苏法

当有两个救护者给触电者进行心肺复苏时，两个救护者应位于触电者两侧对称位置，以便于两人交替操作，一人进行胸外心脏按压，一人进行口对口人工呼吸，按照 30 ∶ 2（儿童为 15 ∶ 2）的次数比例交替进行。

操作提示

（1）在进行急救前，应使触电者气道畅通，先口对口吹气两次，避免部分触电者因呼吸道不畅通产生窒息，以致心跳减慢。气道畅通后，触电者会因气流冲击而逐渐恢复呼吸和心跳。胸外心脏按压必须在触电者肺部内有新鲜空气的情况下进行。

（2）急救过程中，应时刻关注触电者的身体状况，一般每隔 5 min 左右检查触电者的呼吸与心跳情况，检查时间不超过 7 s。

（3）急救过程要持续进行，不得随意中断。

任务3 接地装置的安装与检修

学习目标

1. 了解常见的接地类型。
2. 熟悉接地装置的构成、作用和分类，能正确安装接地装置。
3. 了解接地电阻的要求。
4. 掌握接地电阻测量仪的结构和操作方法，能正确使用接地电阻测量仪测量接地电阻。
5. 掌握接地装置的维护与故障排除方法，能正确检查与维修接地装置。

任务引入

接地装置是接地体和接地线的总称，是实现接地保护的必要设施。运行中的电气设备的接地装置应始终保持良好的工作状态。

本任务旨在认知接地装置的构成、作用和安装形式，接地电阻测量仪的结构和操作方法，接地装置的维护与故障排除方法，掌握接地装置的安装、检查与维修技能。

相关知识

一、接地装置

接地是将电气设备的某一部位经接地装置与大地紧密连接起来，利用大地为电力系统正常运行、发生故障或遭受雷击等情况提供对地电流的回路，从而保障整个电力系统中发电、变电、输电、配电和用电各个环节的电气设备、装置和人员的安全。因此，电气设备和装置都需要接地。

1. 常见的接地类型

根据接地目的的不同，常见的接地类型包括工作接地、保护接地、重复接地、防雷接地、屏蔽接地、静电接地等。

2. 接地装置的构成和作用

接地装置主要由接地体（极）和接地线构成。

接地体分为自然接地体和人工接地体两种。自然接地体是指兼有接地功能，但不是为接地而专门设置的，且与大地保持紧密接触的金属导体。人工接地体可采用热镀锌的钢材制成，垂直敷设的应采用热镀锌的角钢、钢管或圆钢，水平敷设的应采用热镀锌的圆钢或扁钢。

接地线是接地支线和接地干线的总称，电气设备的接地线宜采用多股导线，可选用铜芯绝缘电线或裸线，也可选用铜覆钢（圆线、绞线）或锌覆钢等。如果电气设备较多，宜敷设接地干线。

3. 接地装置的分类

常见的接地装置分为三类，见表 1－3－1。

表 1－3－1　接地装置的分类

类型	图示	说明
单极接地装置	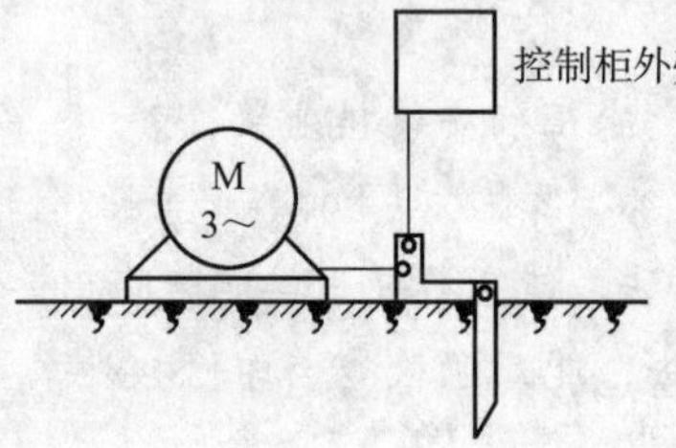 控制柜外壳 M 3～	单极接地装置由一个接地体构成，接地线一端与接地体连接，另一端与设备的接地点连接，适用于接地要求不高和设备接地点较少的场所
多极接地装置	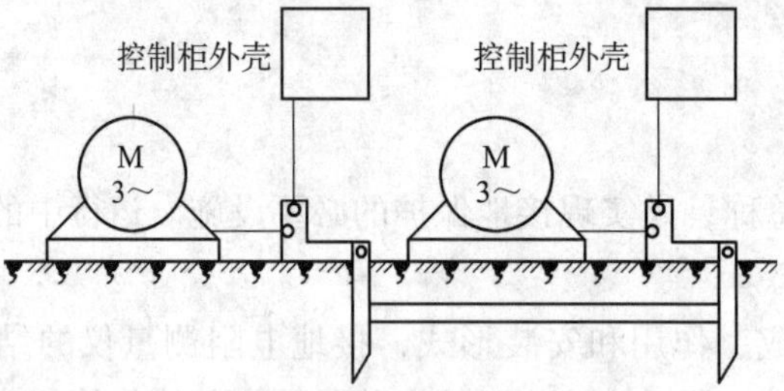 控制柜外壳　控制柜外壳 M 3～　M 3～	多极接地装置由两个及以上的接地体构成，各接地体之间又连成一体，使每个接地体形成并联状态。用于连接各接地体的导线称为接地干线，用于连接设备接地点与接地干线的导线称为接地支线。多极接地装置可靠性强，适用于接地要求较高和设备接地点较多的场所
接地网络	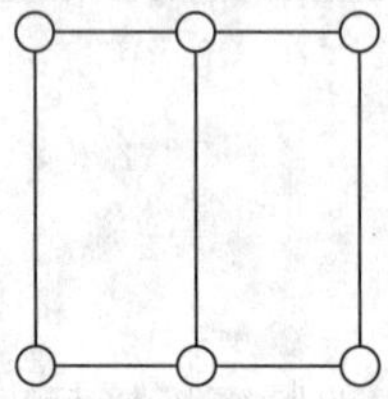	接地网络是由多个接地体按一定的方式排列、相互连接所形成的网络。接地网络既方便群体设备的接地需要，又增强了接地装置的可靠性，还减小了接地电阻，适用于配电站（所）或接地点多的车间、工厂、露天作业场所等

二、接地电阻及其测量仪

1. 接地电阻的要求

接地装置的技术要求主要是指接地电阻的要求，原则上接地电阻越小越好，考虑到经济性和合理性，接地电阻以不超过规定的数值为宜。对接地电阻的要求如下：

（1）交流工作接地，接地电阻不应大于 4 Ω。

（2）安全工作接地，接地电阻不应大于 4 Ω。

（3）直流工作接地，接地电阻应按直流系统具体要求确定。

（4）防雷接地，接地电阻不应大于 10 Ω。

（5）对于屏蔽系统，如果采用联合接地，接地电阻不应大于 1 Ω。

安装完成的接地装置都需要测量接地电阻，以判断接地装置是否符合技术要求。

2. ZC－8 型接地电阻测量仪

ZC－8 型接地电阻测量仪是一种常用的测量接地电阻的仪器，适用于测量各种电气设备、避雷针等接地装置的电阻值，也可以测量低电阻导体的电阻值和土壤电阻率。其内部由手摇发电机、电流互感器、滑线电阻器和检流计等组成。ZC－8 型接地电阻测量仪及其附件如图 1－3－1 所示，测量仪由接线桩、机械调零旋钮、粗调挡位指示、粗调旋钮、细调旋钮和摇柄等部分构成；附件包括辅助探棒（接地棒）、测量导线等，装于附件袋内。

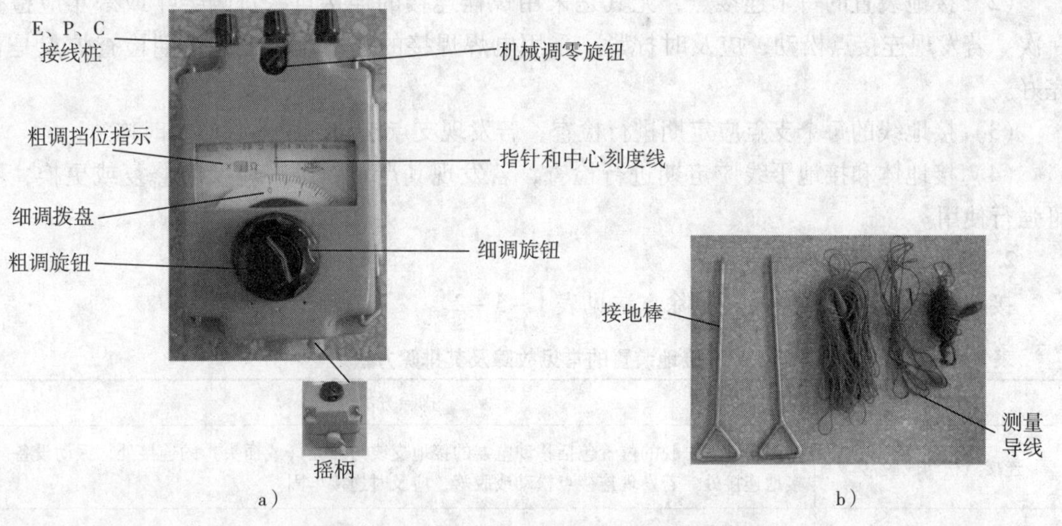

图 1－3－1　ZC－8 型接地电阻测量仪及其附件

a）ZC－8 型接地电阻测量仪　b）附件

3. 数字接地电阻测量仪

数字接地电阻测量仪摒弃传统的人工手摇发电工作模式，采用先进的中大规模集成电路，应用 DC/AC 变换技术将测量仪内的直流电源转换为交流低频恒流电源，具有操作简单、测量精确等优点，在电力、邮电、铁路、通信等行业得到广泛应用。LHT2571 数字接地电阻测量仪及其附件如图 1－3－2 所示。

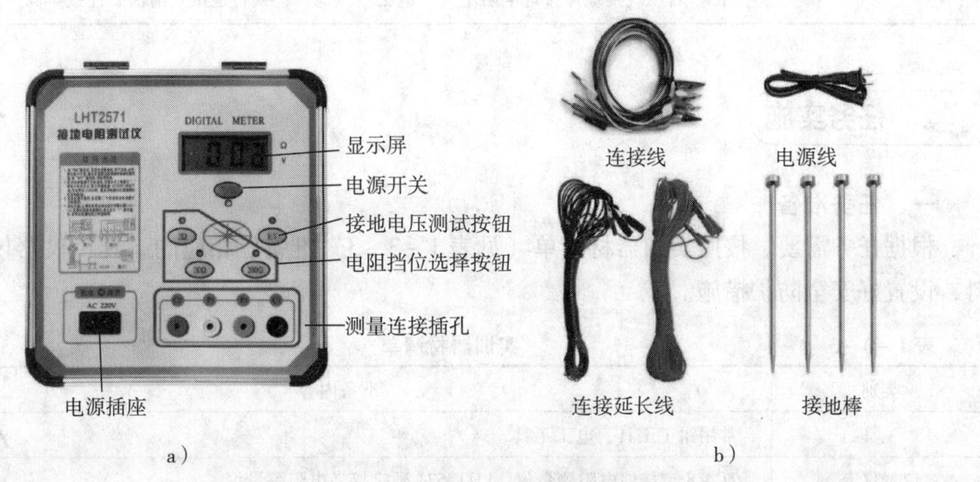

图 1－3－2　LHT2571 数字接地电阻测量仪及其附件

a）LHT2571 数字接地电阻测量仪　b）附件

三、接地装置的维护与故障排除方法

1. 定期检查与维护保养方法

（1）工作接地每隔半年或一年应复测一次，保护接地每隔一年或两年应复测一次。若发现接地电阻增大，应及时修复，不可强行使用。

（2）接地装置的每个连接点，尤其是采用螺栓连接的连接点，每隔半年或一年应检查一次。若发现连接点松动，应及时拧紧。采用电焊焊接的连接点，也应定期检查焊点是否完好。

（3）接地线的每个支点应定期进行检查，若发现支点松动、脱落，应及时修复。

（4）接地体和接地干线应定期进行检查，若发现其严重锈蚀，应及时修复或更换，不可强行使用。

2. 常见故障及其排除方法

接地装置的常见故障及其排除方法见表 1 –3 –2。

表 1 –3 –2　　接地装置的常见故障及其排除方法

故障	排除方法
连接点松动或脱落	容易出现松脱的位置包括移动电器的接地支线与外壳（或插头）的连接处，振动设备的接地连接处。若发现连接点松动或脱落，应及时连接牢固
接地线漏接或接错位置	在维修或更换设备时，一般要先拆卸电源线和接地线；重新装复时，可能会因疏忽导致接地线漏接或接错位置。若发现接地线漏接或接错位置，应及时接上或纠正
接地线局部电阻增大	接地线局部电阻增大的常见原因包括连接点轻度松动，连接点的接触面存在氧化层或其他污垢，跨接过渡线松动等。若发现接地线局部电阻增大，应及时拧紧连接螺栓或清除氧化层和污垢后连接牢固
接地线截面积过小	接地线截面积过小通常是由于设备容量增加而接地线没有更换引起的。若发现接地线截面积过小，应按规定更换接地线
接地体接地电阻增大	接地体接地电阻增大通常是由于接地体被严重腐蚀或接地体与接地线之间接触不良引起的。若发现接地体接地电阻增大，应更换接地体，或将连接处清洁后连接牢固

任务实施

一、任务准备

根据任务需要，按照实训器材清单（见表 1 –3 –3）准备好相应的工具、仪器仪表和材料，设置好安全防护措施。

表 1 –3 –3　　实训器材清单

类别	准备内容
工具	常用钳工工具、电工工具
仪器仪表	ZC –8 型接地电阻测量仪、LHT2571 数字接地电阻测量仪
材料	接地体（钢管）、接地线（铜芯绝缘电线）等

二、安装接地装置

1. 安装人工接地体

人工接地体埋设于地下部分的规格：角钢的厚度不应小于4 mm，钢管管壁厚度不应小于3.5 mm（土壤）或2.5 mm（混凝土），圆钢直径不应小于8 mm（架空线路）或10 mm（发电厂、变电站的接地网），扁钢厚度不应小于4 mm、截面积不应小于48 mm^2。

（1）垂直安装人工接地体（见表1－3－4）

表1－3－4　垂直安装人工接地体

项目	图示	操作说明
制作垂直接地体	角钢　钢管	垂直接地体通常选用厚度为4 mm的角钢或钢管加工制成，长度一般为2～3 m，下端要加工成尖形。用角钢制作的接地体，尖点应在角钢的钢脊上，两个斜边应对称；用钢管制作的接地体，应单向斜削保持一个尖点。如果接地线采用螺栓连接，应先钻好连接孔
安装垂直接地体	锤子 角钢接地体　钢管接地体	在埋设处挖一个深0.8 m左右的坑，采用打桩法将接地体打入地下，保持接地体与地面垂直。打入地下的有效深度不应小于2 m。若是多极接地装置，应沿连接各接地体的接地干线挖一条深0.8 m的沟，各接地体之间在地下应保持接地体长度2倍以上的直线距离。接地体打入地下后，应将其四周填土夯实，以减小接地电阻。若接地体与接地干线在地下连接，应先将其用电焊焊接后再填土夯实

（1）如果角钢制作的垂直接地体发生弯曲变形，应矫直后再安装，否则不易打入地下。

（2）用锤子敲击角钢制作的接地体时，应敲击角钢的钢脊处；用锤子敲击钢管制作的接地体时，锤击力应集中在尖端的切点位置。否则不但打入困难，而且不易打直，导致接地体与土壤产生缝隙，增大接地电阻。

（3）安装时应注意操作安全。

（2）水平安装人工接地体（见表1－3－5）

表1－3－5　水平安装人工接地体

项目	图示	操作说明
制作水平接地体	1 m 5 m	水平安装接地体一般只适用于土层浅薄的地区。水平接地体通常用扁钢或圆钢制成，长度一般为6 m左右，一端弯成向上的直角，便于连接。如果接地线采用螺栓连接，应先钻好连接孔

续表

<table>
<tr><th>项目</th><th>图示</th><th>操作说明</th></tr>
<tr><td>安装水平接地体</td><td>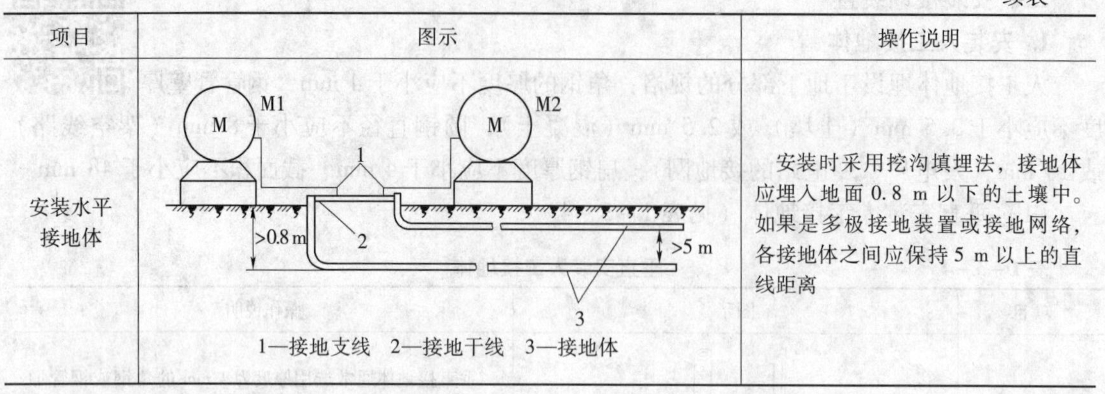1—接地支线　2—接地干线　3—接地体</td><td>安装时采用挖沟填埋法，接地体应埋入地面 0.8 m 以下的土壤中。如果是多极接地装置或接地网络，各接地体之间应保持 5 m 以上的直线距离</td></tr>
</table>

2. 安装接地线

保护接地线所用材料的最小和最大截面积见表 1－3－6。

表 1－3－6　　保护接地线所用材料的最小和最大截面积

<table>
<tr><th colspan="2">保护接地线材料</th><th>最小截面积/mm²</th><th>最大截面积/mm²</th></tr>
<tr><td rowspan="2">铜</td><td>铜芯绝缘电线</td><td>1.5</td><td rowspan="2">25</td></tr>
<tr><td>裸铜线</td><td>4.0</td></tr>
<tr><td rowspan="2">扁钢</td><td>户内：厚度不小于 3 mm</td><td>24</td><td rowspan="2">100</td></tr>
<tr><td>户外：厚度不小于 4 mm</td><td>48</td></tr>
<tr><td>圆钢</td><td>直径不小于 8 mm</td><td>50</td><td>100</td></tr>
</table>

（1）安装接地干线（见表 1－3－7）

表 1－3－7　　安装接地干线

<table>
<tr><th>项目</th><th>图示</th><th>操作说明</th></tr>
<tr><td>接地干线与接地体连接</td><td>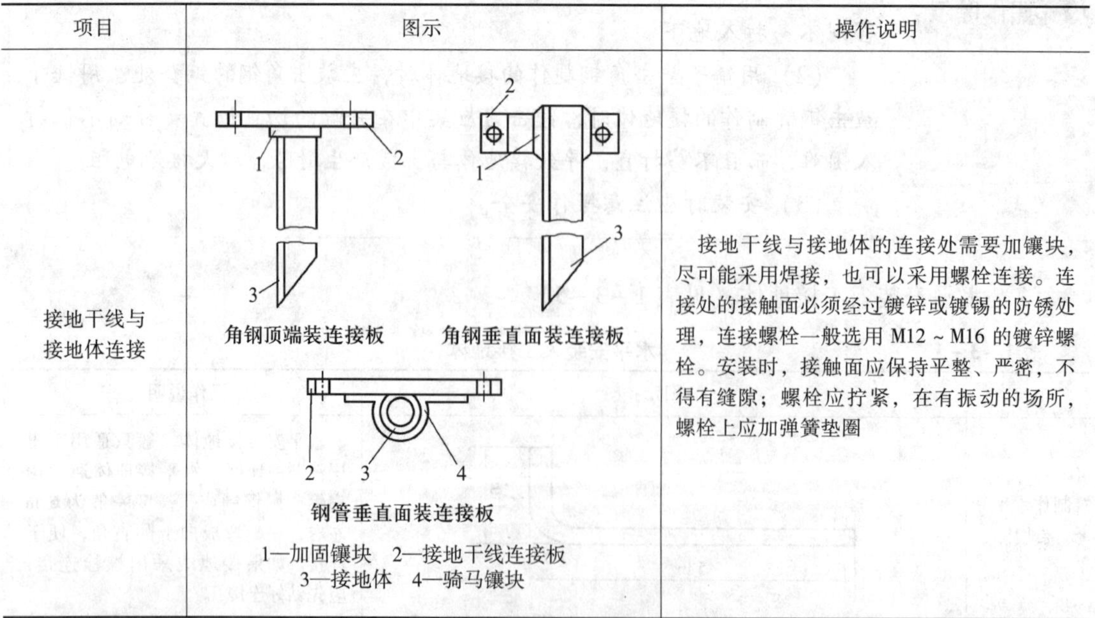1—加固镶块　2—接地干线连接板
3—接地体　4—骑马镶块</td><td>接地干线与接地体的连接处需要加镶块，尽可能采用焊接，也可以采用螺栓连接。连接处的接触面必须经过镀锌或镀锡的防锈处理，连接螺栓一般选用 M12 ~ M16 的镀锌螺栓。安装时，接触面应保持平整、严密，不得有缝隙；螺栓应拧紧，在有振动的场所，螺栓上应加弹簧垫圈</td></tr>
</table>

续表

项目	图示	操作说明
多极接地装置和接地网络接地干线连接	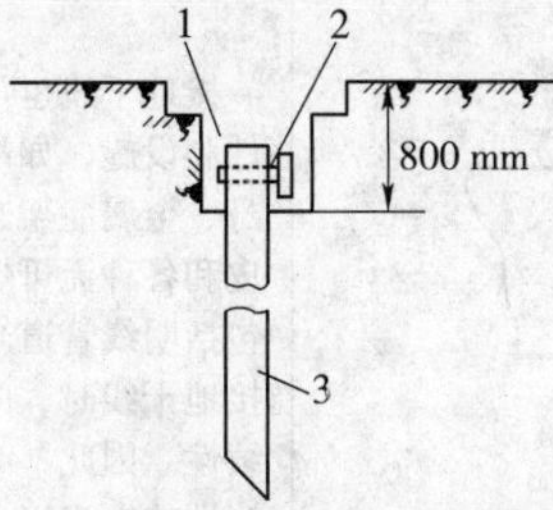 1—地沟 2—接地干线 3—接地体	多极接地装置和接地网络中连接的接地干线应埋入地沟中，地沟上应覆有沟盖且应与地面平齐 多极接地装置需要连接接地干线，且接地干线采用扁钢时，安装前应在扁钢宽面上预先钻好接线用的通孔，并在连接处镀锡 接地网络不需要连接接地干线时，则应将接地线埋入地下 800 mm 左右，并在地面标清接地线的走向和连接点的位置，以便于检查和维修，埋入地下的连接点尽量采用焊接
配电变压器接地连接	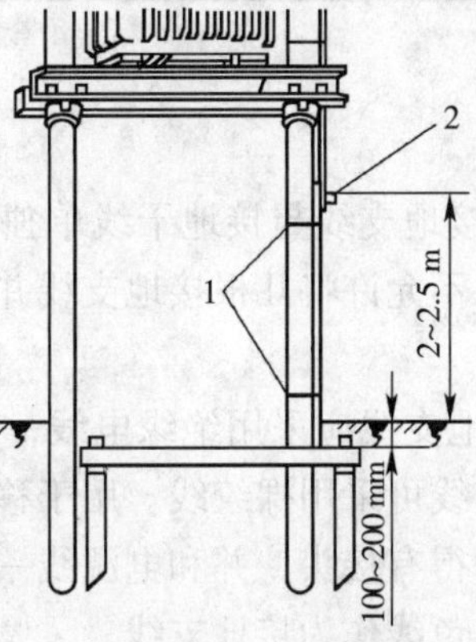 1—绑扎铁丝 2—断开点	配电变压器的接地线与接地体连接时，埋入地下 100 ~ 200 mm，在接地干线引出地面 2 ~ 2. 5 m 处断开，再用螺栓压紧接牢
接地干线明敷	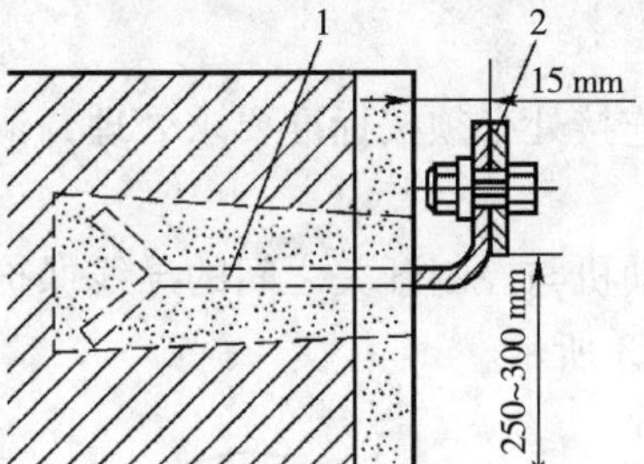 1—支撑卡 2—扁钢接地干线	接地干线明敷时，除连接处以外均应涂成黑色。穿越墙壁或楼板时，应用空管加以保护。在可能受到外力而使之损坏的地方，应加防护罩进行保护。采用扁钢敷设室内接地干线时，可用支撑卡沿墙敷设，与地面的距离为 250 ~ 300 mm，与墙的距离约为 15 mm
多股导线连接	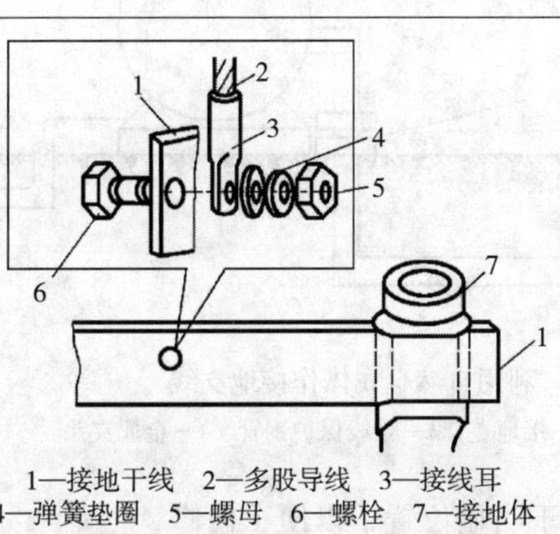 1—接地干线 2—多股导线 3—接线耳 4—弹簧垫圈 5—螺母 6—螺栓 7—接地体	若采用多股导线连接，应使用接线耳，不能把导线线头直接弯圈压接在螺栓上。在有振动的场所，还要加弹簧垫圈 用扁钢或圆钢制作的接地干线需要接长时，必须采用焊接，扁钢焊接处搭头长度为其宽度的 2 倍且不得少于 3 个棱边；圆钢焊接处搭头长度为其直径的 6 倍；圆钢与扁钢连接时，其搭头长度为圆钢直径的 6 倍

续表

项目	图示	操作说明
利用已有金属构件进行接地连接	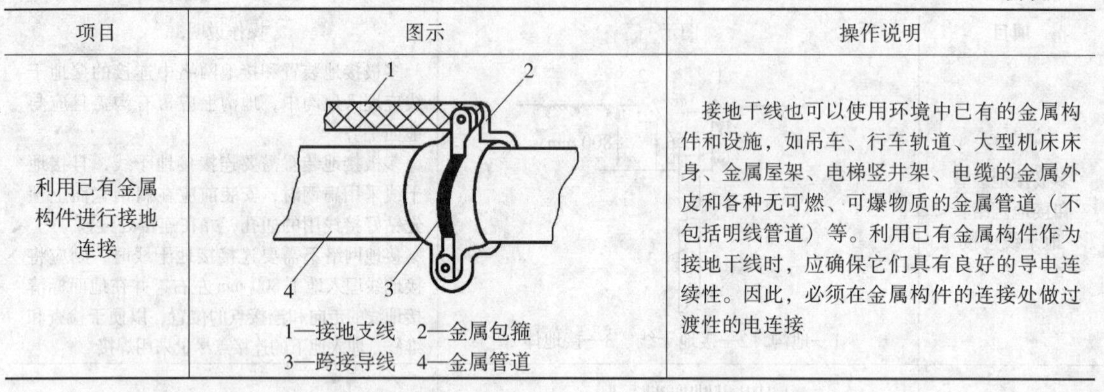1—接地支线　2—金属包箍 3—跨接导线　4—金属管道	接地干线也可以使用环境中已有的金属构件和设施，如吊车、行车轨道、大型机床床身、金属屋架、电梯竖井架、电缆的金属外皮和各种无可燃、可爆物质的金属管道（不包括明线管道）等。利用已有金属构件作为接地干线时，应确保它们具有良好的导电连续性。因此，必须在金属构件的连接处做过渡性的电连接

（2）安装接地支线

接地支线的安装必须遵守以下规定：

1）每台设备的接地点都必须使用一根接地支线与接地干线单独连接。不允许使用一根接地支线将多台设备的接地点串联起来，也不允许将几根接地支线并接在接地干线的一个连接点上。

2）在室内容易被人体触及的地方，接地支线应采用绝缘电线，在连接处必须恢复绝缘层；在室外不易被人体触及的地方，接地支线可采用裸绞线。用于移动电器从插头至外壳处的接地支线，应采用铜芯绝缘软线，中间不得有接头，并和电源线一起套入绝缘护套内。常用三芯或四芯通用橡胶护套软电缆的黄绿双色线作为接地支线。

3）接地支线与接地干线或设备接地点的连接，应使用接线耳，采用螺栓连接。在有振动的场所，螺栓上要加弹簧垫圈。

4）固定敷设的接地支线需接长时，连接处必须按标准要求处理，铜芯导线连接处应采用锡焊加固。

5）在电动机保护接地中，可利用电动机与控制开关之间的导线保护钢管作为控制开关外壳的接地支线，其安装方法如图 1-3-3 所示。

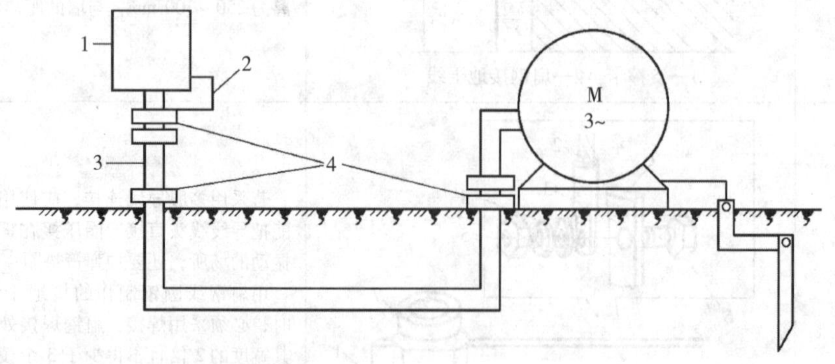

图 1-3-3　利用自然金属体作接地支线

1—控制开关外壳　2—接地点　3—导线保护钢管　4—金属夹头

6）接地支线的每个连接处都应置于明显位置，以便于检修。

三、测量接地电阻

1. 用 ZC－8 型接地电阻测量仪测量接地体的接地电阻（见表 1－3－8）

表 1－3－8　　用 ZC－8 型接地电阻测量仪测量接地体的接地电阻

项目	图示	操作说明
拆开连接点		拆开接地干线与接地体的连接点，或拆开接地干线上所有接地支线的连接点
安装接地棒	20 m　20 m 接地棒　接地棒 接地体	将一根接地棒插入距接地体 40 m 远的地下，另一根接地棒插入距接地体 20 m 远的地下，两根接地棒均垂直插入地面约 400 mm，接地体与两根接地棒在一条直线上
使用测量导线连接接地体、接地棒和接地电阻测量仪	断开点 E　P　C　ZC-8型 20 m　20 m 接地棒　接地棒 接地体	将接地电阻测量仪放置在接地体附近的平整处，按图示方法使用测量导线将接地电阻测量仪的接线桩分别与接地体和两根接地棒连接

续表

项目	图示	操作说明
选择粗调量程		根据被测接地体接地电阻的要求，调节粗调旋钮选择粗调挡位（粗调挡位分为×1 Ω、×10 Ω和×100 Ω三挡）
测量接地电阻	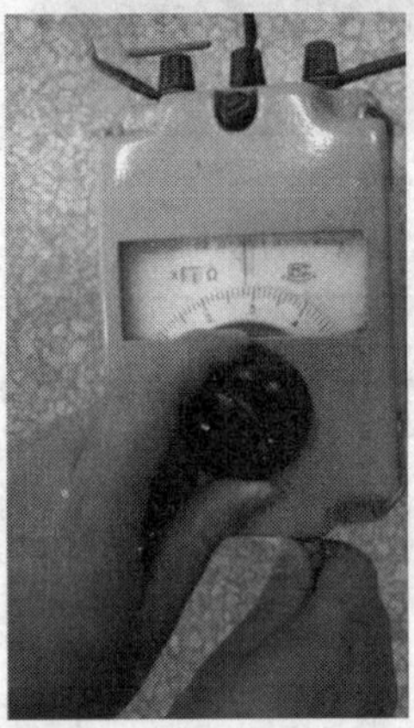	以 120 r/min 的转速匀速转动摇柄，当指针偏离中心时，边转摇柄边调节细调旋钮，直到指针居中为止
计算接地电阻		细调拨盘的位置读数乘以粗调挡位的倍率的结果即为被测接地体的接地电阻，图示的接地电阻为 3.5 × 1 = 3.5（Ω）

（1）禁止在未断开接地线或者被测接地体带电时进行测量。

（2）携带、使用接地电阻测量仪时须小心轻放，避免剧烈振动。

（3）为了保证所测接地体的接地电阻准确，应改变方位多次进行测量，取多次测量的平均值作为接地体的接地电阻。

2. 用数字接地电阻测量仪测量接地体的接地电阻

用数字接地电阻测量仪测量接地体的接地电阻的操作步骤如下：

（1）拆开接地干线与接地体的连接点，或拆开接地干线上所有接地支线的连接点。

（2）以被测接地体为起点，插入两根接地棒，使接地体和两根接地棒在一条直线上，间距为 20 m，如图 1－3－4 所示，距离接地体较近的接地棒作为电位探棒，距离接地体较远的接地棒作为电流探棒。

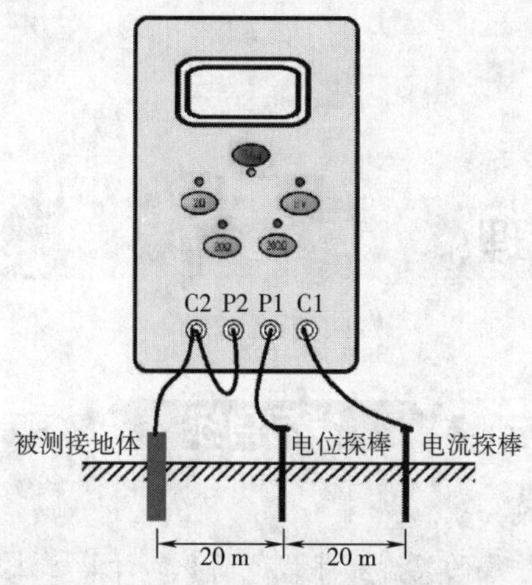

图 1－3－4 用数字接地电阻测量仪测量接地体的接地电阻

（3）使用连接线将被测接地体连接数字接地电阻测量仪的 C2、P2 插孔（三极法测量时，只需将 C2、P2 短接即可），电位探棒连接数字接地电阻测量仪的 P1 插孔，电流探棒连接数字接地电阻测量仪的 C1 插孔。

（4）按下电源开关，接通电源。

（5）使用电阻挡位选择按钮选择所需的量程，显示屏显示被测接地体的接地电阻。

四、检查与维修接地装置

按照规定的检查时间，定期对接地装置进行检查，检查项目及内容见表 1－3－9。

表 1－3－9 **接地装置的检查项目及内容**

检查项目		内容
外观检查	连接点	检查容易出现松脱的连接点是否有松脱
	接地线	维修或更换设备时，检查接地线是否有漏接或错接；日常检查时，检查接地线是否有断线
接地电阻测量	接地线电阻	测量接地线局部电阻是否正常
	接地体接地电阻	测量接地体接地电阻是否正常
接地线检查	接地线截面积	检查接地线是否根据用电设备变化进行调整

经检查发现故障后，应及时按照表 1－3－2 进行维修。

电工基本操作技能

任务1 导线的处理

学习目标

1. 了解电工材料的基础知识。
2. 熟悉照明电路常用导线的类型和导线截面积的计算方法。
3. 掌握常用的测量工具、导线加工工具和紧固工具的使用方法。
4. 能正确使用游标卡尺和外径千分尺测量导线线径。
5. 能对导线进行剥削、连接、绝缘恢复等操作。

任务引入

电工在处理导线时，首先应掌握测量工具、导线加工工具和紧固工具的作用及使用方法，然后根据需要正确使用工具对导线进行操作。

本任务旨在学习电工材料的基础知识，照明电路常用导线的类型和导线截面积的计算方法，以及常用的测量工具、导线加工工具和紧固工具的使用方法，并使用常用工具完成导线的测量、剥削、连接、绝缘恢复等操作。

相关知识

一、电工材料

常用的电工材料分为绝缘材料、导电材料和磁性材料。

1. 绝缘材料

绝缘材料又称为电介质，其电阻率通常大于 $1\times10^{10}\,\Omega\cdot m$。绝缘材料的主要作用是隔离不同电位的导体或导体与地之间的电流，使电流仅沿导体流通。在不同的电工产品中，根据需要，绝缘材料还起着不同的作用。

（1）绝缘材料的性能参数

绝缘材料的主要性能参数见表2－1－1。

表2－1－1　绝缘材料的主要性能参数

性能参数	说明
击穿强度	绝缘材料在高于某一数值的电场强度的作用下，将被破坏而失去绝缘性能，这种现象称为击穿。绝缘材料击穿时的电场强度称为击穿强度，单位为kV/mm
泄漏电流	虽然绝缘材料的电阻率很高，但是在一定的电压作用下，总有极其微弱的电流通过，这个电流称为泄漏电流
耐热性	绝缘材料及其制品承受高温而不致损坏的能力
机械强度	根据各种绝缘材料的具体要求，相应规定的抗张、抗压、抗弯、抗剪、抗冲击等强度指标

此外，黏度、固体含量、酸值、干燥时间和胶化时间等也是绝缘材料的主要性能指标。有的绝缘材料还有其他的性能指标，如渗透率、耐油性、伸长率、耐溶剂性和耐电弧性等。

（2）绝缘材料的分类

常用的绝缘材料一般分为气体绝缘材料、液体绝缘材料和固体绝缘材料三种。

按照最高连续使用温度，绝缘材料的耐热性分级见表2－1－2。

表2－1－2　绝缘材料的耐热性分级

耐热等级（最高连续使用温度/℃）	耐热等级字母表示	耐热等级（最高连续使用温度/℃）	耐热等级字母表示
90	Y	155	F
105	A	180	H
120	E	200	N
130	B	220	R

注：耐热等级超过250的，不规定等级字母。

按照产品形态结构、组成或生产工艺特征，绝缘材料产品可分为八大类，见表2－1－3。

表2－1－3　绝缘材料产品分类

分类代号	类别	材料示例
1	漆、可聚合树脂和胶类	有溶剂漆、无溶剂可聚合树脂、灌注胶等
2	树脂浸渍纤维制品类	棉纤维漆布、合成纤维漆布、漆管等
3	层压制品、卷绕制品、真空压力浸胶制品和引拔制品类	有/无机底材层压板、管、棒等
4	模塑料类	木粉填料为主的模塑料、石棉填料为主的模塑料等
5	云母制品类	云母纸、云母带、云母板等
6	薄膜、粘带和柔软复合材料类	薄膜上胶带、薄膜粘带、织物粘带等
7	纤维制品类	合成纤维纸、绝缘纸、玻璃纤维制品等
8	绝缘液体类	合成芳香烃绝缘液体、有机硅绝缘液体等

(3) 常用的绝缘材料

常用的绝缘材料见表2-1-4。

表2-1-4　　常用的绝缘材料

名称	图示	说明
绝缘漆		绝缘漆是以高分子聚合物为基础，能在一定条件下固化成绝缘硬膜或绝缘整体的绝缘材料，主要由以合成树脂或天然树脂为主要材料的漆基、溶剂、稀释剂、填料等组成。常用的绝缘漆包括胶粘漆、覆盖漆、硅钢片漆等
树脂浸渍纤维制品	 纤维漆布  漆管	常用的树脂浸渍纤维制品包括纤维漆布、漆管和树脂浸渍无纬绑扎带等，均由绝缘纤维材料作底材，浸以绝缘漆制成
层压制品	 层压板  层压管	层压制品是以有机纤维、无机纤维作底材，浸涂不同的胶黏剂，经热压或卷制而成的层状结构绝缘材料。常用的层压制品包括层压板、层压管和层压棒等，具有良好的电气性能和力学性能，耐油、耐潮，加工方便，适合制作电动机的绝缘结构零件
模塑料		常用的模塑料包括木粉填料为主的模塑料和玻璃纤维填料为主的模塑料等，具有良好的电气性能和防潮性能，尺寸稳定，机械强度高，适合制作电动机和电气设备的绝缘结构零件

续表

名称	图示	说明
云母制品	云母板　云母带	常用的云母制品包括柔软云母板、塑型云母板、云母带、换向器云母板、衬垫云母板等
薄膜和复合膜制品	绝缘薄膜	电工用薄膜要求厚度小、柔软，电气性能和机械强度高，绝缘薄膜由若干种高分子材料聚合而成，主要用作电动机、电气设备线圈，电线、电缆绕包绝缘和电容器介质 复合膜制品要求电气性能好，机械强度高，主要用于电动机的槽绝缘、匝间绝缘、相间绝缘，以及其他电工产品线圈的绝缘
纤维制品	绝缘纸	常用的纤维制品包括绝缘纸、玻璃纤维制品和纤维毡等，主要用于包裹导线、绑扎线圈、电缆内衬等
绝缘液体	变压器油 TRANSFORMEROILS	常用的绝缘液体包括变压器油、电容器油和电力电缆绝缘油等，主要在电工产品中起绝缘、冷却、浸渍和填充等作用，在油开关中起灭弧作用，在电容器中起储能作用

其他绝缘材料还有在电动机、电气设备中作为结构、补强、衬垫、包扎和保护作用的辅助绝缘材料。这类材料品种多、规格杂，有的无统一的型号。常用的包括电话纸、绝缘纸板和纸管、涤纶玻璃丝绳、聚酰胺（尼龙）1010、黑胶布等。

2. 导电材料

导电材料是指专门用于传导电流的金属材料。电工常用金属导电材料包括铜及铜合金、铝及铝合金、银及银合金、金和复合导电金属材料。在电工产品中，使用最多的金属导电材料是铜及铜合金、铝及铝合金，常用于制造电线、电缆，一些特殊场合也采用金、银等。在电力系统中最常见的导电材料就是由铜、铝等金属材料制成的各类电线、电缆。

（1）电工常用金属导电材料

电工常用金属导电材料见表2－1－5。

表2－1－5　电工常用金属导电材料

名称	特点	应用
铜及铜合金	铜具有优良的导电性、导热性、延展性和耐腐蚀性，无低温脆性，易于焊接，塑性强，易于进行各种冷、热加工 各类铜合金虽然电导率略有降低，但在强度、韧性、弹性、温度稳定性等方面有所提高	主要用于电线、电缆的导体、母线和各类载流零件等，还用于超导线材的基材，与超导材料组成复合超导线材
铝及铝合金	铝的密度小，导电、导热性能好，抗腐蚀性好，塑性加工性能好，但强度较低 各类铝合金虽然电导率略有降低，但在强度、耐热性、耐腐蚀性和焊接性等方面有所提高	主要用于电线、电缆的导体和电缆护套层、屏蔽层、载流零件等，还用于高能电池的极板
银及银合金	理化性质稳定，导热、导电性能最好，质软，加工性能好，易于延展	主要用于电气开关的触头，还用于航空导线、耐高温导线、射频电缆等的导体和镀层以及瓷介电容器极板导电浆料等
金	导电性能仅次于银、铜，具有优良的化学、物理和力学性能，耐腐蚀，柔软，加工性能极好	主要用于要求较高的电子设备金属部分的保护层
复合导电金属材料	通过不同金属的复合，提高金属强度、耐腐蚀、耐热等性能或满足特定的要求	根据不同的金属复合情况，用途各异，如大跨度架空导线、航空导线、高温大电流导线、导电弹簧等

（2）常见的电线、电缆

电线、电缆在电气系统中起输送电（磁）能、传输信息的作用，并实现电磁转换功能。常见的电线、电缆包括裸线、绝缘电线、电磁线、电力电缆、通信用电缆等，见表2－1－6。

表2－1－6　常见的电线、电缆

名称	图示	说明
裸线		裸线是指没有绝缘和护套层的导电材料，主要包括裸单线、裸绞线和型线 裸单线主要用作各种电线、电缆的导电线芯；裸绞线由多股裸单线绞合而成，以改善其导电性能和力学性能，主要用于电力线中；型线通常是指非圆形截面的裸线，常见的型线包括母线、铜带、扁线、空心导线和电车线等

续表

名称	图示	说明
绝缘电线		绝缘电线由线芯（导体）、绝缘层或再加护套层构成。线芯分为硬线芯和软线芯两种，硬线芯又分为单股和多股，软线芯由多股细铜丝绞合而成；绝缘层用橡胶或塑料制成；橡胶绝缘电线一般在绝缘层外再包上塑料、橡胶或金属护套层，在绝缘层外再加护套层的导线称为护套线
电磁线		电磁线是指用于制造电工产品中的线圈或绕组的绝缘电线，又称为绕组线，根据绝缘层所用绝缘材料和制造方式的不同，通常可分为漆包线、纸包线和玻包线 电磁线广泛应用于电动机、电气设备和电工仪表中作为绕组或元器件的绝缘导线
电力电缆	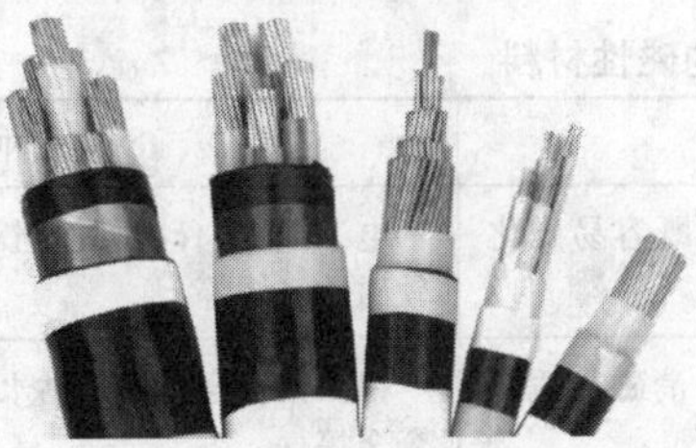	电力电缆由线芯（导体）、绝缘层、屏蔽层和护套层构成。线芯是电力电缆的导电部分，用于输送电能，是电力电缆的主要部分；绝缘层将线芯与外界在电气上隔离，保证电能输送，是电力电缆不可缺少的组成部分；15 kV 及以上的电力电缆一般都有屏蔽层，以增加电力电缆的机械强度，提高防腐蚀能力，延长使用寿命；护套层的作用是保护电力电缆免受外界杂质和水分的侵入，防止外力直接损坏电力电缆
通信用电缆	 通信电缆  通信光纤	通信用电缆是传输电话、电视、数据和其他电信号的电缆，常见的包括通信电缆和通信光纤

（3）特殊导电材料

特殊导电材料除了具备普通导电材料传导电流的作用外，还兼有其他特殊功能，主要包括熔体材料、电刷材料、电阻合金材料、电热材料、电触头材料等，见表 2－1－7。

表 2-1-7　特殊导电材料

名称	说明
熔体材料	保护性电气材料，主要用作熔断器的熔体，用于电路短路保护、过电流保护和限温保护等
电刷材料	制造电刷（碳刷）的材料，主要成分是石墨。电刷用于直流电动机或交流换向器电动机中，与换向器配合实现电动机电流的换向。常用的电刷包括石墨电刷、电化石墨电刷、金属石墨电刷三种
电阻合金材料	制造电阻元器件的重要材料，具有温度系数小、稳定性好、机械强度高等特点，广泛应用于电动机、电气设备、仪表和电子设备中
电热材料	制造各种电阻加热设备发热元器件的材料，常用的有镍铬合金和铁铬合金，要求电阻系数高、加工性好，且在高温时具有足够的机械强度和良好的抗氧化性能
电触头材料	在电气开关中承担电路的接通、载流、分断和隔离作用，要求接触电阻小、操作安全可靠且使用寿命长。根据强电和弱电对于触头性能和要求的不同，选用的材料也不同

3. 磁性材料

常用的磁性材料是指铁磁性物质，一般包括软磁材料、硬磁材料和矩磁材料等，见表 2-1-8。

表 2-1-8　常用的磁性材料

名称	特点	常见种类
软磁材料	磁导率高，剩磁小，磁滞现象不严重，既容易磁化也容易消磁	电工纯铁、硅钢片、铁镍合金、铁铝合金、软磁铁氧体等
硬磁材料	剩磁大，不容易磁化，磁化后也不容易消磁，适合制造永久磁铁	铝镍钴合金、稀土钴永磁材料、可变形硬磁合金等
矩磁材料	具有矩形磁滞回线的铁氧体材料，主要用于制造计算机存储器磁芯	镁锰铁氧体、锂锰铁氧体等

二、照明电路的常用导线

照明电路的敷设导线一般选用绝缘电线。线芯材料通常使用铜或铝，由于铜的各项电性能优于铝，因此，照明电路固定敷设用导线一般选用铜芯绝缘电线。

1. 常用导线的类型

根据导线绝缘层的不同，照明电路常用导线的类型见表 2-1-9。

表 2-1-9　照明电路常用导线的类型

类型	图例	说明
BV/BLV	BV　BLV	俗称塑料导线或 PVC 导线，采用聚氯乙烯（PVC）塑料作为导线的绝缘层。根据线芯材料的不同分为 BV（铜芯）和 BLV（铝芯）

续表

类型	图例	说明
BVV/BLVV	BVV BLVV	俗称护套线，在聚氯乙烯绝缘层外增加一层聚氯乙烯护套层，提高了绝缘和阻燃性能，还可以将多根导线合并在一起，常用作家庭装修的电源线。根据线芯材料的不同分为 BVV（铜芯）和 BLVV（铝芯）
BX/BLX	BX BLX	俗称橡胶线，采用橡胶作为导线的绝缘层，具有较好的防水性能。根据线芯材料的不同分为 BX（铜芯）和 BLX（铝芯）

2. 导线截面积的计算

（1）单股导线截面积的计算

$$S=\pi\frac{D^2}{4}$$

式中，S 为导线的截面积，D 为导线的线径（即线芯的直径）。

（2）多股导线截面积的计算

$$S=n\pi\frac{d^2}{4}$$

式中，S 为导线的截面积，n 为导线的股数，d 为每股导线线芯的直径。

三、常用的测量工具

1. 游标卡尺

游标卡尺是一种中等精度的量具，其外形结构如图 2－1－1 所示。游标卡尺由主标尺和附在主标尺上能滑动的游标尺两部分构成，主标尺和游标尺上有两副活动量爪，分别是内测量爪和外测量爪，游标卡尺的尾部有深度尺。内测量爪用于测量工件的内尺寸，外测量爪用于测量工件的外尺寸，深度尺用于测量工件的深度，主标尺和游标尺配合完成测量读数。

2. 外径千分尺

外径千分尺又称为螺旋测微器，是一种精度较高的量具，其外形结构如图 2－1－2 所示。使用时，旋转活动套筒和棘轮，使工件固定在测砧和测微螺杆之间的卡口中，通过固定套筒（内套筒）和活动套筒（外套筒）上刻度的配合完成测量读数。

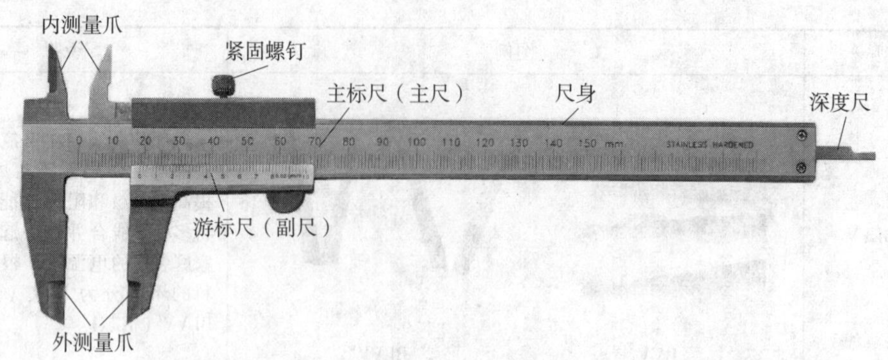

图 2－1－1　游标卡尺的外形结构

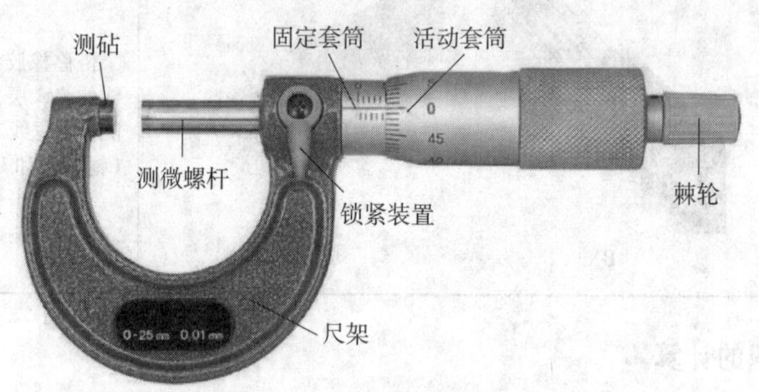

图 2－1－2　外径千分尺的外形结构

四、常用的导线加工工具

在导线加工过程中经常需要使用尖嘴钳、断线钳、钢丝钳、剥线钳、压线钳、电工刀等工具，见表 2－1－10。

表 2－1－10　　常用的导线加工工具

工具	图示	说明
尖嘴钳		尖嘴钳用于剪断细小的导线、金属丝，夹持小螺钉、垫圈、导线等，还能将导线线头弯曲成各种所需的形状。尖嘴钳钳头部分尖细，夹持物体不可过大，用力不能过猛
断线钳		断线钳又称为斜口钳，主要用于剪断较粗的导线、金属丝和电缆

续表

<table>
<tr><th>工具</th><th>图示</th><th>说明</th></tr>
<tr><td>钢丝钳</td><td> 钳口 刀口 手柄 齿口 铡口 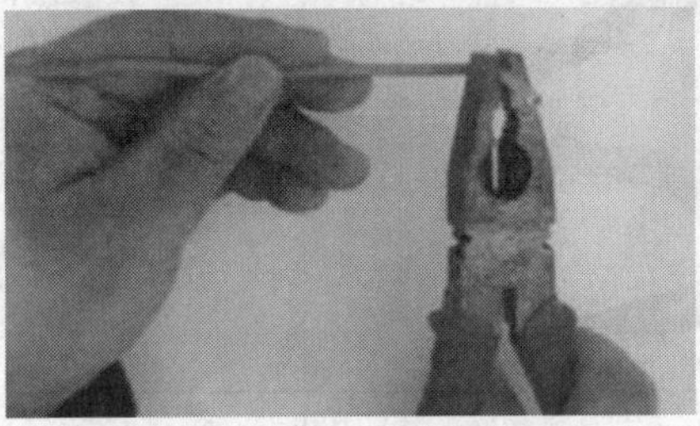
用钳口折弯导线 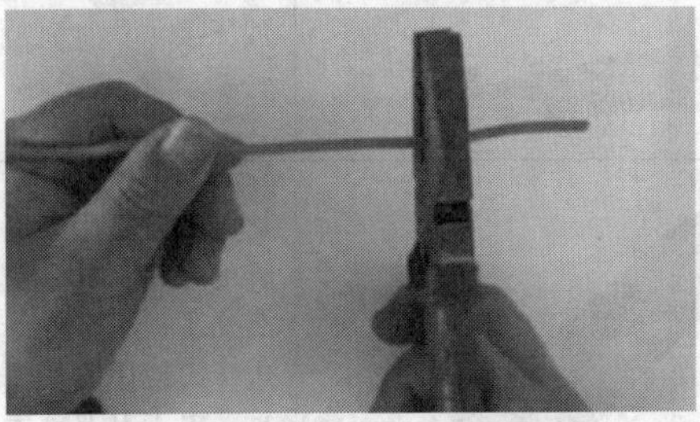
用刀口剪断导线 
用齿口紧固小螺母 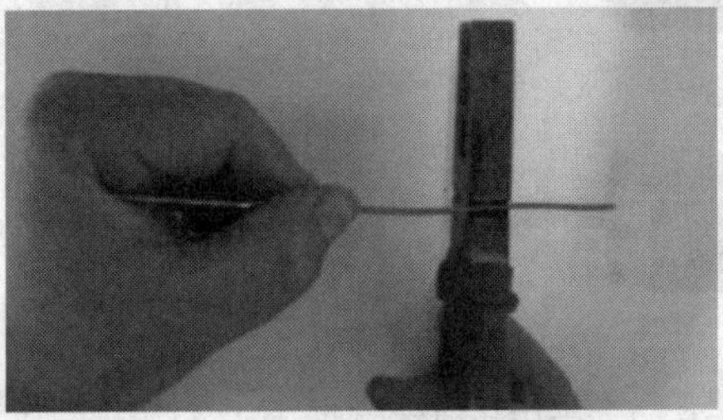
用铡口铡切钢丝</td><td>钢丝钳由钳口、刀口、齿口、铡口和手柄构成。手柄有绝缘护套，绝缘护套的耐压为 500 V，只适用于低压带电设备，使用前必须检查绝缘护套的绝缘是否良好，以免带电操作时发生触电事故
钢丝钳各部位的作用：钳口用于折弯导线，刀口用于剪断导线，齿口用于紧固小螺母，铡口用于铡切钢丝</td></tr>
</table>

续表

工具	图示	说明
剥线钳	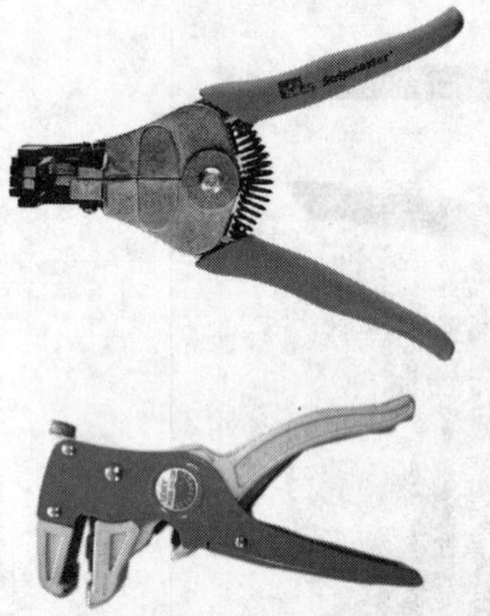	剥线钳用于剥削小线径导线的绝缘层
压线钳	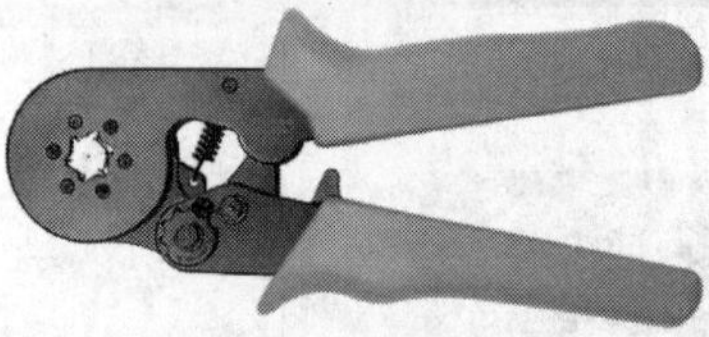	压线钳用于导线与快捷端子之间的紧固压接
电工刀	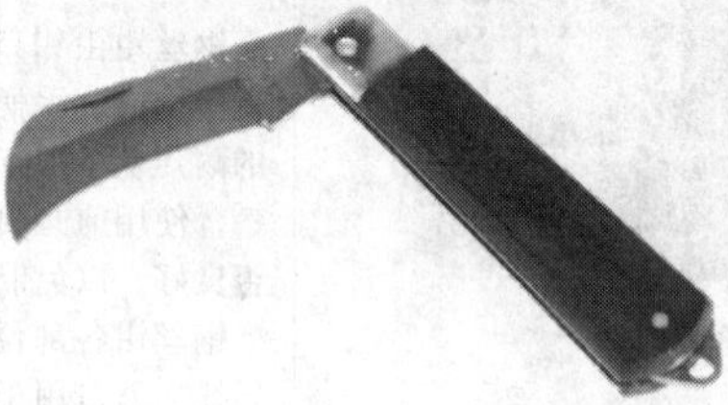	电工刀是用于剥削导线线头、削制木榫的专用工具。使用电工刀时应注意避免伤手，不得传递未折进刀柄的电工刀。电工刀使用完毕，应及时将刀身折进刀柄。电工刀刀柄无绝缘保护，不能用于带电作业，以免触电

五、常用的紧固工具

1. 螺钉旋具

拧紧和旋松带槽螺钉的常用工具称为螺钉旋具，主要由旋柄和旋杆组成，旋柄通常为木柄或塑料柄，旋杆头部形状分为一字和十字，如图 2－1－3 所示。不同规格螺钉旋具的使用方法见表 2－1－11。

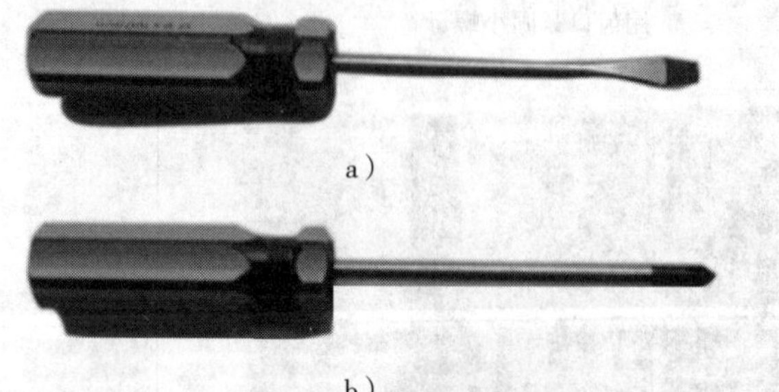

a）

b）

图 2－1－3　常用的螺钉旋具

a）一字旋具　b）十字旋具

表 2-1-11　　不同规格螺钉旋具的使用方法

种类	图示	说明
小规格螺钉旋具		食指顶住旋柄末端，拇指和中指夹住旋柄旋动
大规格螺钉旋具		手掌顶住旋柄末端，拇指、食指和中指夹住旋柄旋动
较长的螺钉旋具		左手握住旋杆的中间部分，右手压紧旋动 注意：带电操作时，必须在旋杆上加装绝缘护套

2. 电动螺钉旋具

电动螺钉旋具又称为电动旋具、电批，是用于拧紧和旋松螺钉的电动工具，如图 2-1-4 所示。

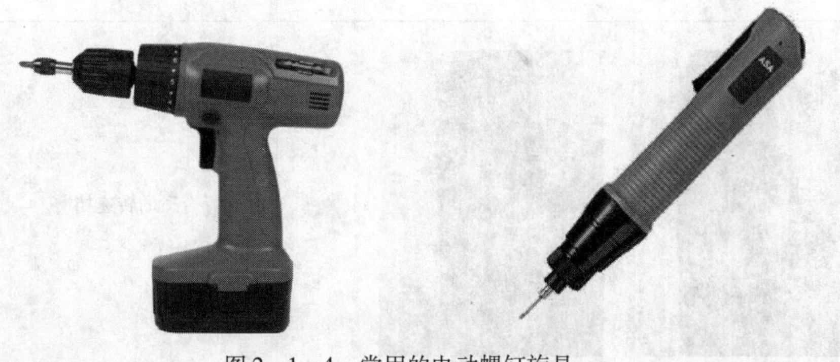

图 2-1-4　常用的电动螺钉旋具

电动螺钉旋具带有调节和限制扭矩的机构，可以进行扭矩的调节，主要用于各类装配作业。由于精度高、效率高，电动螺钉旋具已成为安装行业常用的工具。电动螺钉旋具的使用方法见表 2－1－12。

表 2－1－12　　电动螺钉旋具的使用方法

图示	说明
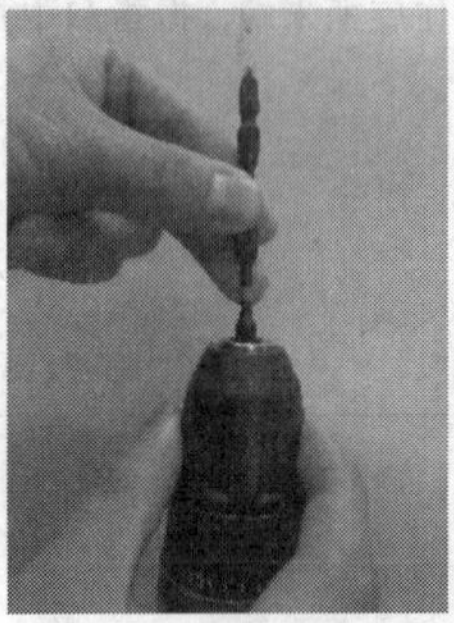 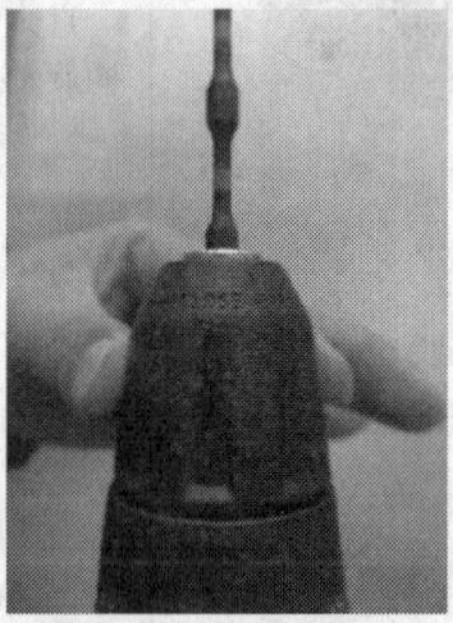	用手指夹住旋具头卡扣沿“OPEN”方向旋转，松开旋具头卡扣；装入旋具头，沿“CLOSE”方向旋转，拧紧旋具头卡扣，从而固定旋具头
	装入配套的电池
	选择合适的扭矩，当旋具头与螺钉的扭矩超出设定扭矩时，离合器会自动打滑，旋具头停止转动
 	选择合适的转速挡

续表

图示	说明
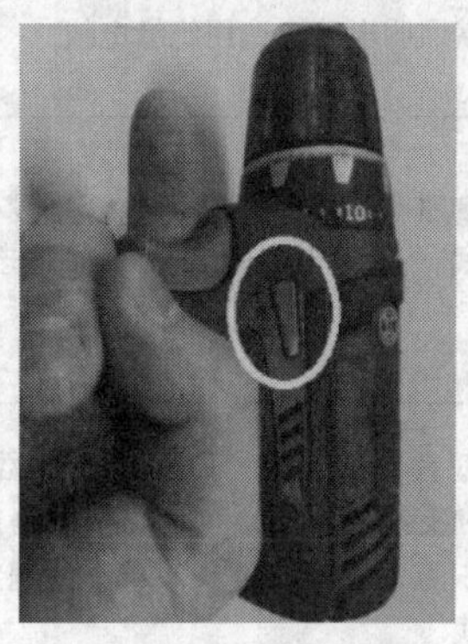 	选择旋具头的旋转方向
 	按下（或松开）开关时，旋具接通（或断开）电源，开始（或停止）工作

 任务实施

一、任务准备

根据任务需要，按照实训器材清单（见表 2－1－13）准备好相应的工具和材料，设置好安全防护措施。

表 2－1－13　实训器材清单

类别	准备内容
工具	游标卡尺、外径千分尺、尖嘴钳、断线钳、钢丝钳、剥线钳、压线钳、电工刀、螺钉旋具
材料	绝缘带、绝缘黑胶布、各种规格的导线等

二、选择导线

选择导线应依据施工现场的特点和用电负载的性质、容量等进行，以确保安装后的用电安全。以教室照明电路为例，导线选择步骤见表 2－1－14。

表 2-1-14　　导线选择步骤

步骤	选用依据	选用结果
选择导线类型	依据表 2-1-6 常见的电线、电缆的种类及用途选择导线的种类	教室照明电路应选用绝缘电线
	根据敷设方式选择导线的型号，例如，在住宅和办公场所等干燥环境的固定敷设时，暗敷可选用 BV，明敷可选用 BVV；而在较潮湿的环境敷设时，则要选用 BX 或 BVV	教室照明电路一般采用线管敷设、暗敷形式，选用 BV 配合线管进行线路敷设
选择导线规格	导线规格常用导线的截面积来表示。应根据工作电流和导线的安全载流量（即导线长期工作时允许通过的最大电流）选择导线的截面积。铜芯绝缘电线的安全载流量见表 2-1-15	根据教室的大小、照明灯具的数量、干线和支线的不同，教室照明电路选用截面积为 2.5 mm^2 或 1.5 mm^2 的铜芯绝缘电线

表 2-1-15　　铜芯绝缘电线的安全载流量

铜芯绝缘电线的截面积/mm^2	安全载流量/A	铜芯绝缘电线的截面积/mm^2	安全载流量/A
箔线	≤0.2	2.5	>16 且≤25
0.5	>0.2 且≤3	4	>25 且≤32
0.75	>3 且≤6	6	>32 且≤40
1	>6 且≤10	10	>40 且≤63
1.5	>10 且≤16		

三、测量单股导线的线径

使用游标卡尺和外径千分尺测量给定导线的线径并计算其截面积。

1. 用游标卡尺测量导线线径

用游标卡尺测量导线线径的操作步骤见表 2-1-16。

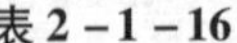

表 2-1-16　　用游标卡尺测量导线线径的操作步骤

步骤	图示	操作说明
1	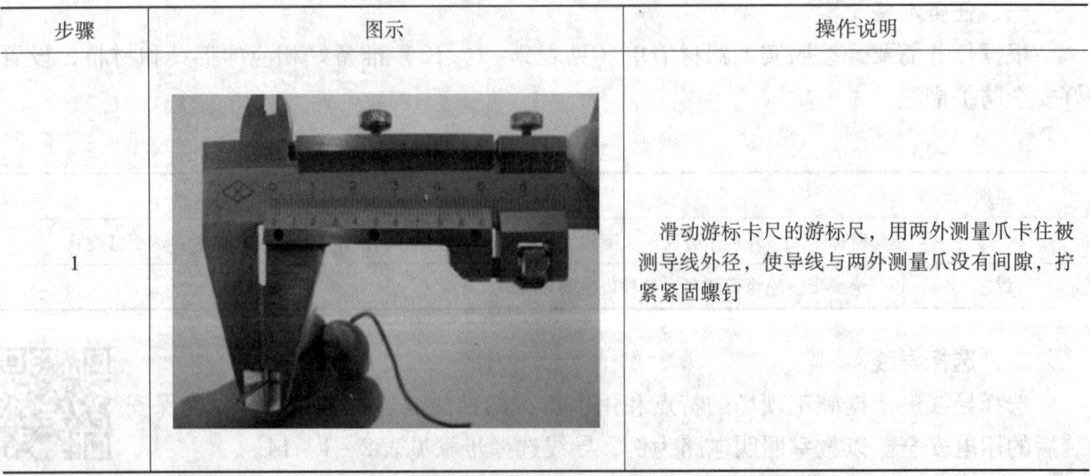	滑动游标卡尺的游标尺，用两外测量爪卡住被测导线外径，使导线与两外测量爪没有间隙，拧紧紧固螺钉

续表

步骤	图示	操作说明
2	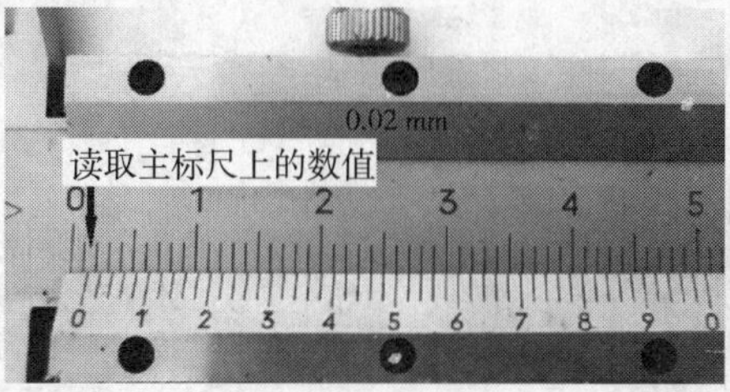 0.02 mm 读取主标尺上的数值 0 1 2 3 4 5 0 1 2 3 4 5 6 7 8 9 0	读取整数值，主标尺上游标尺零刻度线左边的第一条刻度线即为整数值，左图为 1 mm
3	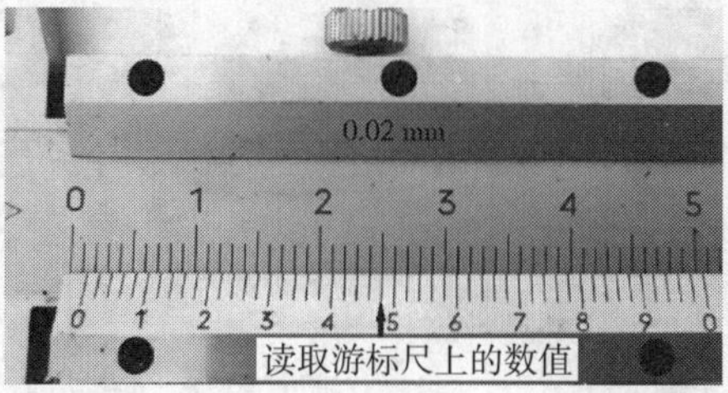 0.02 mm 0 1 2 3 4 5 0 1 2 3 4 5 6 7 8 9 0 读取游标尺上的数值	读取小数值，在游标尺上找到一条与主标尺上刻度线对齐的刻度线，读出小数值（刻度读数 × 分度值），左图为 0.48 mm
4	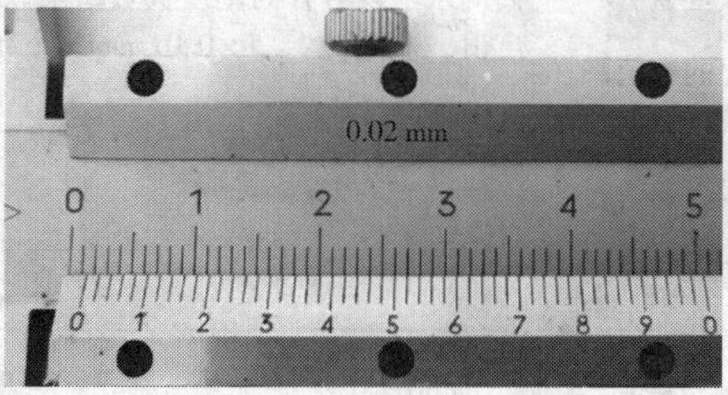 0.02 mm 0 1 2 3 4 5 0 1 2 3 4 5 6 7 8 9 0	将上述两数值相加，即为游标卡尺测得的导线线径，左图读数为 1.48 mm

注：测量前应清洁游标卡尺外测量爪，以减少误差。

2. 用外径千分尺测量导线线径

用外径千分尺测量导线线径的操作步骤见表 2－1－17。

表 2－1－17　　用外径千分尺测量导线线径的操作步骤

步骤	图示	操作说明
1	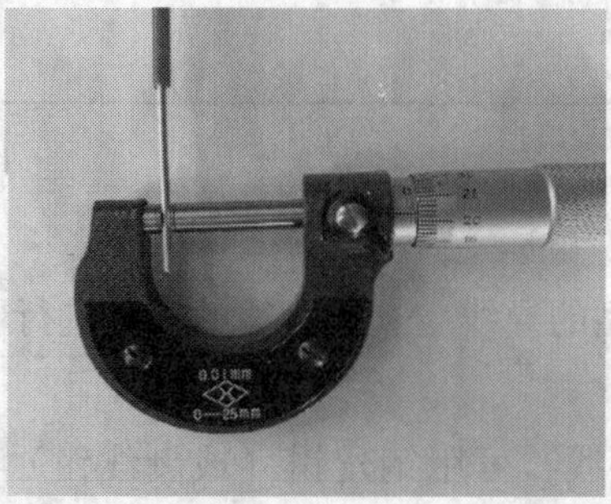 0.01 mm 0—25 mm	旋转外径千分尺的活动套筒，使测砧、测微螺杆与被测导线贴合，然后转动棘轮，当听到棘轮发出“咔、咔”声后，旋紧锁紧装置

续表

步骤	图示	操作说明
2	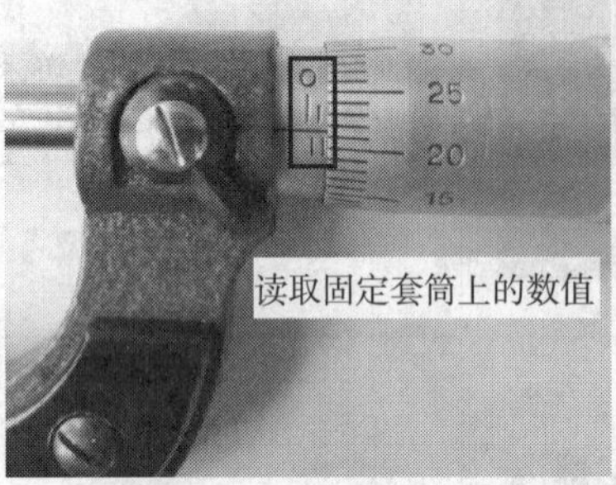 读取固定套筒上的数值	读取固定套筒上的数值，观察固定套筒上露出的刻度线，读出毫米数（水平线上的刻度线）和半毫米数（水平线下的刻度线），左图为 1.5 mm
3	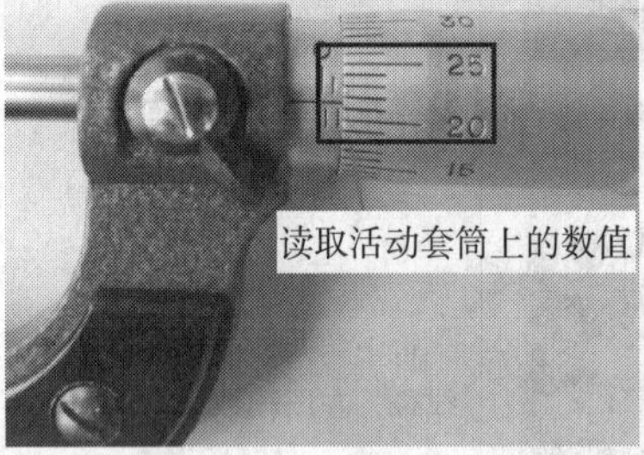 读取活动套筒上的数值	读取活动套筒上的数值，用活动套筒上与固定套筒的水平线对齐的刻度读数，乘以外径千分尺的分度值，左图为 21.5 × 0.01 mm = 0.215 mm
4	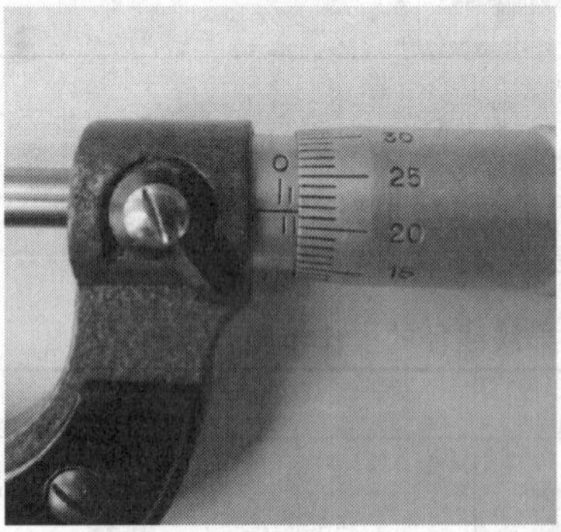	将上述两数值相加，即为外径千分尺测得的导线线径，左图读数为 1.715 mm

注：测量前应清洁外径千分尺的测砧和测微螺杆，以减少误差。

四、剥削导线绝缘层

导线在连接前需要剥削绝缘层，不同类型的导线应选择合适的工具进行剥削。

1. 剥削塑料硬导线

（1）截面积小于 4 mm^2 的塑料单股硬导线，可用钢丝钳（或剥线钳）剥削其绝缘层，操作步骤见表 2－1－18 和表 2－1－19。

表 2-1-18　　用钢丝钳剥削塑料单股硬导线绝缘层的操作步骤

步骤	图示	操作说明
1	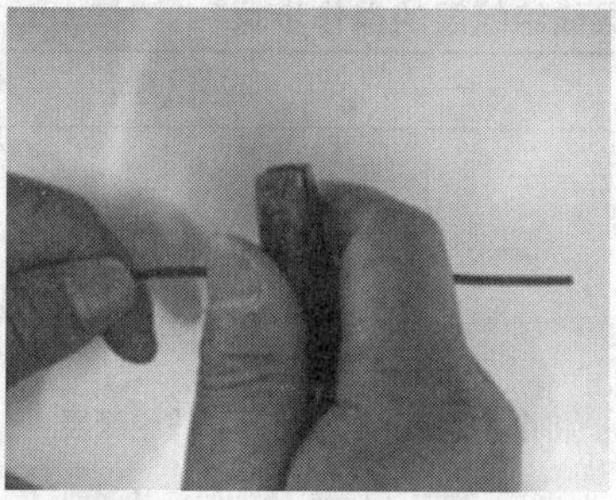	使用钢丝钳切入导线绝缘层，注意不得损伤线芯
2	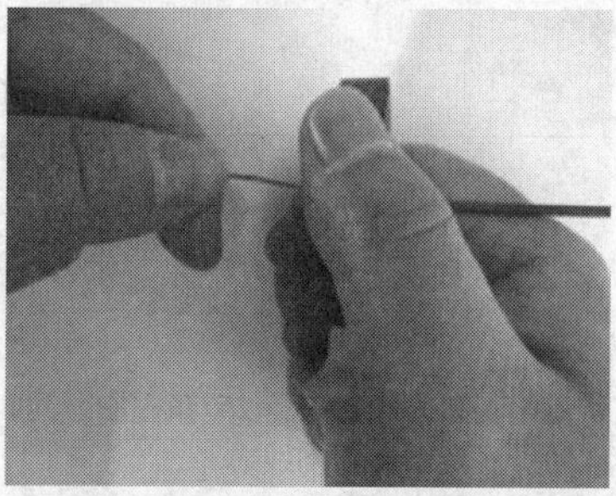	右手握住钳头向外拉，剥去绝缘层

表 2-1-19　　用剥线钳剥削塑料单股硬导线绝缘层的操作步骤

步骤	图示	操作说明
1		根据导线粗细选择合适的钳口，将导线放入剥线钳的钳口中
2	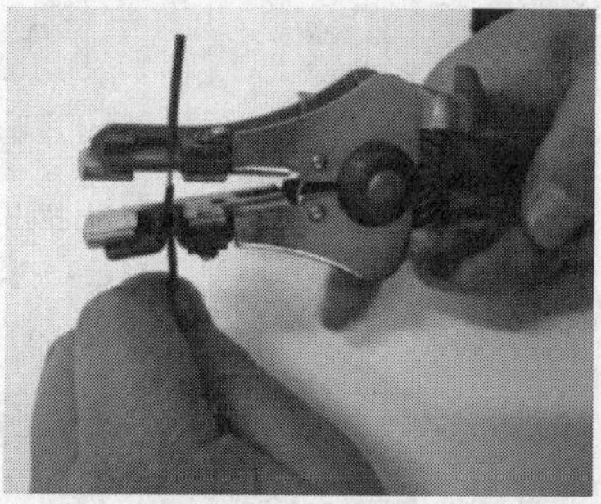	压下剥线钳手柄，自动剥去绝缘层

（2）截面积大于或等于4 mm^2 的塑料单股硬导线，可用电工刀剥削其绝缘层，操作步骤见表2－1－20。

表2－1－20　用电工刀剥削塑料单股硬导线绝缘层的操作步骤

步骤	图示	操作说明
1	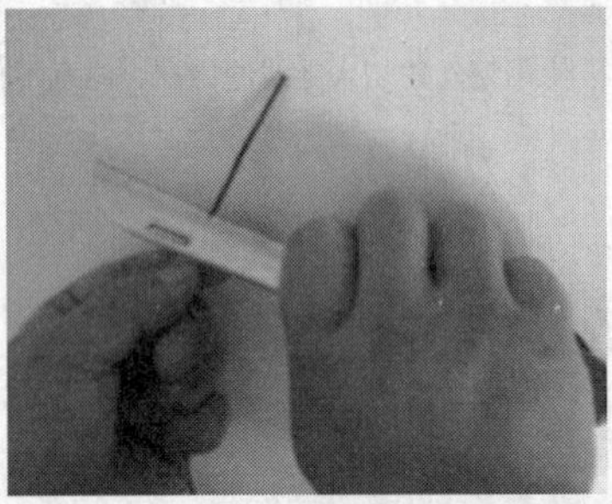	将电工刀以45°角切入导线绝缘层
2	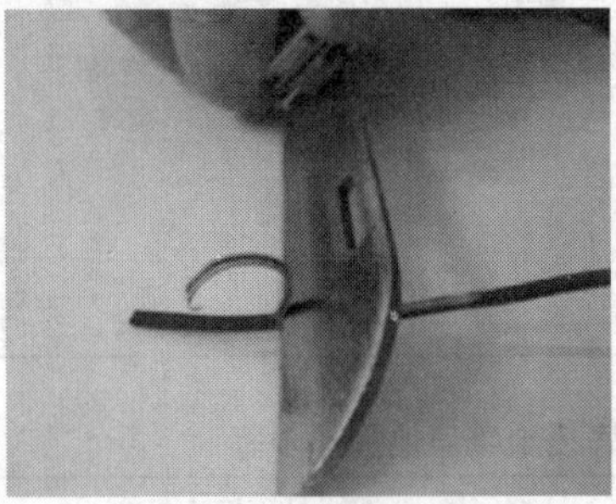	使电工刀与线芯保持25°角左右，同时用力向线头方向推削，注意不得损伤线芯
3	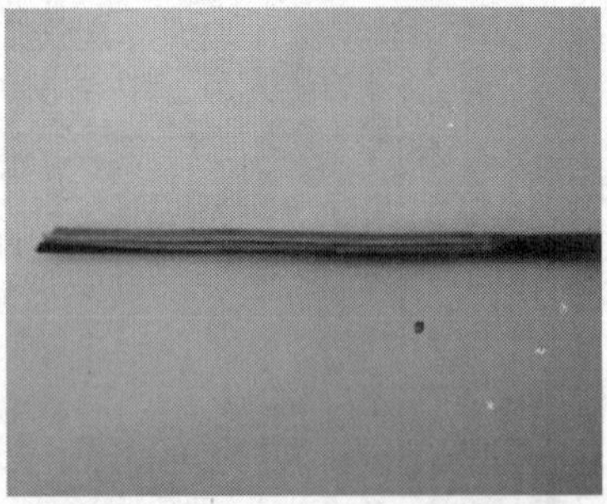	削去上面的绝缘层
4	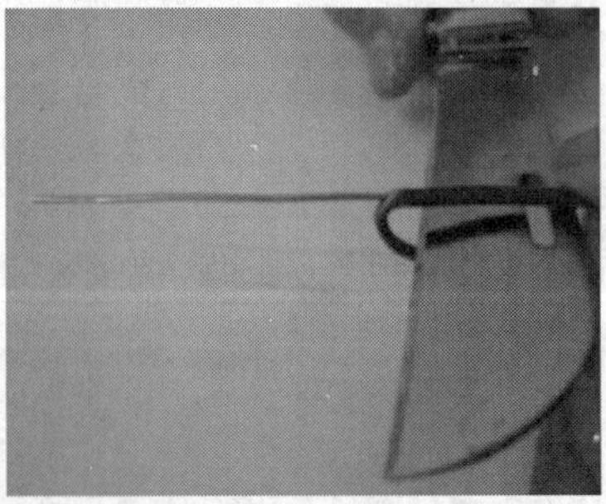	将下面的绝缘层向线头相反方向拉出，用电工刀齐根切去

2. 剥削塑料软导线

塑料软导线的绝缘层通常使用剥线钳进行剥削，操作步骤见表 2－1－21。

表 2－1－21　　用剥线钳剥削塑料软导线绝缘层的操作步骤

步骤	图示	操作说明
1	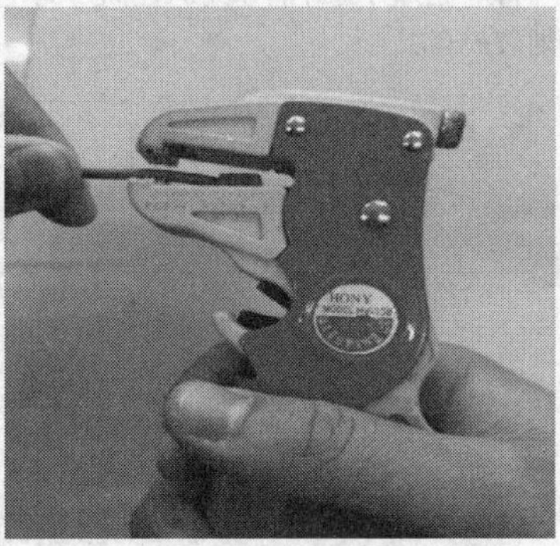	将导线放入剥线钳的卡口中，绝缘层剥削长度根据接线需要和剥线钳上的刻度决定
2	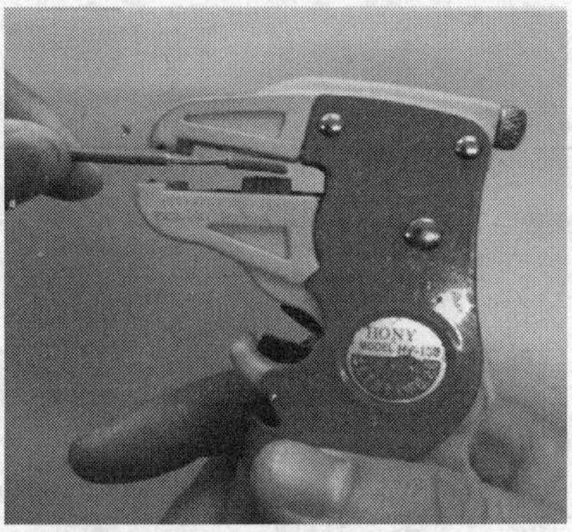	保持两手相对位置不动，压下剥线钳手柄，自动剥去绝缘层

3. 剥削护套线

护套线的绝缘层通常使用电工刀进行剥削，操作步骤见表 2－1－22。

表 2－1－22　　用电工刀剥削护套线绝缘层的操作步骤

步骤	图示	操作说明
1		根据所需的剥削长度，使用电工刀在导线护套层横向划一条深痕，注意不得损伤线芯和绝缘层

续表

步骤	图示	操作说明
2	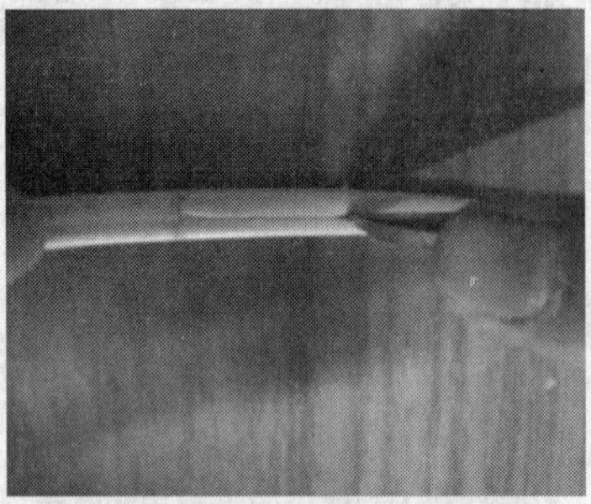	将电工刀刀尖对准导线的径向中间位置，向线头方向划破护套层
3	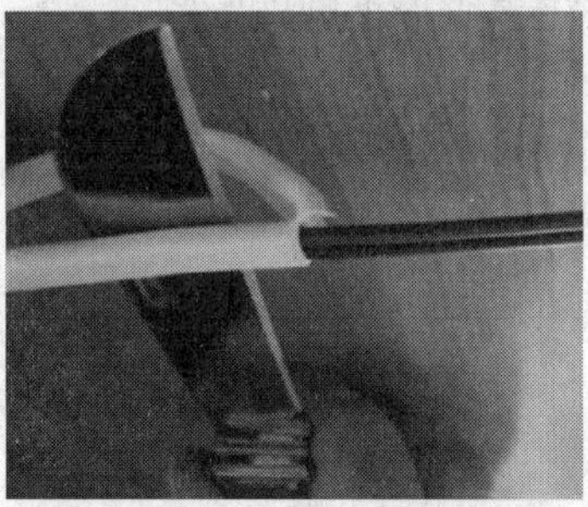	向线头相反方向拉出护套层，用电工刀齐根切去
4	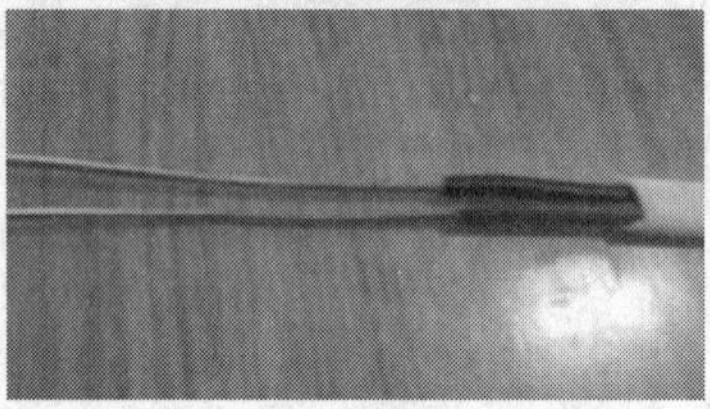	在距离护套层 10 mm 处，根据线芯的软硬程度采用相应的方法剥去绝缘层

五、连接导线

当导线不够长或分接支路时，需要进行导线与导线的连接。根据导线类型和线芯材料的不同，应采用不同的连接方法。

1. 单股导线的直线连接

单股铜芯导线直线连接的操作步骤见表 2－1－23。

表 2－1－23　　单股铜芯导线直线连接的操作步骤

步骤	图示	操作说明
1	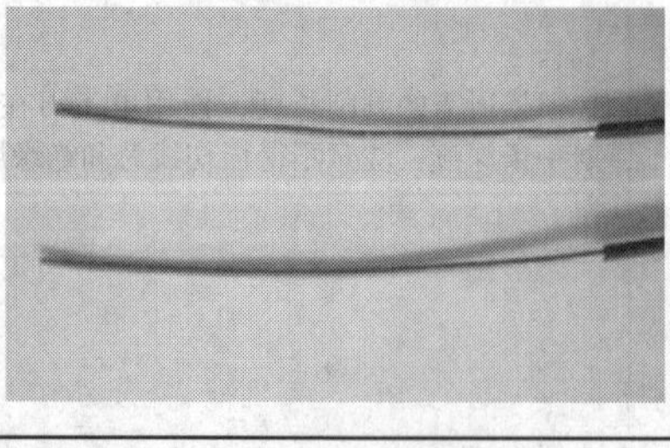	按照导线绝缘层的剥削方法剥去导线的绝缘层

续表

步骤	图示	操作说明
2	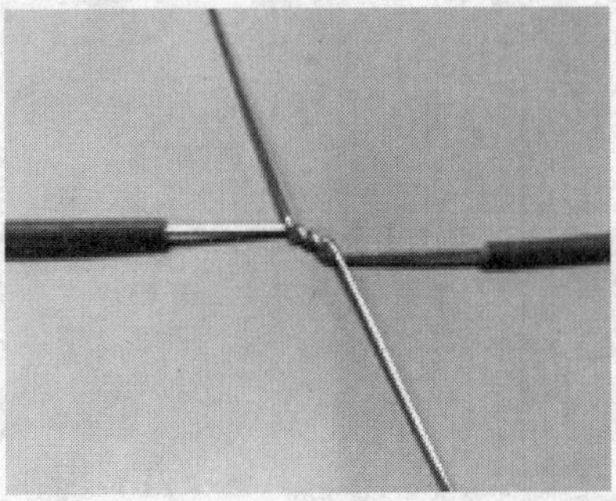	将两根导线线芯X形相交，互相绞接2～3圈
3		扳直两根线芯，使其与导线垂直
4	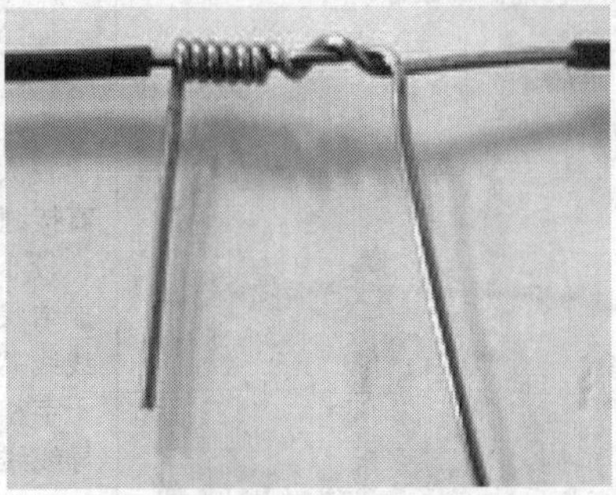	将一根线芯在另一根导线线芯上紧密缠绕5～6圈
5	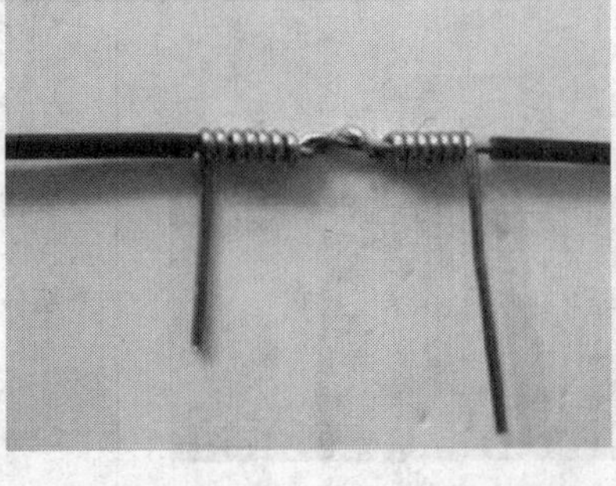	将另一根线芯同样紧密缠绕5～6圈

续表

步骤	图示	操作说明
6	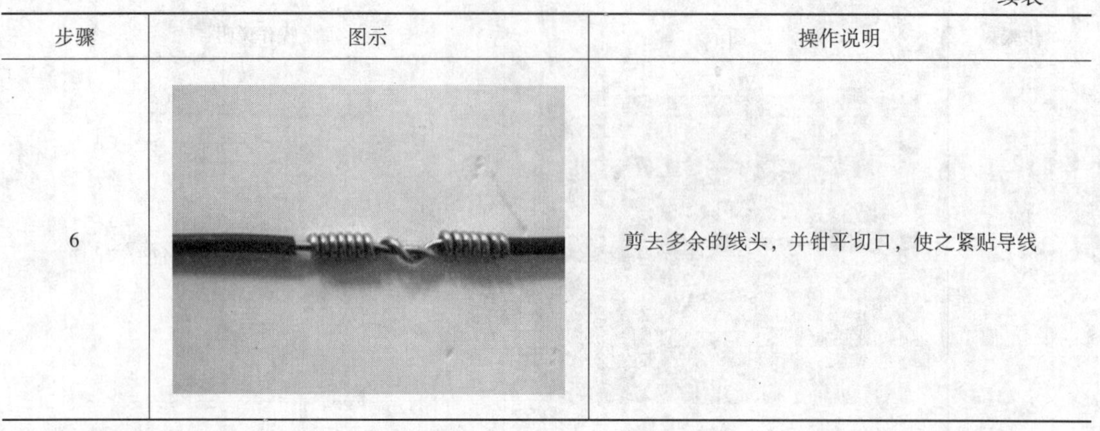	剪去多余的线头，并钳平切口，使之紧贴导线

2. 单股导线的T形连接

单股铜芯导线T形连接的操作步骤见表2－1－24。

表2－1－24　单股铜芯导线T形连接的操作步骤

步骤	图示	操作说明
1		剥去导线的绝缘层
2	直接缠绕　结状缠绕	较大截面积的导线可直接缠绕 较小截面积的导线绕成结状缠绕：将支路导线线芯与干路导线芯线十字相交缠绕，使支路导线线芯根部留出3～5 mm
3		紧密缠绕6～8圈后，剪去多余的线头，并钳平切口，使之紧贴导线

3. 多股导线的直线连接

多股铜芯导线直线连接的操作步骤见表 2－1－25。

表 2－1－25　　多股铜芯导线直线连接的操作步骤

步骤	图示	操作说明
1	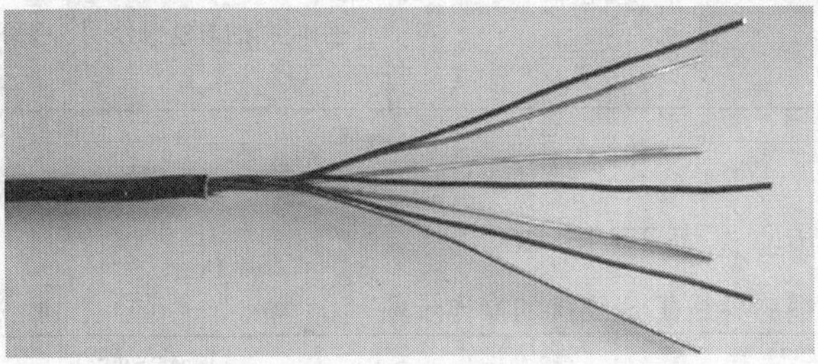	剥去导线的绝缘层，散开线芯并拉直，将靠近绝缘层切口的 1/3 段线芯绞紧，另外的 2/3 段线芯散成伞状，并拉直每根线芯
2	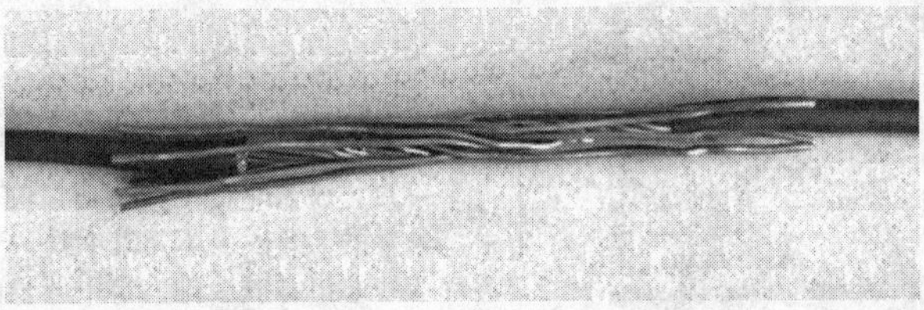	隔根对叉两根导线的伞状线芯，并捏平两端线芯
3	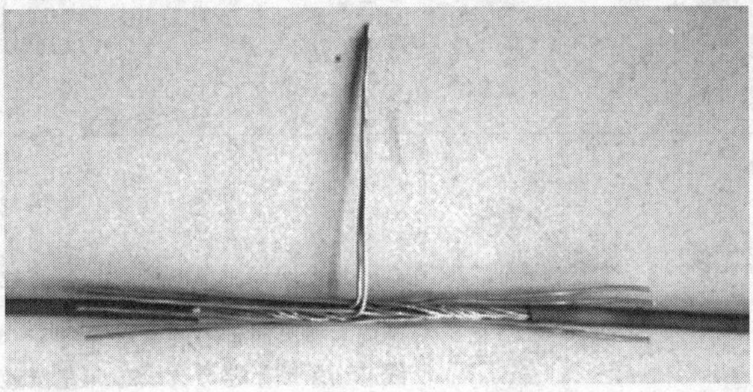	将一端的 7 股线芯按 2 股、2 股、3 股分成三组，将第一组的 2 股线芯向上扳直，使其垂直于导线并按顺时针方向缠绕
4	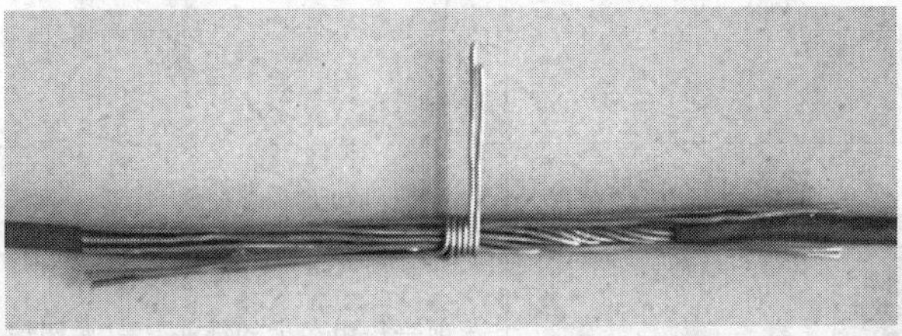	第一组的 2 股线芯缠绕 2 圈后，将余下的部分向右扳直，再将第二组的 2 股线芯向上扳直，也按顺时针方向紧紧压着前 2 股向右扳直的线芯缠绕
5	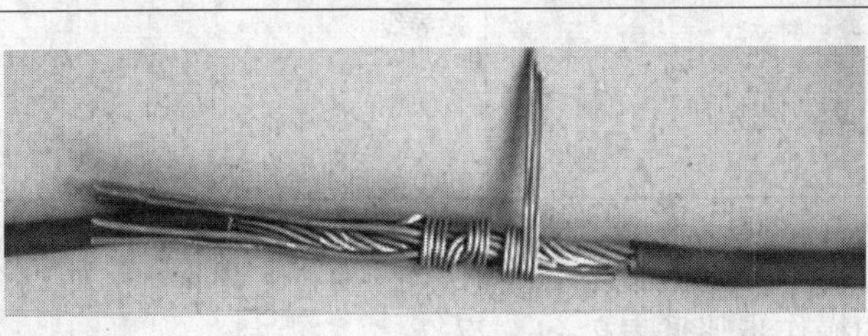	第二组的 2 股线芯缠绕 2 圈后，将余下的部分向右扳直，再将第三组的 3 股线芯向上扳直，也按顺时针方向紧紧压着前 4 股向右扳直的线芯缠绕

续表

步骤	图示	操作说明
6	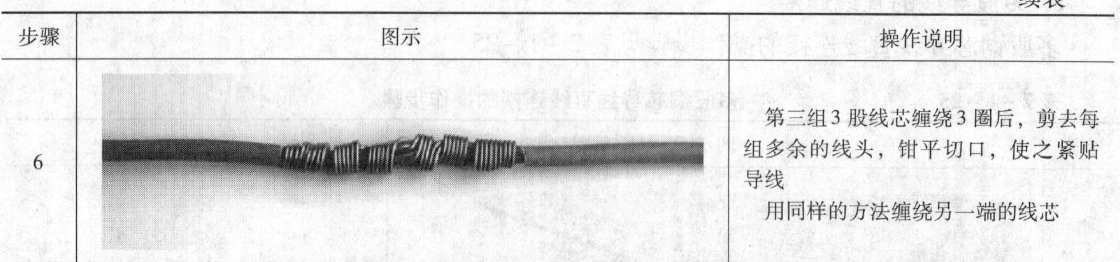	第三组3股线芯缠绕3圈后，剪去每组多余的线头，钳平切口，使之紧贴导线 用同样的方法缠绕另一端的线芯

4. 多股导线的T形连接

多股铜芯导线T形连接的操作步骤见表2-1-26。

表2-1-26　　多股铜芯导线T形连接的操作步骤

步骤	图示	操作说明
1		剥去导线的绝缘层；将支路导线线芯散开、拉直，绞紧靠近绝缘层切口的1/8段线芯，另外的7/8段线芯分成4股、3股两组，将4股线芯组并成一排；将干路导线线芯撬开一道缝隙，再将支路导线的4股线芯组从缝隙中插入，3股线芯组放到右侧
2		将支路导线的3股线芯组紧贴干路导线线芯向右按顺时针方向紧密缠绕3～4圈，4股线芯组紧贴干路导线线芯向左按逆时针方向紧密缠绕4～5圈
3		剪去每组多余的线头，钳平切口，使之紧贴导线

5. 单股导线与软导线的连接

单股铜芯导线与软导线连接的操作步骤见表2-1-27。

表 2－1－27　　单股铜芯导线与软导线连接的操作步骤

步骤	图示	操作说明
1		剥去导线的绝缘层，将软导线线芯捻成一股
2		将软导线线芯在单股导线线芯上紧密缠绕 7～8 圈
3		将单股导线线芯向后折弯压实，并剪去多余的线头

六、恢复导线绝缘层

导线绝缘层破损或导线连接完成后，需要进行绝缘恢复，恢复后的绝缘强度不应低于原来的绝缘强度。通常用绝缘带、绝缘黑胶布作为恢复导线绝缘层的材料。

在 220 V 线路上恢复导线绝缘层的操作步骤见表 2－1－28。

表 2－1－28　　在 220 V 线路上恢复导线绝缘层的操作步骤

步骤	图示	操作说明
1		在导线一端完整绝缘层上距离绝缘层切口两倍带宽处开始包缠绝缘带，绝缘带与导线成 55°的倾斜角

续表

步骤	图示	操作说明
2	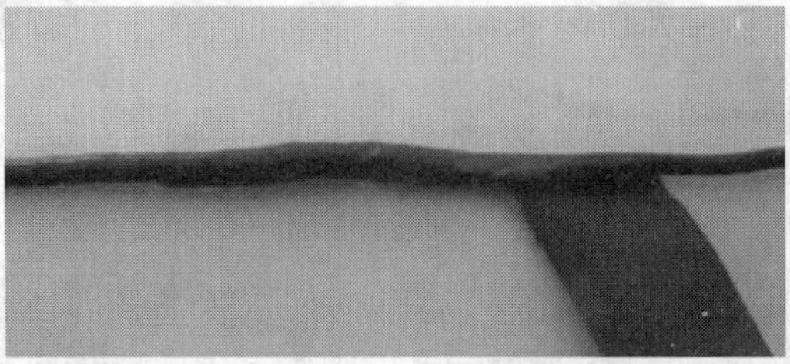	包缠时，每圈绝缘带应压叠前一圈绝缘带的 1/2 带宽，同时注意压紧 包缠至导线另一端完整绝缘层上两倍带宽的距离时剪断绝缘带
3	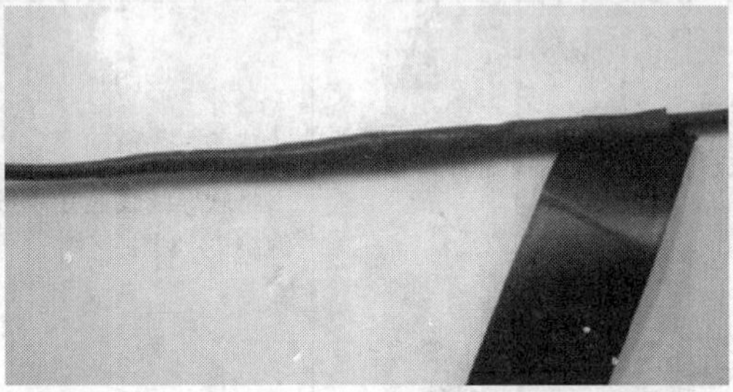	将绝缘黑胶布接在绝缘带尾端，反方向包缠，绝缘黑胶布与导线保持 55° 的倾斜角，同样每圈压叠前一圈 1/2 带宽
4	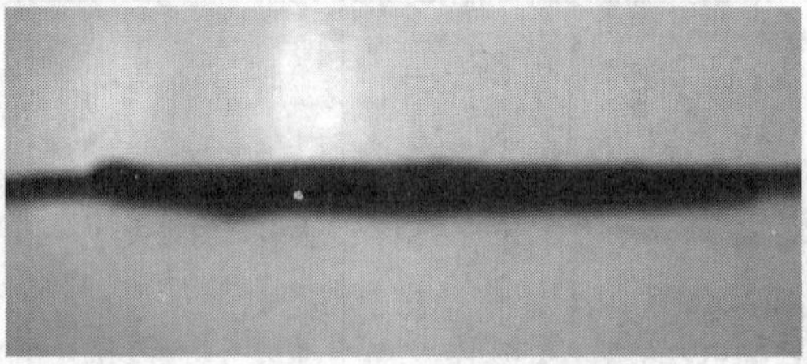	将绝缘黑胶布包缠至绝缘带起始位置，剪断绝缘黑胶布，压紧带头，完成绝缘恢复

注：包扎绝缘带时，各圈之间应紧密相接，不能稀疏，更不能露出线芯，以免造成漏电或短路事故；绝缘带平时不可放在高温处，也不可浸染油类。

七、连接导线与接线端

1. 导线线头的成形

在连接导线与元器件时，往往需要制作连接圈，以加大连接的牢固度。连接圈通常用尖嘴钳来制作，操作步骤见表 2－1－29。

表 2－1－29　制作连接圈的操作步骤

步骤	图示	操作说明
1	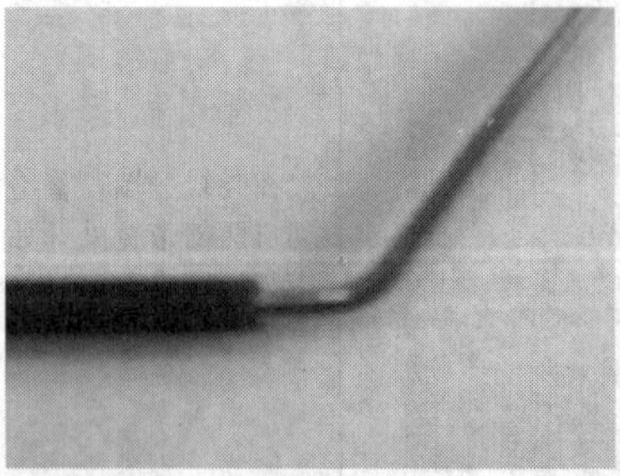	剥去导线绝缘层，将线芯在距离绝缘层切口约 3 mm 处向外折弯

续表

步骤	图示	操作说明
2		按略大于螺钉直径的标准，将线芯弯曲成圆形连接圈
3	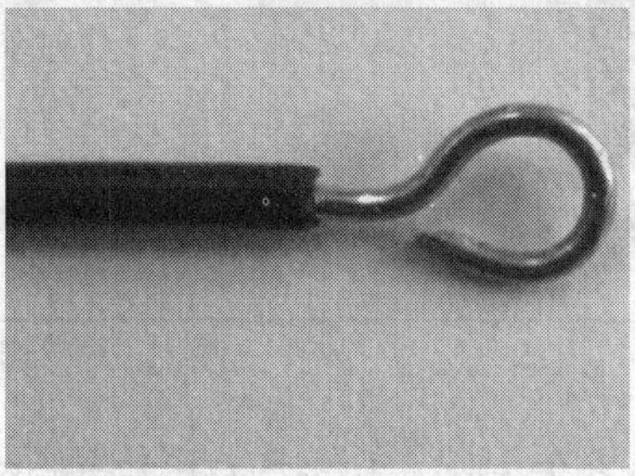	剪去多余的线头并修正连接圈 注意：安装时连接圈的弯曲方向应与螺钉旋紧方向一致

2. 导线与接线端的连接

接线端、导线线径和应用场合不同，导线与接线端的连接和紧固方法也不同，具体操作方法见表 2－1－30。

表 2－1－30　　导线与接线端连接的操作方法

类型	图示	操作说明
孔式接线端导线连接	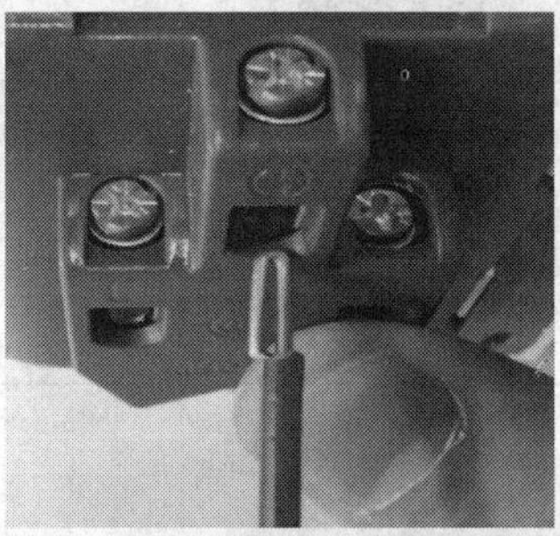	此连接类型由螺钉端面压紧导线，常用于照明电路元器件。若导线线径与接线端线孔内径相当，则可以拧紧螺钉直接压在导线线头上；若导线线径明显比接线端线孔内径小，则应先将导线线头向根部折弯成 U 形，再拧紧螺钉压在导线线头上
拱压式压片导线连接	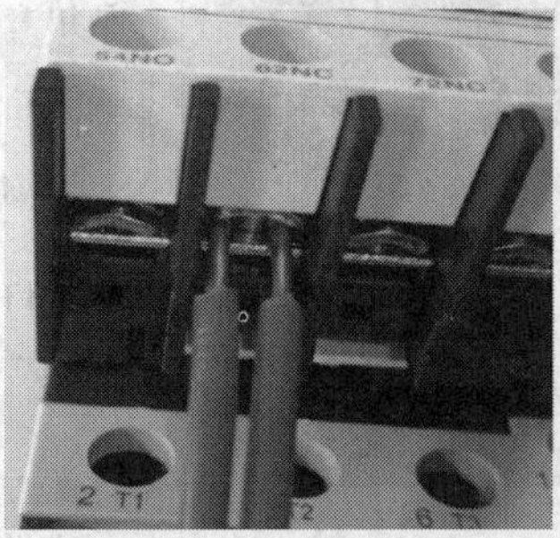	此连接类型由螺栓带动拱压式压片压紧导线，常用于小型继电器。若压片只需压接一根导线线头，则应先将导线线头折弯成 U 形后，再将压片压在导线线头上；若压片需要压接两根导线线头，则应在螺栓两侧各放一根导线线头，然后将压片压在导线线头上

续表

类型	图示	操作说明
平压式压片导线连接	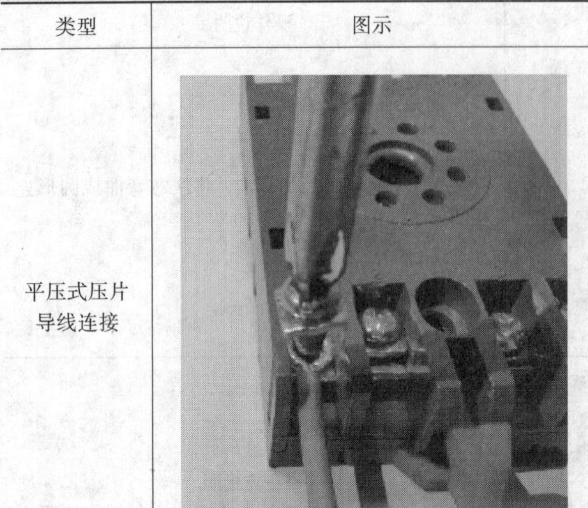	此连接类型由螺栓带动平压式压片压紧导线，常用于小电流元器件。连接时，应先将导线线头制作成连接圈后插入压片，再将压片压在导线线头上

3. 导线与快捷端子的连接

使用的快捷端子不同，导线与快捷端子的连接方法基本相同，具体操作方法见表 2－1－31。

表 2－1－31　导线与快捷端子连接的操作方法

类型	图示	操作说明
针形端子		使用针形端子时，应先确保端子线管内径与导线线径相匹配，长度满足实际需求，然后将导线线头全部插入端子线管内（不得留有毛刺），最后使用压线钳压紧
U 形端子		使用 U 形端子时，应先确保端子线管内径与导线线径相匹配，U 形插头内宽与螺杆相匹配，外宽满足实际需求，然后将导线线头全部插入端子线管内（不得留有毛刺），最后使用压线钳压紧

续表

类型	图示	操作说明
O 形端子		使用 O 形端子时，应先确保端子线管内径与导线线径相匹配，O 形圈孔径与螺杆相匹配，外径满足实际需求，然后将导线线头全部插入端子线管内（不得留有毛刺），最后使用压线钳压紧

注：1. 快捷端子只适用于软导线。
2. 软导线的线头应先捻成一股后再插入端子线管内。

任务 2　万用表的使用

学习目标

1. 熟悉万用表的类型、结构和功能。
2. 掌握万用表的读数方法。
3. 能使用万用表测量常用电参数。

任务引入

万用表是电工最常用的多用途测量仪表之一，广泛应用于各类电路的常用电参数测量。

本任务旨在学习万用表的类型、结构和功能以及读数方法，并使用万用表进行常用电参数的测量。

相关知识

万用表是一种多用途、多量程的电工测量仪表。常用的万用表包括指针式和数字式两大类，如图 2－2－1 所示。

一、数字式万用表

数字式万用表可测量交流/直流电压、交流/直流电流、电阻等电参数。VC890D 型数字式万用表的面板如图 2－2－2 所示。

a）

b）

图 2－2－1　万用表

a）指针式　b）数字式

LED显示屏

读数保持按钮

三极管放大倍数
测量插孔

量程和功能转换开关

量程挡位

红表笔插孔（测量200 mA~20 A电流时使用）

红表笔插孔（测量电压、电阻、电容时使用）

黑表笔插孔

红表笔插孔（测量小于200 mA电流时使用）

图 2－2－2　VC890D 型数字式万用表的面板

二、指针式万用表

指针式万用表是磁电系整流式便携万用表，可测量交流/直流电压、直流电流、电阻等电参数。MF47 型指针式万用表的面板如图 2－2－3 所示。

MF47 型指针式万用表的表头刻度盘共有八条刻度线，如图 2－2－4 所示，从上往下分别为电阻刻度线、直流电流刻度线、交流/直流电压刻度线、电容刻度线、三极管放大倍数刻度线、电感刻度线、电池电压刻度线、分贝刻度线。

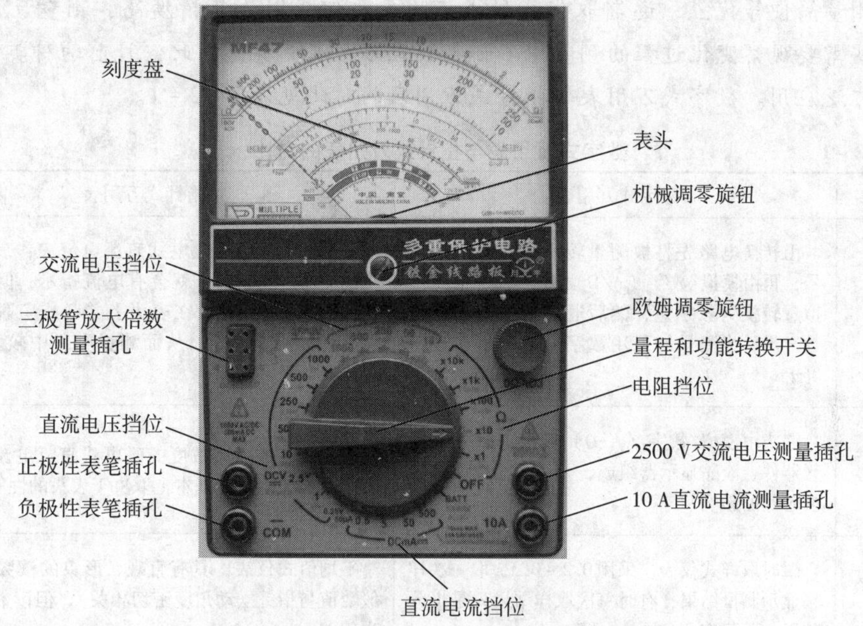

图 2－2－3　MF47 型指针式万用表的面板

图 2－2－4　MF47 型指针式万用表的表头刻度盘

读数时，视线应与刻度盘面垂直，使指针与反光铝膜中的指针影重合，确保读数的精度。测量电压、电流时，先选择最大量程试测，再根据实际情况调整至合适的量程，使指针指示在满刻度的 2/3 附近为宜。

知识拓展

数字式万用表与指针式万用表的对比

19 世纪 20 年代，随着电子管技术的广泛应用，检修电气设备时需要对多个电参数进行测量，于是产生了第一个现代意义上的万用表。20 世纪 30 年代，指针式万用表逐步成型。

20 世纪 70 年代，随着半导体技术的普及，数字式万用表诞生。数字式万用表诞生后，因其精度高、测量简便等优点，逐渐取代指针式万用表，但正因为其精度高、测量反应快的特点，在一些需要观察变化过程的测量中不如指针式万用表直观，因此，目前两种类型的万用表都仍在广泛应用。数字式万用表与指针式万用表的对比见表 2－2－1。

表 2－2－1　数字式万用表与指针式万用表的对比

对比内容	数字式万用表	指针式万用表
工作原理	由转换电路先将被测量转换为直流电压信号，再由模拟/数字（A/D）转换器将电压模拟量转换为数字量，然后通过电子计数器计数，最后将测量结果用数字直接显示在显示屏上	采用一个灵敏的磁电式直流电流表作表头，当微小电流通过表头时，就会有电流指示；但表头不能通过大电流，因此，在表头上并联或串联一些电阻器进行分流或降压，从而测量电路中较大的电流、电压和电阻
表头构成	表头由模拟/数字（A/D）转换芯片、外围元器件、液晶显示器组成，万用表的精度受转换芯片的影响	表头是一个高灵敏度的磁电式直流电流表，万用表的主要性能指标基本上取决于表头的性能
读数	瞬时取样式仪表，采用 0.2～0.3 s 取一次样来显示测量结果，有时每次取样结果只是十分相近，并不完全相同	平均值式仪表，具有直观、形象的读数指示（一般数值与指针摆动角度密切相关），但读数时容易产生偏差
功能	内部采用多种振荡、放大、分频保护等电路，功能较多 输出电压较低，对一些电压特性特殊的元器件如可控硅、发光二极管等的测量不方便	内部结构简单，成本较低，功能较少 输出电压较高，电流较大，可以方便地测量可控硅、发光二极管等
应用	读数直观，但数值变化的过程看起来有点杂乱，不太容易观察被测量的变化过程 相对来说低电压、小电流的数字电路测量中适合选用数字式万用表	读数精度较差，但指针摆动的过程比较直观，其摆动速度、幅度有时能比较客观地反映被测量的大小及变化 相对来说大电流、高电压的模拟电路测量和元器件简单判别中适合选用指针式万用表

任务实施

一、任务准备

根据任务需要，按照实训器材清单（见表 2－2－2）准备好相应的仪器仪表和元器件及材料，设置好安全防护措施。

表 2－2－2　实训器材清单

类别	准备内容
仪器仪表	指针式万用表、数字式万用表
元器件及材料	各种常用元器件及材料，并按要求连接成直流电路（如稳压电源电路）、交流电路（如三极管放大电路）

二、使用数字式万用表测量常用电参数

1. 选择挡位

VC890D 型数字式万用表的挡位包括直流电压挡、交流电压挡、直流电流挡、交流电流挡、二极管挡、蜂鸣挡、电阻挡、电容挡、三极管放大倍数挡等，如图 2－2－5 所示。

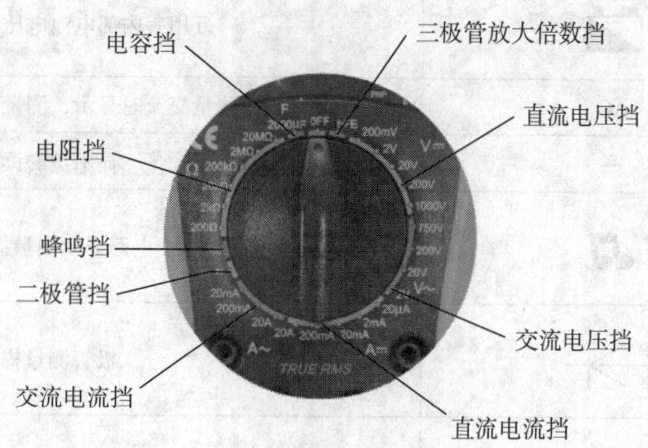

图 2－2－5　数字式万用表的挡位

数字式万用表挡位的详细说明见表 2－2－3。

表 2－2－3　　数字式万用表挡位的详细说明

序号	挡位	说明
1	直流电压挡（V⎓）	直流电压挡用于测量直流电压，测量时将万用表并联到被测电路中，直流电压有正、负极性之分，注意红、黑表笔与相应插孔对应
2	交流电压挡（V～）	交流电压挡用于测量交流电压，测量时将万用表并联到被测电路中
3	直流电流挡（A⎓）	直流电流挡用于测量直流电流，测量时将万用表串联到被测电路中，直流电流有正、负极性之分，注意红、黑表笔与相应插孔对应
4	交流电流挡（A～）	交流电流挡用于测量交流电流，测量时将万用表串联到被测电路中
5	二极管挡（—▶|—）	二极管挡用于测量二极管的单向导电性，显示二极管的管压降，单位为 mV
6	蜂鸣挡（•))））	通过蜂鸣声可以快速判断电路的通、断
7	电阻挡（Ω）	电阻挡用于测量电阻值，测量时必须断电
8	电容挡（F）	电容挡用于测量电容，测量前必须将被测电容器放电
9	三极管放大倍数挡（hFE）	三极管放大倍数挡用于测量三极管的放大倍数，测量时不用表笔，使用三极管放大倍数测量插孔

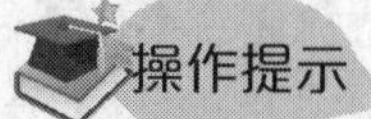

操作提示

在测量电压、电流等参数时，应先估算被测参数的数值，选择合适的量程。如果被测参数大于量程，则 LED 显示屏显示“OL”，表明量程较小，需重新选择。

数字式万用表LED显示屏常见符号说明见表2-2-4。

表2-2-4　数字式万用表LED显示屏常见符号说明

序号	符号	说明
1	hFE	三极管放大倍数
2		万用表内部电池电压欠压提示符
3	AC	测量交流时显示，测量直流时不显示
4	—	显示负的读数
5		电路通断测量提示符
6	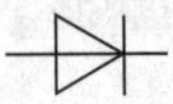	二极管测量提示符
7		数据保持提示符
8	Ω、kΩ、MΩ	电阻单位：欧、千欧、兆欧
	mV、V	电压单位：毫伏、伏
	nF、μF	电容单位：纳法、微法
	μA、mA、A	电流单位：微安、毫安、安
	℃	温度单位：摄氏度
	kHz、Hz	频率单位：千赫兹、赫兹

2. 测量直流电压

用数字式万用表测量直流电压的操作步骤见表2-2-5。

表2-2-5　用数字式万用表测量直流电压的操作步骤

步骤	图示	操作说明
1	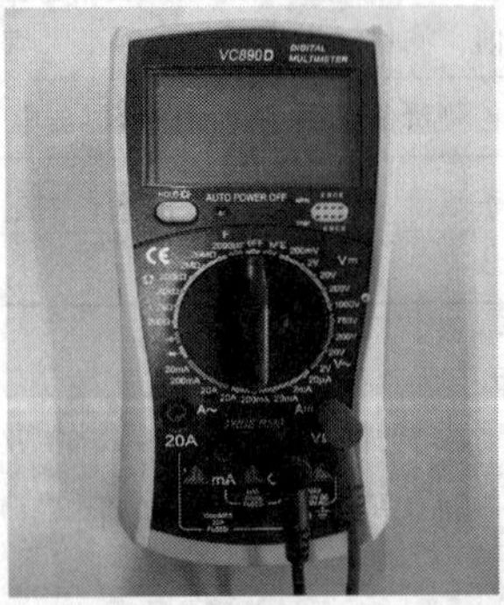	将红表笔插入“VΩ ┤├”插孔，黑表笔插入“COM”插孔

续表

步骤	图示	操作说明
2		估算被测电压的数值，将量程和功能转换开关拨至直流电压挡的适当量程
3	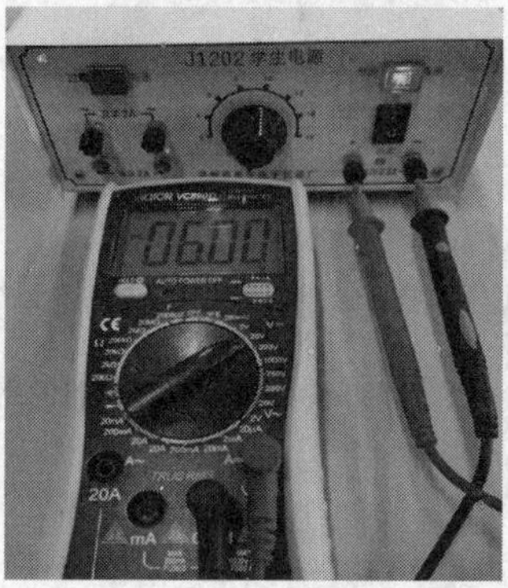	将万用表两表笔并联在被测电路两端，接通被测电路的电源，显示屏上即可显示出被测直流电压的数值 注意：红、黑两表笔分别接被测电路的高、低电位

3. 测量直流电流

用数字式万用表测量直流电流的操作步骤见表 2－2－6。

表 2－2－6　　用数字式万用表测量直流电流的操作步骤

步骤	图示	操作说明
1	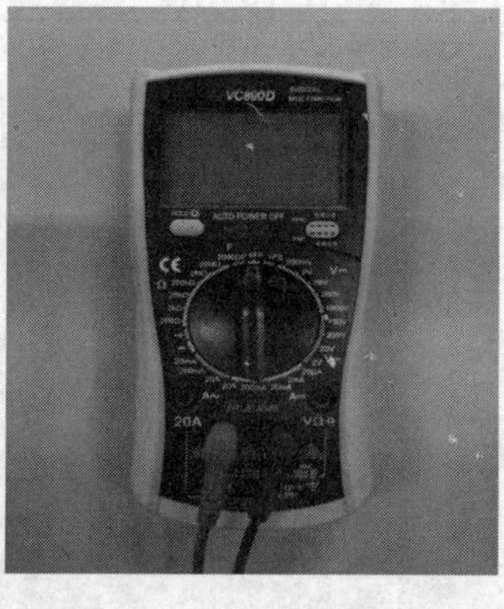	将红表笔插入“mA”插孔（电流 < 200 mA 时）或“20 A”插孔（电流 ≥ 200 mA 时），黑表笔插入“COM”插孔

续表

步骤	图示	操作说明
2		估算被测电流的数值，将量程和功能转换开关拨至直流电流挡的适当量程
3	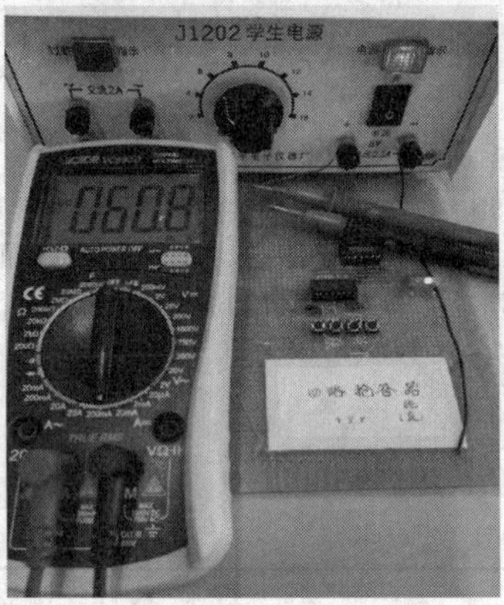	将万用表串联在被测电路中，接通被测电路的电源，显示屏上即可显示出被测直流电流的数值 注意：红、黑两表笔分别接被测电路的高、低电位

4. 测量交流电压

用数字式万用表测量交流电压的操作步骤见表 2-2-7。

表 2-2-7　　用数字式万用表测量交流电压的操作步骤

步骤	图示	操作说明
1	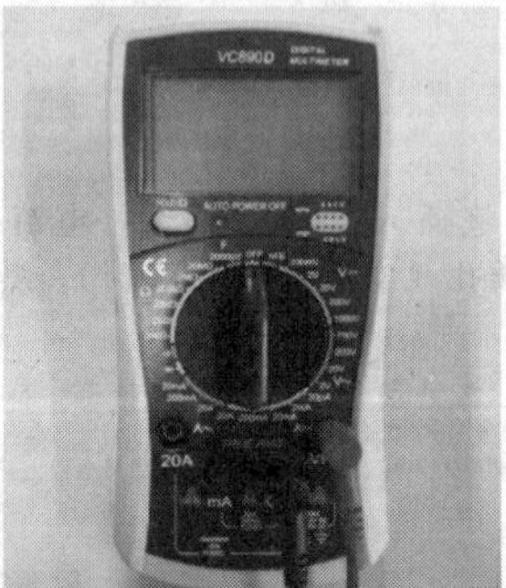	将红表笔插入“VΩ ┤├”插孔，黑表笔插入“COM”插孔

续表

步骤	图示	操作说明
2		估算被测电压的数值，将量程和功能转换开关拨至交流电压挡的适当量程
3		将万用表两表笔并联在被测电路两端，接通被测电路的电源，显示屏上即可显示出被测交流电压的数值

5. 测量交流电流

用数字式万用表测量交流电流的操作步骤见表 2－2－8。

表 2－2－8　　　　用数字式万用表测量交流电流的操作步骤

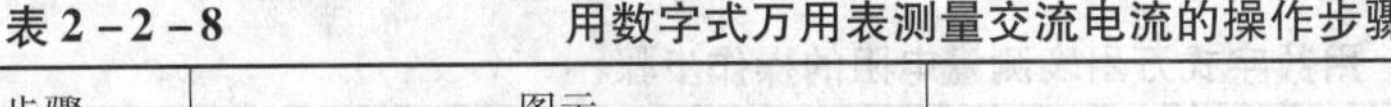

步骤	图示	操作说明
1		将红表笔插入“mA”插孔（电流＜200 mA 时）或“20 A”插孔（电流≥200 mA 时），黑表笔插入“COM”插孔

续表

步骤	图示	操作说明
2	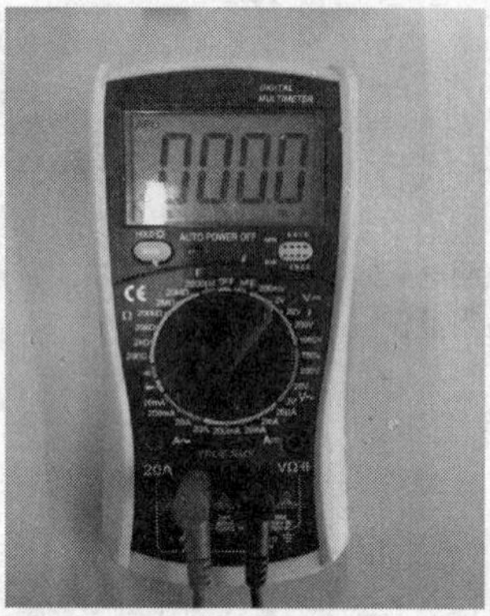	估算被测电流的数值，将量程和功能转换开关拨至交流电流挡的适当量程
3	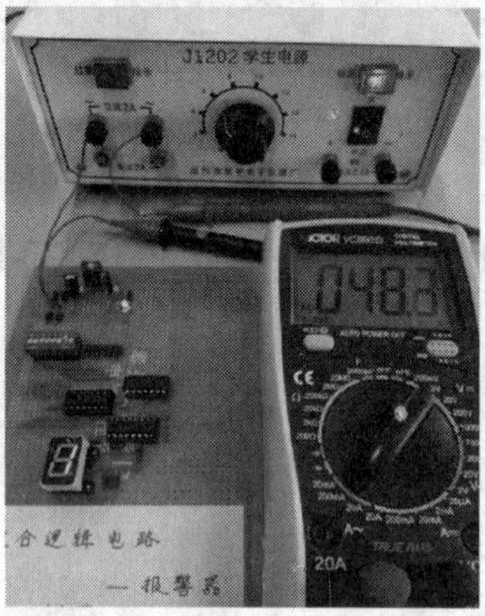	将万用表串联在被测电路中，接通被测电路的电源，显示屏上即可显示出被测交流电流的数值

6. 测量电阻

用数字式万用表测量电阻的操作步骤见表 2－2－9。

表 2－2－9　用数字式万用表测量电阻的操作步骤

步骤	图示	操作说明
1	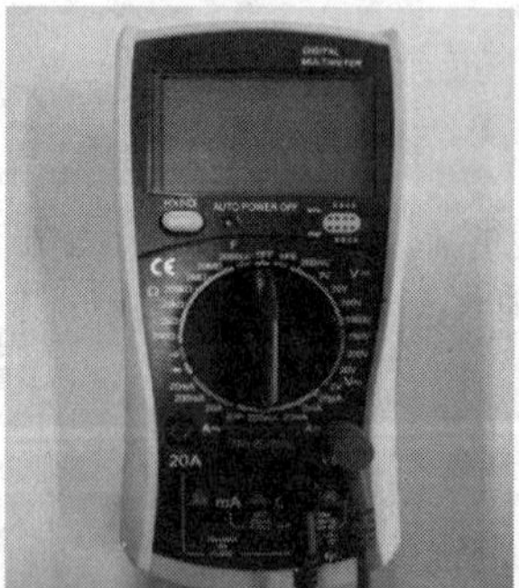	将红表笔插入“VΩ ⊣⊢”插孔，黑表笔插入“COM”插孔

续表

步骤	图示	操作说明
2		估算被测电阻器的电阻值，如果无法估算，可先将量程和功能转换开关拨至电阻挡最大量程进行试测，然后逐步调小量程，直至选择到适当的量程
3		将两表笔分别接被测电阻器两引脚，显示屏上即可显示出被测电阻器的电阻值

7. 测量三极管放大倍数

用数字式万用表测量三极管放大倍数的操作步骤见表2－2－10。

表2－2－10　　用数字式万用表测量三极管放大倍数的操作步骤

步骤	图示	操作说明
1		根据三极管型号确定三极管的管型和引脚极性

续表

步骤	图示	操作说明
2		将量程和功能转换开关拨至三极管放大倍数挡
3	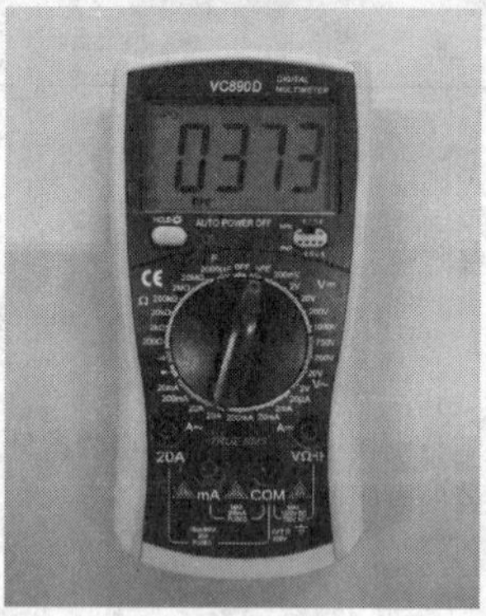	根据三极管的管型和引脚极性，将三极管各引脚插入对应的插孔，显示屏上即可显示出三极管放大倍数

数字式万用表的使用注意事项

(1) 使用前，应仔细阅读使用说明书，熟悉面板的结构和各插孔的作用，以免使用中发生差错。

(2) 测量前，应核对量程和功能转换开关的位置及两表笔所插的插孔，确认无误后方可进行测量。

(3) 测量时，若无法估计被测量的大小，应先选用最大量程试测，再根据测量结果选择合适的量程。

(4) 测量时，不能用手触摸表笔的金属部分，以保证安全和测量的准确性。例如测量电阻时，如果用手捏住表笔的金属部分，会将人体电阻接入而引起测量误差。

(5) 测量高电压或大电流时，严禁拨动量程和功能转换开关，以防产生电弧，烧毁开关触点。

(6) 严禁用电阻挡测量电压，否则会损坏万用表。

(7) 使用完毕，应将量程和功能转换开关拨至“OFF”位置。长期不用时，应将电池取出，以免电池内的电解液漏出而腐蚀表内元器件。

三、使用指针式万用表测量常用电参数

1. 选择挡位与机械调零

MF47 型指针式万用表的挡位包括交流电压挡、直流电压挡、直流电流挡、电阻挡和三极管放大倍数挡等，其中三极管放大倍数挡与 R×10 挡共用，共有 24 个量程挡位。

使用指针式万用表之前应观察指针是否指示在零位，若指针不在零位，可使用一字旋具调节机械调零旋钮，使指针回到零位，如图 2－2－6 所示。

图 2－2－6　指针式万用表机械调零

2. 测量直流电压

用指针式万用表测量直流电压的操作步骤见表 2－2－11。

表 2－2－11　　用指针式万用表测量直流电压的操作步骤

步骤	图示	操作说明
1		将红表笔插入“＋”插孔，黑表笔插入“－”插孔

续表

步骤	图示	操作说明
2	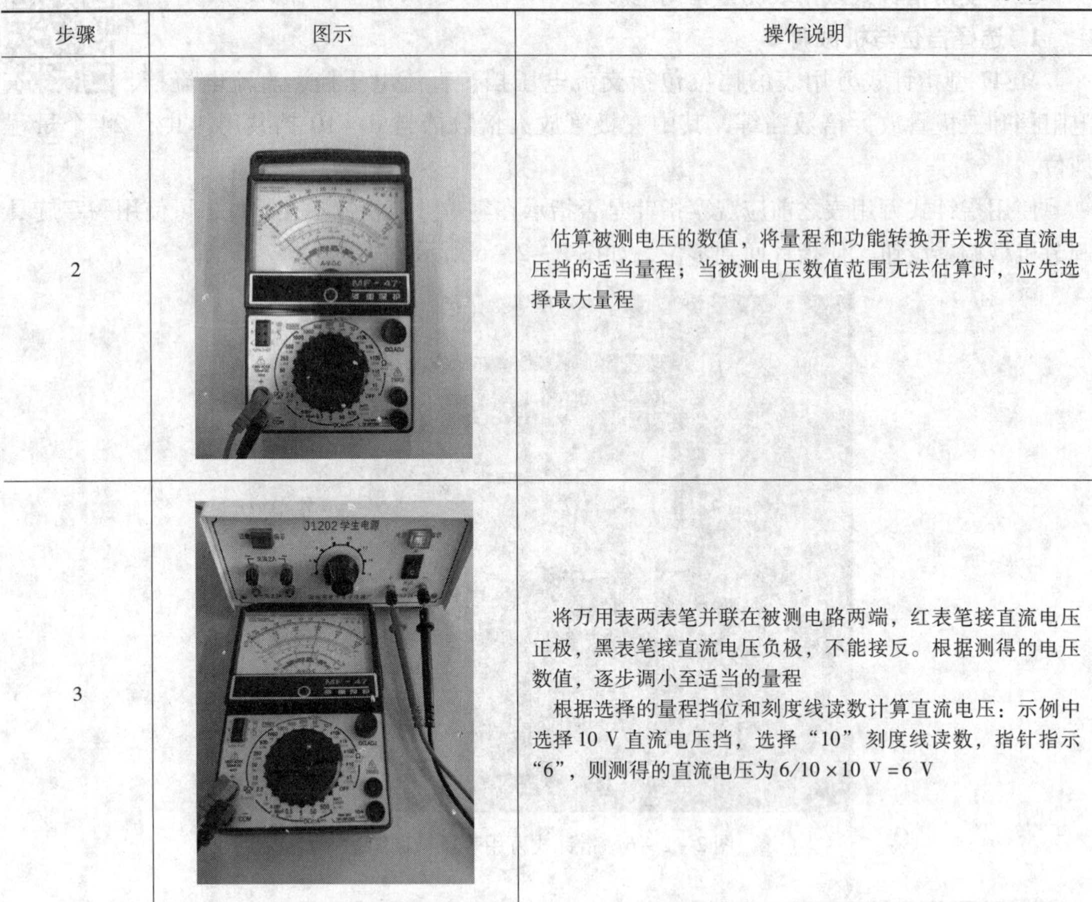	估算被测电压的数值，将量程和功能转换开关拨至直流电压挡的适当量程；当被测电压数值范围无法估算时，应先选择最大量程
3		将万用表两表笔并联在被测电路两端，红表笔接直流电压正极，黑表笔接直流电压负极，不能接反。根据测得的电压数值，逐步调小至适当的量程 根据选择的量程挡位和刻度线读数计算直流电压：示例中选择 10 V 直流电压挡，选择“10”刻度线读数，指针指示“6”，则测得的直流电压为 6/10 × 10 V = 6 V

3. 测量交流电压

用指针式万用表测量交流电压的操作步骤见表 2－2－12。

表 2－2－12　　用指针式万用表测量交流电压的操作步骤

步骤	图示	操作说明
1		将红表笔插入“＋”插孔，黑表笔插入“－”插孔

续表

步骤	图示	操作说明
2		估算被测电压的数值，将量程和功能转换开关拨至交流电压挡的适当量程；当被测电压数值范围无法估算时，应先选择最大量程
3	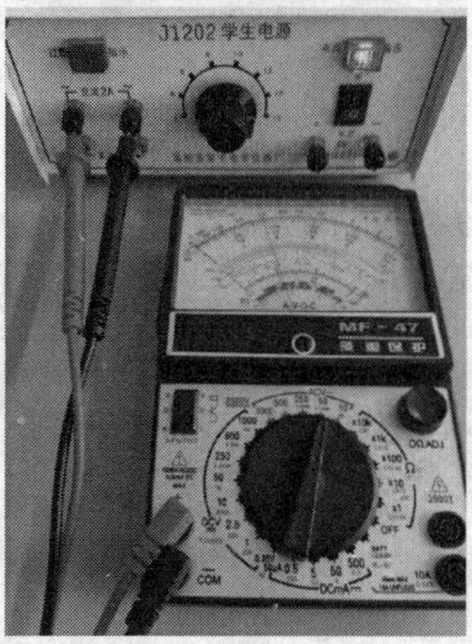	将万用表两表笔并联在被测电路两端，两表笔不分正、负极。根据测得的电压数值，逐步调小至适当的量程 根据选择的量程挡位和刻度线读数计算交流电压（有效值）：示例中选择 50 V 交流电压挡，选择“50”刻度线读数，指针指示“18”，则测得的交流电压（有效值）为 $18/50\times50\ V=18\ V$

4. 测量直流电流

用指针式万用表测量直流电流的操作步骤见表 2－2－13。

表 2－2－13　　用指针式万用表测量直流电流的操作步骤

步骤	图示	操作说明
1		将红表笔插入“＋”插孔，黑表笔插入“－”插孔

续表

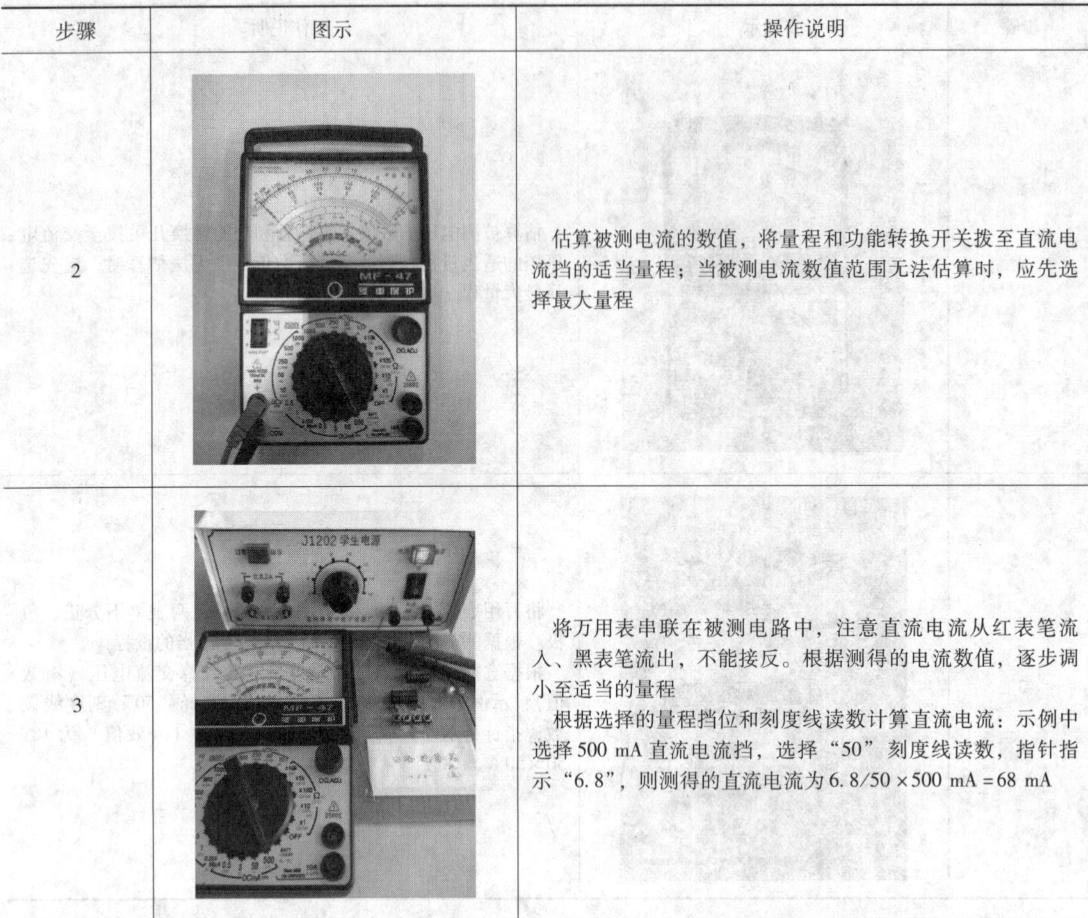

步骤	图示	操作说明
2		估算被测电流的数值，将量程和功能转换开关拨至直流电流挡的适当量程；当被测电流数值范围无法估算时，应先选择最大量程
3		将万用表串联在被测电路中，注意直流电流从红表笔流入、黑表笔流出，不能接反。根据测得的电流数值，逐步调小至适当的量程 根据选择的量程挡位和刻度线读数计算直流电流：示例中选择 500 mA 直流电流挡，选择“50”刻度线读数，指针指示“6.8”，则测得的直流电流为 6.8/50×500 mA = 68 mA

5. 测量电阻

用指针式万用表测量电阻的操作步骤见表 2－2－14。

表 2－2－14　　用指针式万用表测量电阻的操作步骤

步骤	图示	操作说明
1		将红表笔插入“＋”插孔，黑表笔插入“－”插孔 估算被测电阻器的电阻值，如果无法估算，可将量程和功能转换开关拨至 R×100 或 R×1k 挡进行试测。观察指针是否指示在满刻度的1/3～2/3 范围内，如果是，则量程选择合适；如果指针指示靠近零，则要调小量程；如果指针指示靠近∞，则要调大量程

续表

步骤	图示	操作说明
2		将红、黑表笔短接，调节欧姆调零旋钮，使指针指向电阻刻度线的零位。若不能调节到零位，说明万用表电池电量不足，应及时更换
3	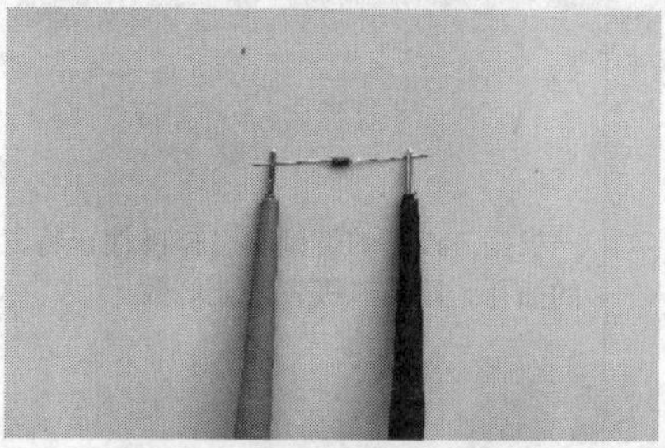	将红、黑表笔分别接电阻器两引脚，注意手不可接触电阻器引脚和表笔金属部分，以免接入人体电阻，引起测量误差
4		根据选择的量程挡位和刻度线读数计算电阻值：电阻值 = 电阻刻度线读数 × 挡位倍率 示例中选择 R × 100 挡，指针指示“19.8”，则测得的电阻值为 19.8 × 100 Ω = 1 980 Ω

6. 测量三极管放大倍数

用指针式万用表测量三极管放大倍数的操作步骤见表 2 - 2 - 15。

表 2 - 2 - 15　　用指针式万用表测量三极管放大倍数的操作步骤

步骤	图示	操作说明
1		根据三极管型号确定三极管的管型和引脚极性

续表

步骤	图示	操作说明
2		将量程和功能转换开关拨至三极管放大倍数挡
3		根据三极管的管型和引脚极性，将三极管各引脚插入对应的插孔，读出三极管放大倍数

指针式万用表的使用注意事项

(1) 使用前，应仔细阅读使用说明书，熟悉面板的结构和各插孔的作用，以免使用中发生差错。

(2) 测量前，应核对量程和功能转换开关的位置及两表笔所插的插孔，确认无误后方可进行测量。

(3) 测量时，若无法估计被测量的大小，应先选用最大量程试测，再根据测量结果选择合适的量程。

(4) 测量时，不能用手触摸表笔的金属部分，以保证安全和测量的准确性。例如测量电阻时，如果用手捏住表笔的金属部分，会将人体电阻接入而引起测量误差。

(5) 测量时，不能带电调整挡位或量程，以免量程和功能转换开关的触点在切换过程中产生电弧而烧坏电路板或电刷。

(6) 测量高电压、大电流时，必须注意人身和仪表的安全。

(7) 测量直流量时，注意被测量的极性，以免指针反偏损坏表头。

(8) 严禁用电阻挡测量电压，否则会损坏万用表。

(9) 使用完毕，应将量程和功能转换开关拨至交流电压最高挡或空挡位置。长期不用时，应将电池取出，以免电池内的电解液漏出而腐蚀表内元器件。

任务3　单控灯照明电路的安装、调试与检修

学习目标

1. 熟悉单控灯照明电路常用的元器件。
2. 熟悉钳形电流表和兆欧表的使用方法。
3. 掌握照明电路电气简图的识读方法。
4. 掌握护套线配线的操作方法。
5. 能完成护套线配线单控灯照明电路的安装与调试。
6. 掌握单控灯照明电路常见故障的检修方法，能检修常见故障。

任务引入

在照明电路中，用一只单控开关控制照明灯具的控制线路称为单控灯照明电路。单控灯照明电路是照明电路中应用最广泛的一种基本电路。

本任务旨在学习单控灯照明电路常用的元器件、钳形电流表和兆欧表的使用方法、照明电路电气简图的识读方法以及护套线配线的操作方法，并完成护套线配线单控灯照明电路的安装、调试与检修。

相关知识

一、单控灯照明电路常用的元器件

1. LED 球泡灯

LED 球泡灯是替代传统白炽灯的一种新型节能灯具，在发光原理、节能、环保等方面都远远优于传统照明灯具。LED 球泡灯采用传统的接口方式（螺口、插口），为了符合使用习惯，模仿成白炽灯的外形，安装方式也与白炽灯相同。在电参数相同的情况下，LED 球泡灯可以安装在原有的白炽灯灯座和线路上直接使用。常用的 LED 球泡灯的结构如图 2－3－1 所示。

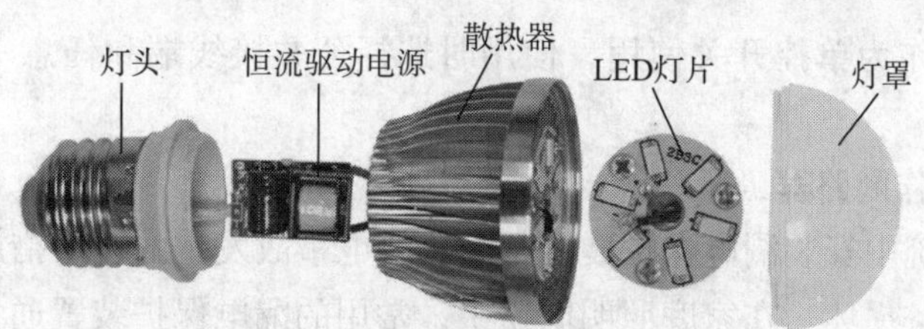

图 2－3－1　常用的 LED 球泡灯的结构

2. 开关

开关的作用是接通和断开电路，照明电路中常用的开关包括按钮开关、旋钮开关、跷板开关、拉线开关等。家庭照明电路中主要使用的是各类跷板开关，见表 2-3-1。

根据开关的个数和控制线路的多少，可将开关称为“X 联 X 控开关”。

所谓“联”，又称“位”或“开”，是指一个面板上有几个开关功能模块。“单联”就是有一个开关功能模块，“双联”就是有两个开关功能模块。

所谓“控”，是指一个开关可选择性地控制几条线路。“单控”就是只能控制一条线路的通和断，单控开关有两个接线端。“双控”就是能控制两条线路的通和断，但同一时间只能有一条导通，另一条断开，两条线路不会同时接通，也不会同时断开；双控开关有三个接线端，一个公共接线端（L1），两个控制接线端（L2、L3）。图 2-3-2 所示为单联单控开关，图 2-3-3 所示为双联双控开关。

表 2-3-1　常用的跷板开关

名称	单联开关	双联开关	三联开关	四联开关
图示				

图 2-3-2　单联单控开关

图 2-3-3　双联双控开关

双控开关可以作为单控开关使用，使用时选择公共接线端和任意一个控制接线端接线即可。

3. 剩余电流动作断路器

在低压配电系统中安装漏电保护装置是防止触电事故发生的有效措施，也可以防止漏电引发电气火灾和设备损坏。在家庭照明电路中，常用的漏电保护装置通常为剩余电流动作断路器（又称为漏电保护断路器或漏电开关），由断路器和漏电保护机构构成，具有漏电保护、过载保护、短路保护功能，一般分为单极、两极、三极、四极，如图 2－3－4 所示。

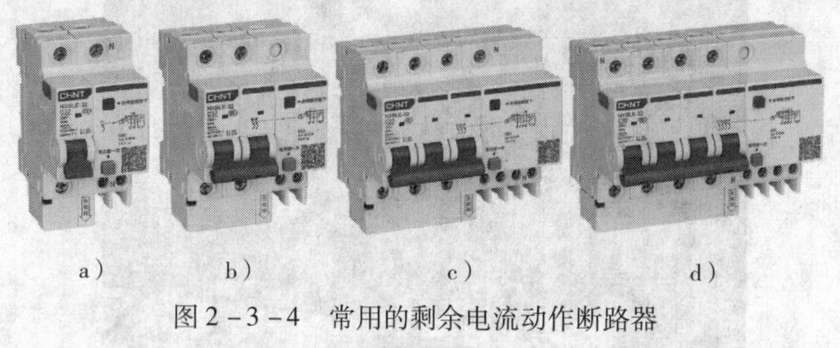

a）　b）　c）　d）

图 2－3－4　常用的剩余电流动作断路器

a）单极　b）两极　c）三极　d）四极

所谓“极”，是指剩余电流动作断路器在工作时能同时控制的线路数，家庭照明电路安装中一般选用单极或两极剩余电流动作断路器。

二、常用的电工仪表

1. 钳形电流表及其使用方法

在线路或设备维护过程中，维修人员经常要在不断开电路的情况下测量或监视交流线路或设备的电流，钳形电流表可以满足这个要求。钳形电流表实际上是电流互感器和电流表的组合。

常用的钳形电流表包括指针式钳形电流表和数字式钳形电流表两种。图 2－3－5 所示为数字式钳形电流表，数字式钳形电流表集直流电压测量、交流电压测量、电阻测量、交流电流测量等多种功能于一体。

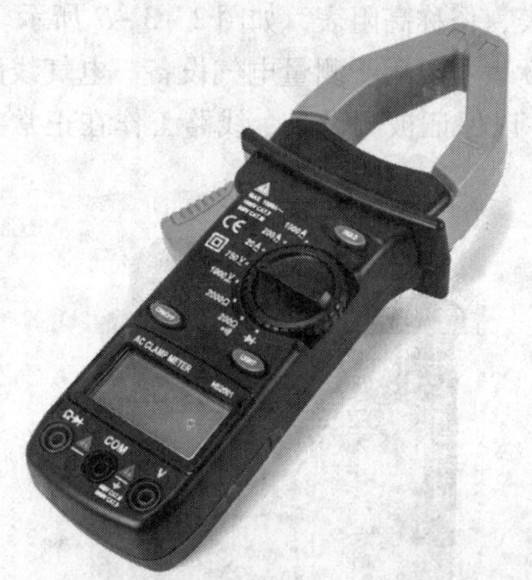

图 2－3－5　数字式钳形电流表

测量交流电流时，将钳形电流表转换开关拨至交流电流挡某一量程，紧握钳把使钳口张开，将被测载流导线放入钳口内中间位置；测量时，松开钳把使钳口闭合，即可在显示屏上读出电流的数值，如图 2－3－6 所示。测量 5 A 以下的较小电流时，为确保读数准确，在条件许可的情况下，可将被测载流导线多绕几圈后再放入钳口内进行测量，实际电流值应等于钳形电流表读数除以放入钳口中的导线的圈数。

图 2-3-6　使用钳形电流表测量交流电流

钳形电流表的使用注意事项

(1) 使用钳形电流表测量电流时，只能将一根被测导线放入钳口内，放入两根被测导线（平行线）则不能测量。

(2) 测量时，被测导线位于钳口内中心位置的测量误差最小。

(3) 测量时，钳口应闭合紧密，如有噪声，可重新开、合一次；如仍有杂声，应检查并清除钳口污垢后再进行测量。

2. 兆欧表及其使用方法

兆欧表又称为绝缘电阻表，俗称高阻表，如图 2-3-7 所示。兆欧表大多采用手摇发电机供电，故也称为摇表。兆欧表主要用于测量电气设备、电气线路对地及相间的绝缘电阻，刻度以兆欧（MΩ）为单位，以保证被测设备、线路工作在正常状态，避免发生触电伤亡、设备损坏等事故。

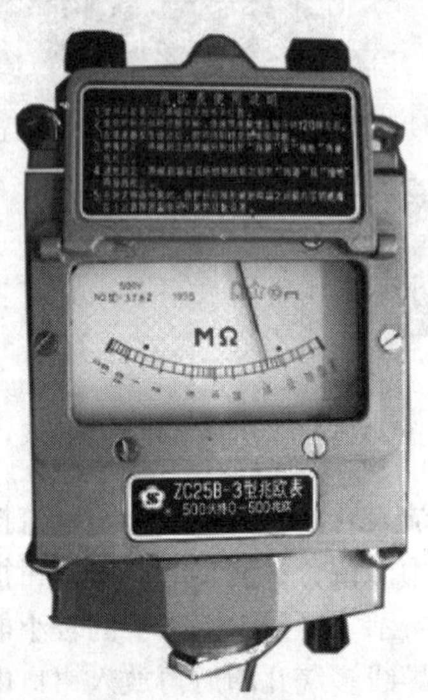

图 2-3-7　兆欧表

兆欧表应根据其电压和测量范围进行选用。测量额定电压在500 V以下的设备或线路的绝缘电阻时，可选用500 V或1 000 V兆欧表；测量额定电压在500 V ~ 10 kV的设备或线路的绝缘电阻时，应选用1 000 ~ 2 500 V兆欧表；测量额定电压在10 kV以上的设备或线路的绝缘电阻时，应选用2 500 ~ 5 000 V兆欧表。一般情况下，测量低压电气设备绝缘电阻时，可选用量程为0 ~ 200 MΩ的兆欧表。

兆欧表上有3个接线桩，分别为"线路"（L）、"接地"（E）和"保护环"（G）。测量绝缘电阻时，将被测量的两端分别连接"L""E"接线桩；测量对地绝缘电阻时，被测端接"L"接线桩，接地线或设备外壳接"E"接线桩。

用兆欧表测量三相笼型异步电动机绕组的绝缘电阻的操作方法见表2-3-2。

表2-3-2　　用兆欧表测量三相笼型异步电动机绕组的绝缘电阻的操作方法

步骤	图示	说明
测量前的开路检验	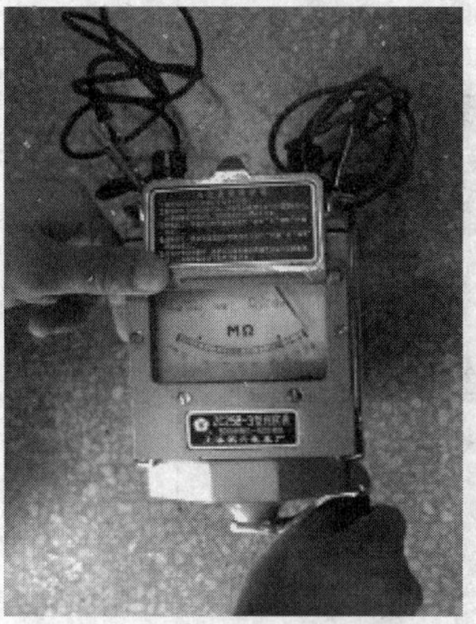	将"L""E"两接线桩开路，以120 r/min的转速匀速摇动手柄，指针稳定在刻度线"∞"处为正常
测量前的短路检验	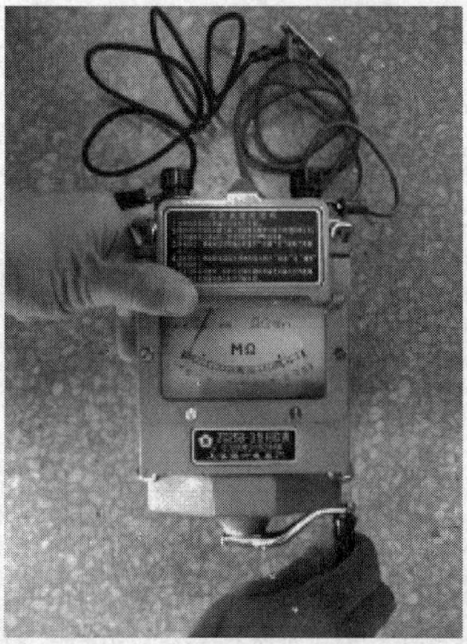	将"L""E"两接线桩短路，缓慢摇动手柄，指针指向刻度线"0"处为正常。此时停止摇动手柄，切勿加速，否则容易烧坏兆欧表

续表

步骤	图示	说明
绕组相间绝缘电阻的测量	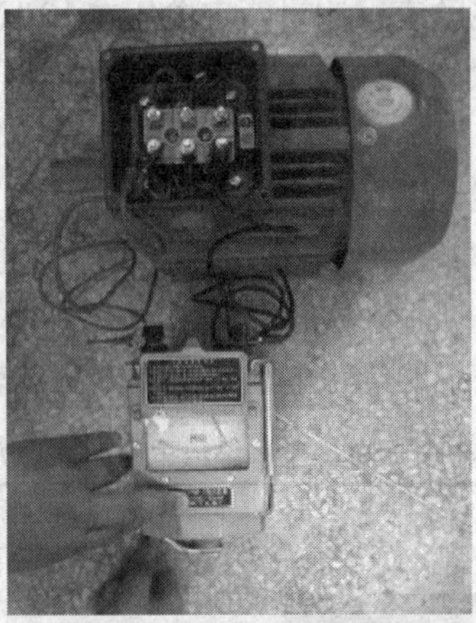	断开绕组间的连接，将“L”“E”两接线桩分别连接两绕组的一端，摇动手柄至转速为 120 r/min，保持 1 min，待指针稳定后读出数值
绕组对外壳的绝缘电阻的测量		将“L”接线桩接绕组的一端，“E”接线桩接电动机的外壳，摇动手柄至转速为 120 r/min，保持 1 min，待指针稳定后读出数值

在测量特大电阻如电缆线路的绝缘电阻时，应将“G”接线桩接在被测两端之间最内层的绝缘层上，以消除漏电引起的读数误差，如图 2-3-8 所示。

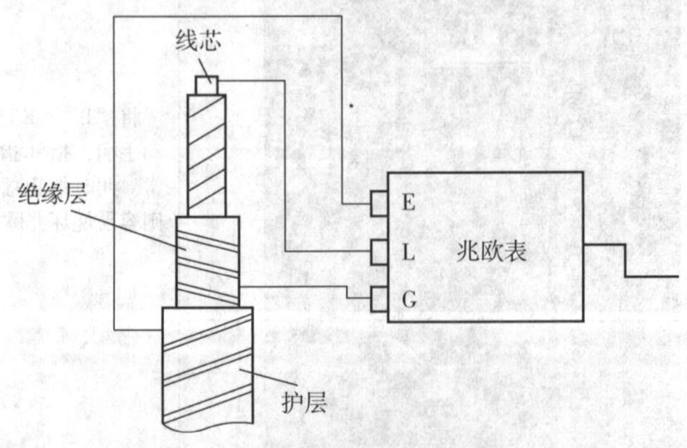

图 2-3-8　用兆欧表测量电缆线路的绝缘电阻

兆欧表的使用注意事项

(1) 使用兆欧表时应远离磁场，安放位置应水平。

(2) 测量前，应先切断被测设备的电源；对通电后含电容的设备(如电缆)，应先短路放电，以保证安全。

(3) 在兆欧表没有停止转动和被测设备没有放电之前，不可用手去触摸被测设备的测量部分或进行拆线工作。

(4) 测量完毕，被测设备必须充分放电，特别是电缆、高压电动机、变压器等设备，放电时间应尽可能长些，待完全放电后才可拆线。

三、照明电路电气简图的识读

在电气安装作业中，电气线路和电气设备的原理、安装、连接等，常用各类电气简图来表示。电气简图的识读对于分析电路原理、实施电气装置和元器件的安装布置、完成电气线路的连接等起着重要的作用。国家标准《电气简图用图形符号　第 1 部分：一般要求》(GB/T 4728. 1—2018) 规定的电气简图包括概略图、功能图、电路图、接线图、安装简图和网络图。电气安装中常用的是电路图、接线图和安装简图。

1. 照明电路图的识读

电路图也称电气原理图，是表示系统、分系统、装置、部件、设备等实际电路的简图，采用按功能排列的图形符号来表示各元器件及其连接关系，以表示功能而不需要考虑项目的实体尺寸、形状或位置。

通过对电路图的分析可以了解电路的功能和工作原理。单控灯照明电路图如图 2－3－9 所示，电路的工作原理如下：合上断路器 QF，接通电源；闭合开关 SA，灯 EL 点亮；断开开关 SA，灯 EL 熄灭；断开断路器 QF。

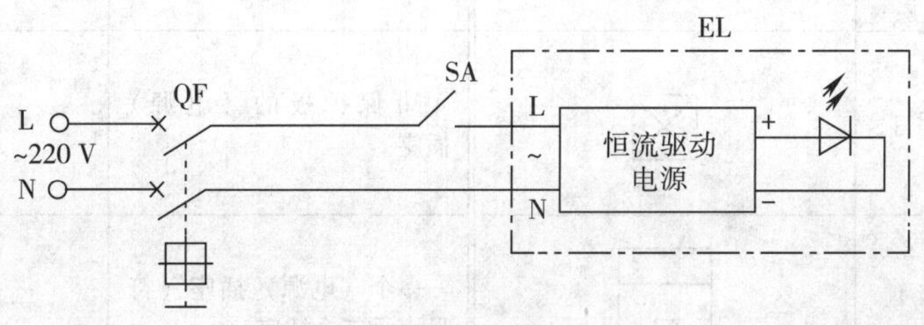

图 2－3－9　单控灯照明电路图

2. 照明电路常用元器件的图形符号

各类电气简图都利用图形符号来表示元器件，照明电路常用元器件的图形符号见表 2－3－3。

表 2 – 3 – 3　　照明电路常用元器件的图形符号

名称	图形符号	名称	图形符号
照明配电箱		开关，一般符号（单联单控开关）	
电力配电箱		带指示灯的开关	
灯，一般符号		单极拉线开关	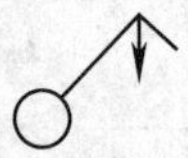
投光灯，一般符号		双控单极开关	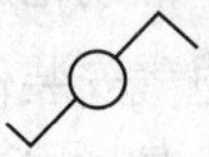
聚光灯	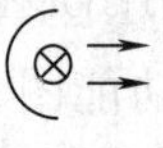	双极开关	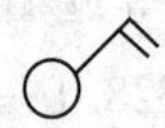
荧光灯，一般符号（单管荧光灯）		调光器	
双管荧光灯		风扇，风机	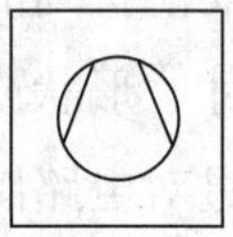
三管荧光灯	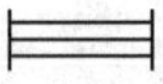	（电源）插座，一般符号	
自带电源的应急照明灯		带保护极的（电源）插座	
电度表（瓦时计）	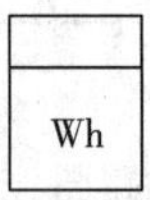 Wh	多个（电源）插座（符号表示三个插座）	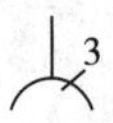 3

3. 照明系统电气平面图识读示例

图 2 – 3 – 10 所示为某办公楼第 6 层照明系统电气平面图，图 2 – 3 – 11 所示为其供电概略图，负荷统计见表 2 – 3 – 4。

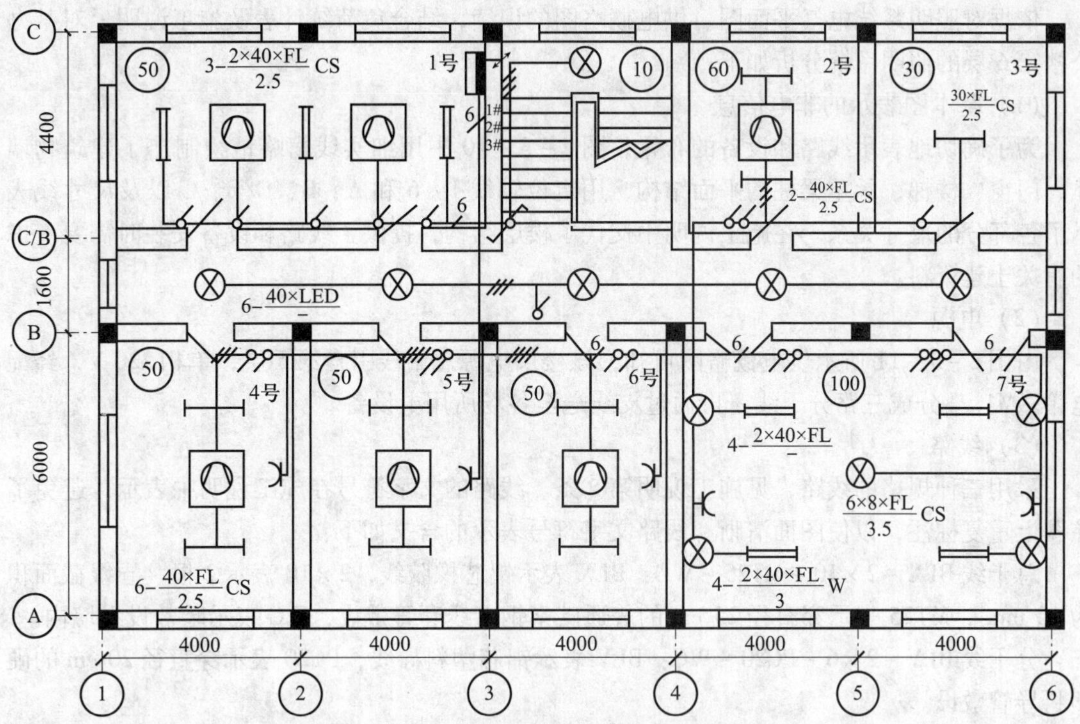

图 2–3–10　某办公楼第 6 层照明系统电气平面图

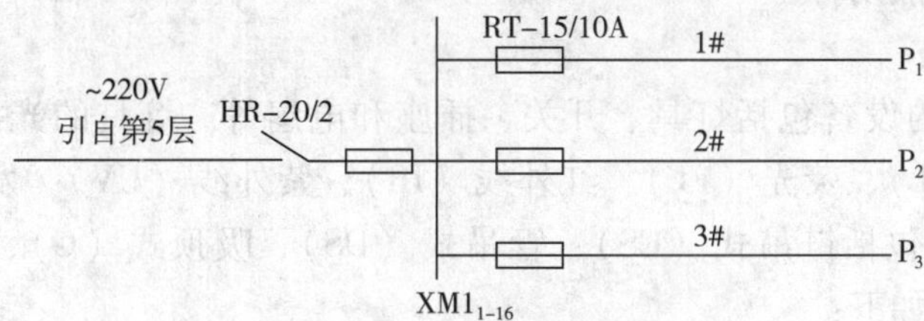

图 2–3–11　某办公楼第 6 层供电概略图

表 2–3–4　负荷统计表

线路编号	供电场所	负荷统计			
		灯具/个	电扇/个	插座/个	计算负荷/kW
1#	1 号房间、走廊、楼道	9	2	—	0.41
2#	4 号、5 号、6 号房间	6	3	3	0.42
3#	2 号、3 号、7 号房间	12	1	2	0.47

施工说明如下：

①该层层高 4 m，净高 3.88 m，楼面为预制混凝土板，抹 80 mm 水泥浆。

②导线及配线方式为电源引自第 5 层，总干线 BLX – 2 × 10 – MT25 – WC，分干线（1# ~ 3#）BLV – 2 × 6 – PC20 – WC，各支线 BLVV – 2 × 2.5 – FPC15 – WC。

③配电箱为 $XM1_{1-16}$，并按供电概略图接线。

④电气平面图和供电概略图中采用的图形符号含义见《电气简图用图形符号　第 11 部分：建筑安装平面布置图》（GB/T 4728.11—2022）、《建筑制图标准》（GB/T 50104—2010）、《建筑电气制图标准》（GB/T 50786—2012）。

依据对照明系统电气平面图、供电概略图的识读，结合负荷统计表及施工说明，对某办公楼第6层的照明系统分析如下：

（1）基本图表示的非电信息

为了确切地表示线路和设备的布置，图2-3-10中用细实线简略地绘制出了建筑物墙体、门窗、楼梯、承重梁柱的平面结构，用定位轴线1~6和A、B、C/B、C以及尺寸线表示了各部分的尺寸关系。在施工说明中交代了楼层结构，提供了线路和设备安装时需要考虑的有关土建资料。

（2）电源

由图2-3-11所示供电概略图可知，该楼层电源总干线引自第5层，单相220 V，经配电箱$XM1_{1-16}$分成三路分干线，再通过支线送至各场所用电设备。

（3）线路

采用三种规格的线路，见施工说明第②条。线路的文字符号在施工说明中表示，避免了在图上重复标注，以使图面清晰。线路文字符号表示的含义如下：

总干线BLX-2×10-MT25-WC：BLX表示铝芯橡胶线，2×10表示2根、导线截面积为10 mm^2，MT25表示穿直径25 cm的普通碳素钢电线套管敷设，WC表示暗敷设在墙内。

分干线BLV-2×6-PC20-WC：BLV表示铝芯塑料导线，PC20表示穿直径20 cm的硬塑料导管敷设。

支线BLVV-2×2.5-FPC15-WC：BLVV表示铝芯护套线，FPC15表示穿直径15 cm的阻燃半硬塑料导管敷设。

（4）设备

图2-3-10中的设备包括灯具、开关、插座和电扇等。灯具的光源种类包括白炽灯（IN）、电致发光（EL）、荧光（FL）、红外线（IR）、紫外线（UV）、发光二极管（LED）等。灯具的安装方式包括链吊式（CS）、管吊式（DS）、吸顶式（C）、壁装式（W）等。灯具标注的一般格式如下：

$$a-b\frac{c\times d\times L}{e}f$$

其中 a——数量；

b——型号；

c——每盏灯具的光源数量；

d——光源安装容量；

e——安装高度（m），“-”表示吸顶安装；

L——光源种类；

f——安装方式。

以1号房间和走廊及楼道的灯具为例说明如下：

1）1号房间 $$3-\frac{2\times 40\times FL}{2.5}CS$$

表示1号房间有3盏灯，每盏灯有2支40 W的荧光灯管（FL），安装高度为2.5 m，链吊式安装（CS）。

2）走廊及楼道　　　　　　　$6-\frac{40\times \mathrm{LED}}{-}$

表示走廊及楼道有 6 盏灯，每盏灯有 1 支 40 W 的 LED 灯片（LED），吸顶安装。

（5）照度

照度是指物体被照亮的程度，采用单位面积所接受的光通量表示，单位为勒克斯（lx）。各场所的照度在图 2－3－10 中均有标注，例如，1 号房间的照度为 50 lx，走廊及楼道的照度为 10 lx。

（6）线路和设备在图上的位置

由图 2－3－10 所示的定位轴线和尺寸数字可直接确定设备、线路线管的安装位置，并可计算出线管的长度。例如，配电箱的位置在定位轴线“C”“3”的交点（＋C3）附近。

四、护套线配线

室内配线方式分为明敷和暗敷两种。

线管、线槽等配线装置或导线直接沿墙、梁、柱等表面安装或敷设称为明敷；导线利用线管、线槽等配线装置埋设于墙、梁、柱等实体结构内部或吊顶棚内称为暗敷。

1. 室内照明电路配线要求

（1）所用导线的额定电压应大于线路的工作电压，导线的绝缘应符合线路的安装方式和敷设的环境要求，导线的截面积应能满足供电和机械强度的要求。

（2）配线时应尽量避免导线出现接头，如果无法避免，应采用压接或焊接方式，以确保线头质量；线管和线槽内的导线严禁出现接头，如确有需要，应将接头放在接线盒内。

（3）明敷线路应水平或垂直敷设，水平敷设时导线距地面不小于 2.5 m，垂直敷设时，若导线距离地面小于 1.8 m，需将导线穿在硬质线管内加以保护，防止损伤。

（4）当导线穿过楼板或墙壁时，应按要求加穿线管保护；通过伸缩缝时，导线敷设应有松弛；若采用硬质线管敷设，应采用补偿盒。

（5）导线与导线交叉时，交叉处应套绝缘管。

2. 护套线配线的操作方法

护套线配线的操作方法简单，维修方便，线路整齐、美观，造价较低。但护套线截面积小，大容量电路不宜采用护套线。护套线配线的操作方法见表 2－3－5，常用塑料线卡、塑料线扎等支持和固定导线。

表 2－3－5　　　　护套线配线的操作方法

步骤	图示	说明
定位画线		根据施工要求确定线路的走向和各个元器件的安装位置，并用粉笔画线

续表

步骤	图示	说明
定位元器件及固定点	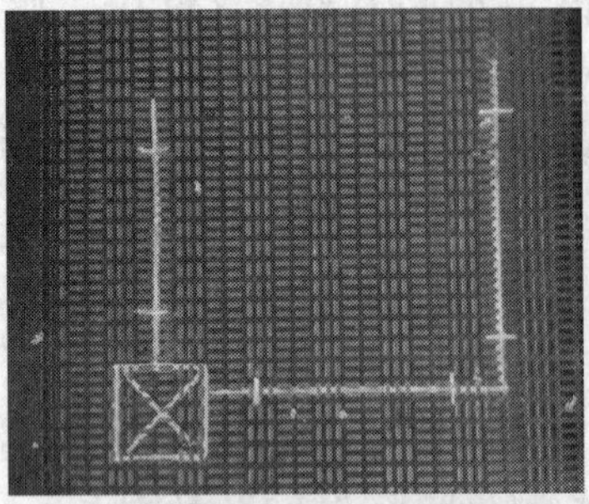	标出各元器件的位置，每隔 150 ~ 300 mm 画出导线固定点的位置，距开关、插座和灯座 50 ~ 100 mm 处都需画出固定点
放线	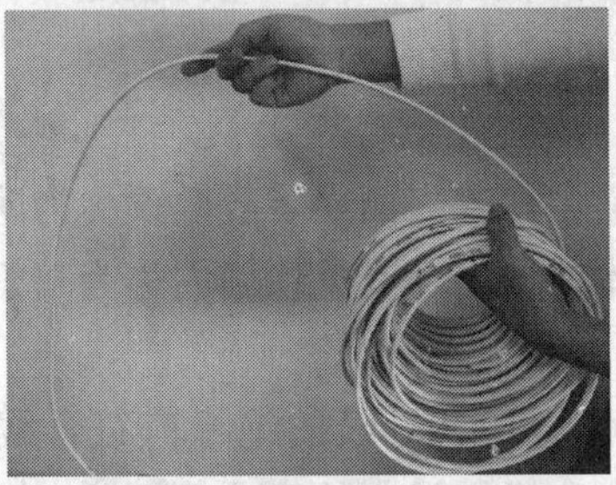	将护套线按需要放出一定的长度后用钢丝钳剪断 注意：放线过程中不可使导线扭曲，放出的护套线不得在地上拖曳，以免损伤护套线护套层
整理导线	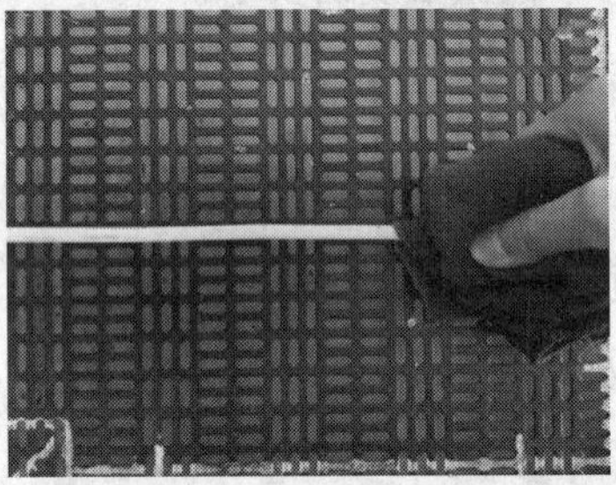	将护套线一端固定，用干净的纱布包住护套线反复拖曳，直至护套线挺直
敷设导线	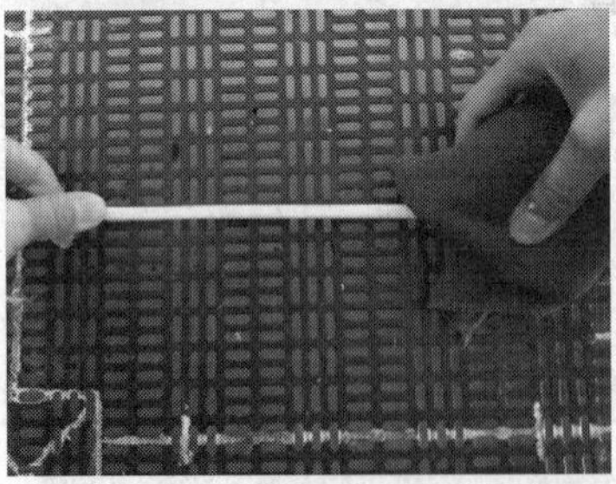	护套线敷设时，先拉直收紧护套线，再将其固定
固定导线	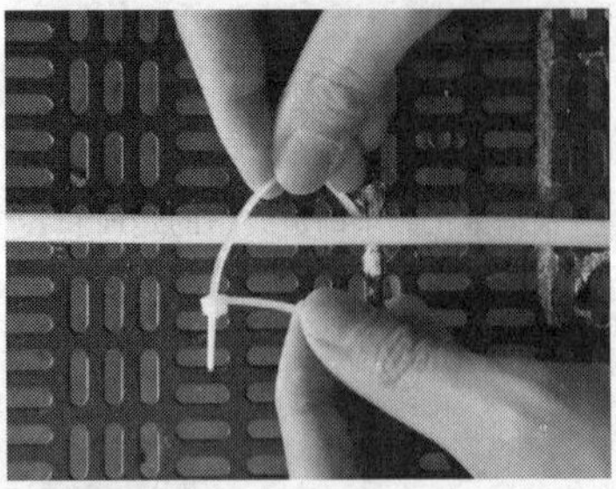	在固定点处使用塑料线扎将护套线固定，塑料线扎收紧后，剪去多余的扎带

续表

步骤	图示	说明
敷设完成	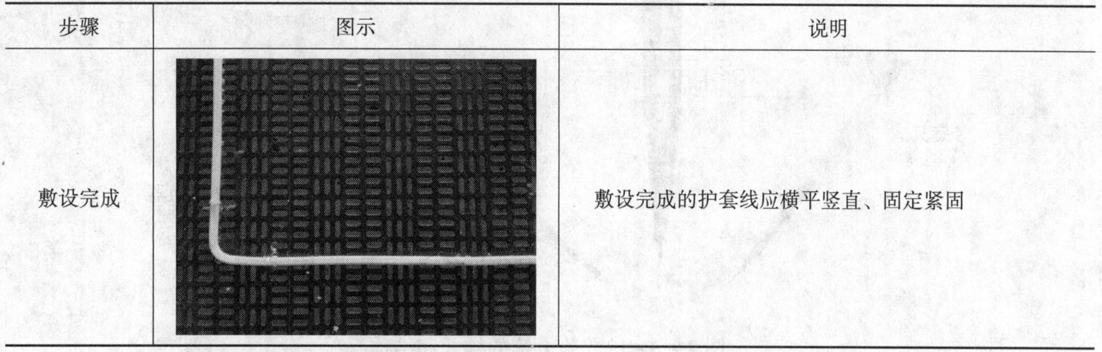	敷设完成的护套线应横平竖直、固定紧固

护套线配线过程中一些特殊位置的固定要求见表 2－3－6。

表 2－3－6　　特殊位置的固定要求

类型	进接线盒等	转弯	交叉
图示			
说明	在进入接线盒等元器件前50～100 mm 处需固定	转弯时，若弯曲半径小于护套线线径的6倍，转弯前后50～100 mm 处都需固定	两根护套线交叉时，交叉处需用4个线卡固定，线卡距交叉点 50～100 mm，先敷设横线，再敷设竖线

（1）护套线不得直接埋入抹灰层，也不得在室外露天场所敷设。

（2）护套线不可在线路上直接连接，可通过瓷质接头、接线盒或借用其他元器件的接线端进行连接。

（3）室内使用时，铜芯护套线的截面积不得小于 0.5 mm^2，铝芯护套线的截面积不得小于 1.5 mm^2；室外使用时，铜芯护套线的截面积不得小于 1.0 mm^2，铝芯护套线的截面积不得小于 2.5 mm^2。

（4）护套线离地最小距离不得小于 0.5 m，穿越楼板和离地距离小于 1.8 m 的线路部分，应加硬质线管保护。

五、单控灯照明电路常见故障的检修

1. 验电笔的使用

验电笔又称为试电笔，简称电笔，其样式和结构如图 2－3－12 所示，常用于检查低压导体和电气设备是否带电。

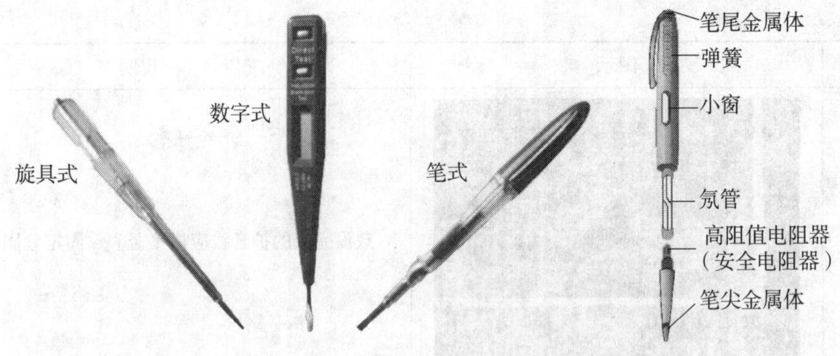

图 2－3－12　验电笔的样式和结构

验电笔的正确握法如图 2－3－13 所示，常见的错误握法如图 2－3－14 所示。

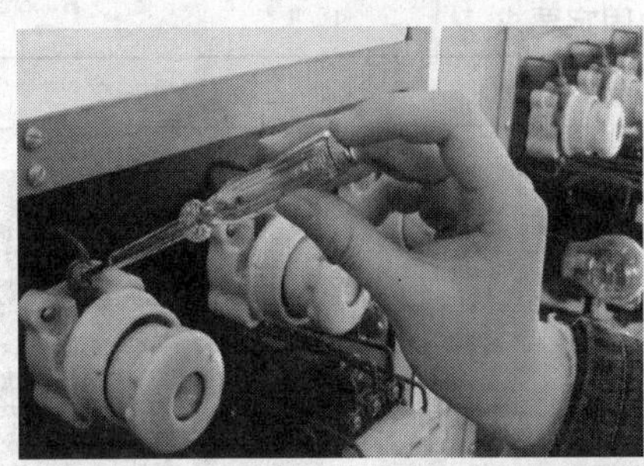
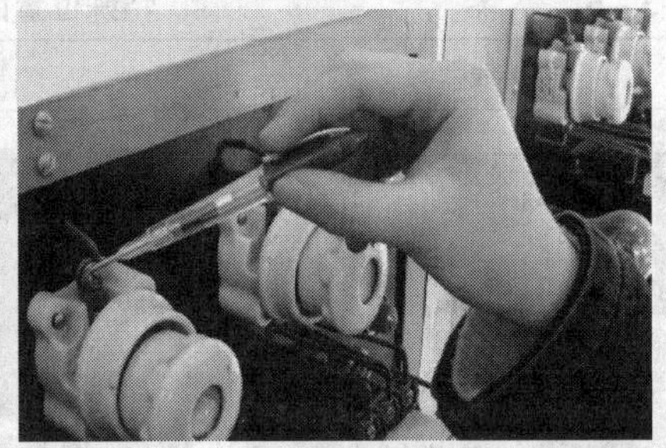

图 2－3－13　验电笔的正确握法

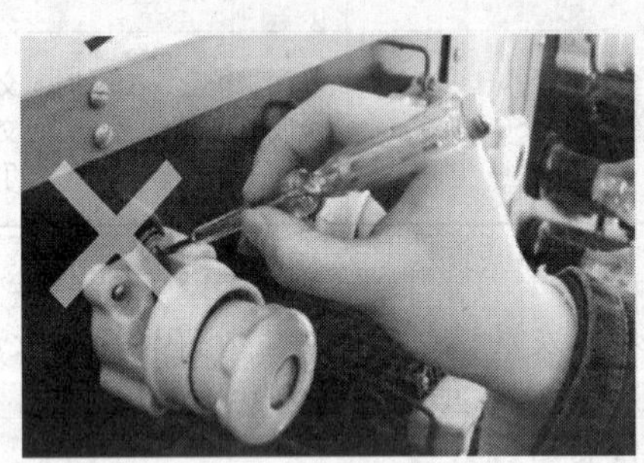
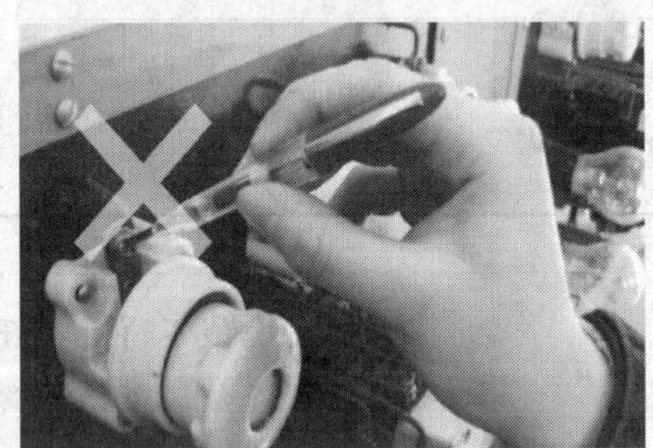

图 2－3－14　验电笔的错误握法

验电笔的使用注意事项

（1）被测电压不得高于验电笔的标称电压值。

（2）使用验电笔前，首先要检查验电笔内有无安全电阻器，然后试测某已知带电导体，观察氖管能否正常发光，检查无误后方可使用。

（3）在光线明亮的场所使用验电笔时，应注意遮光，以防因光线太强看不清氖管是否发光而造成误判。

（4）当验电笔的笔尖金属体已接触带电导体或设备时，切不可用手或身体的其他部位再去接触笔尖。

2. 单控灯照明电路的常见故障及其检修方法

单控灯照明电路的常见故障及其检修方法见表 2－3－7。

表 2－3－7　　单控灯照明电路的常见故障及其检修方法

故障现象	产生原因	检修方法
LED 球泡灯不亮	（1）LED 球泡灯损坏 （2）灯座或开关接线松动或接触不良 （3）电路中有断路故障	（1）更换 LED 球泡灯 （2）检查灯座和开关的接线并修复 （3）用验电笔检查电路中的断路处并修复
开关闭合后断路器跳闸	（1）灯座线头短路 （2）螺口灯座中心簧片与螺纹圈短路 （3）电路短路 （4）用电量超过容量	（1）检查灯座线头并修复 （2）检查灯座中心簧片并修复 （3）检查导线的绝缘性能并修复 （4）减小负载
LED 球泡灯忽亮忽灭	（1）LED 球泡灯损坏 （2）灯座或开关接线松动 （3）电源电压不稳定	（1）更换 LED 球泡灯 （2）检查灯座和开关的接线并修复 （3）检查电源电压并修复

 任务实施

单控灯照明电路安装图如图 2－3－15 所示。

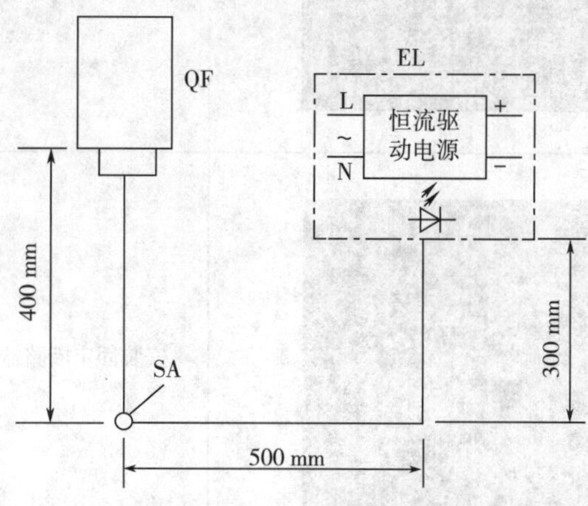

图 2－3－15　单控灯照明电路安装图

一、任务准备

根据任务需要，按照实训器材清单（见表 2－3－8）准备好相应的工具、仪器仪表、元器件和材料，设置好安全防护措施。

表 2－3－8　　实训器材清单

类别	准备内容
工具	常用电工工具
仪器仪表	万用表

续表

类别	准备内容
元器件	螺口 LED 球泡灯、螺口平灯座、单控开关、剩余电流动作断路器
材料	护套线、明装接线盒、塑料圆木、导轨、塑料线扎、螺钉、绝缘黑胶布等

二、安装单控灯照明电路

1. 定位画线

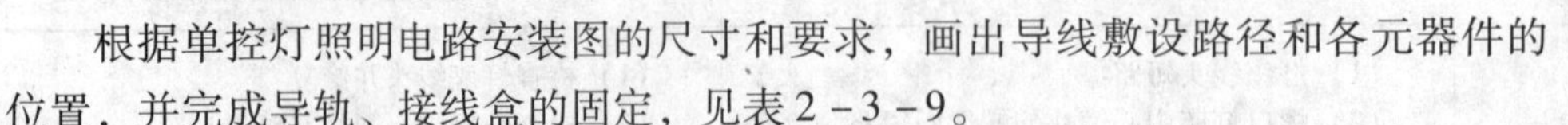

根据单控灯照明电路安装图的尺寸和要求，画出导线敷设路径和各元器件的位置，并完成导轨、接线盒的固定，见表 2－3－9。

表 2－3－9 定位画线

步骤	图示	操作说明
1		根据安装图确定元器件的位置，做好标记，画出导线敷设路径
2		安装固定断路器的导轨
3		固定接线盒

2. 护套线配线

（1）确定导线数量和类型

单控灯照明电路接线图如图 2－3－16 所示。

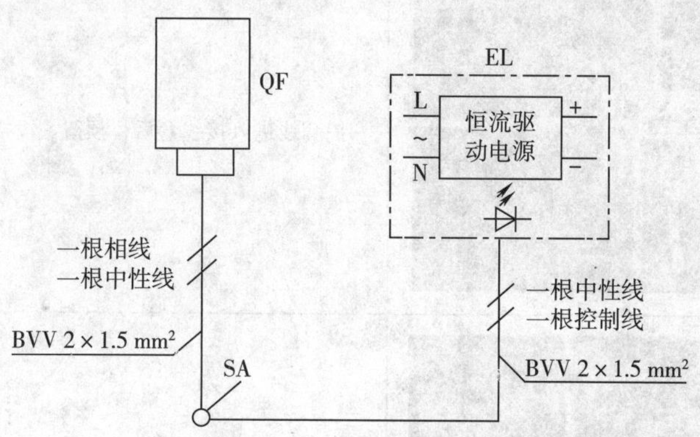

图 2－3－16　单控灯照明电路接线图

图中"⫽"表示此处需要敷设两根导线，"BVV $2 \times 1.5\ mm^2$"表示选用截面积为 $1.5\ mm^2$ 的两芯铜芯聚氯乙烯绝缘聚氯乙烯护套线（BVV 表示铜芯聚氯乙烯绝缘聚氯乙烯护套线，2 表示两芯，$1.5\ mm^2$ 表示导线的截面积）。

（2）敷设护套线

按照护套线配线的操作方法完成护套线的敷设，见表 2－3－10。

表 2－3－10　　**敷设护套线**

步骤	图示	操作说明
1		放线，在要求的固定点处初步固定护套线
2	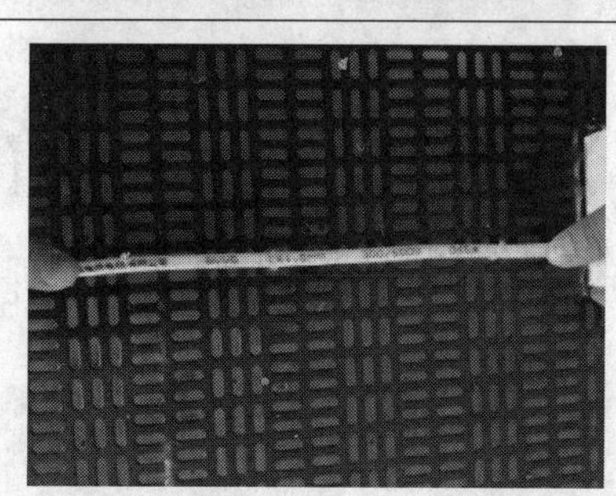	拉直护套线，并逐段收紧塑料线扎以固定护套线

续表

步骤	图示	操作说明
3	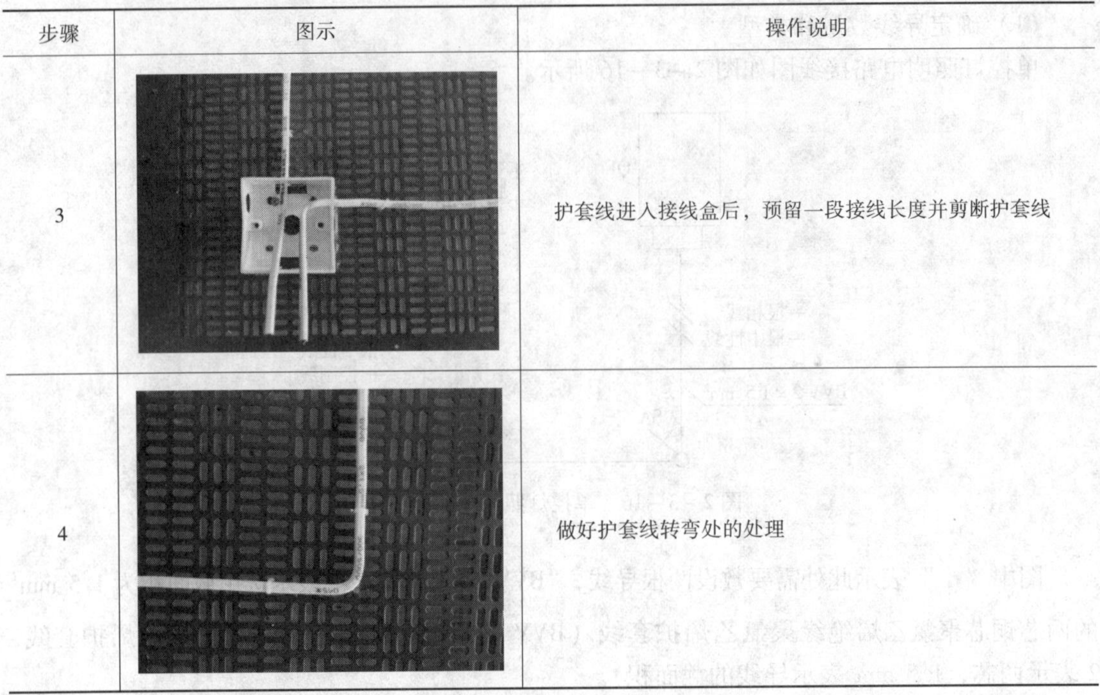	护套线进入接线盒后，预留一段接线长度并剪断护套线
4		做好护套线转弯处的处理

3. 安装元器件和接线

(1) 单控开关的安装与连接（见表 2－3－11）

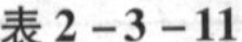

表 2－3－11　　单控开关的安装与连接

步骤	图示	操作说明
1		按接线所需的长度，剥去护套线的护套层，剥去中性线的绝缘层
2		将两根中性线直接连接并进行绝缘恢复处理

续表

步骤	图示	操作说明
3	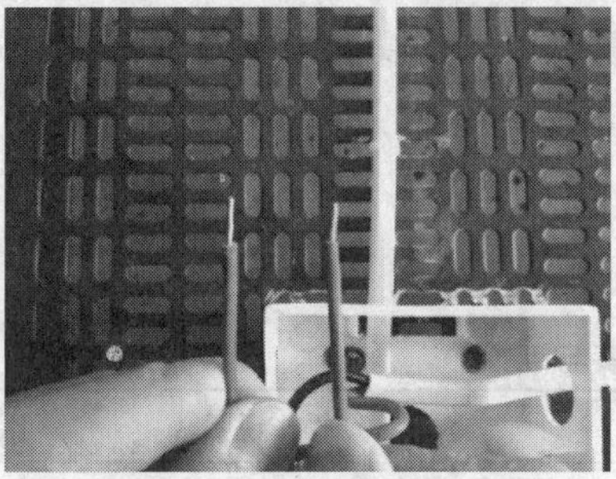	剥去相线和控制线的绝缘层（约 10 mm）
4	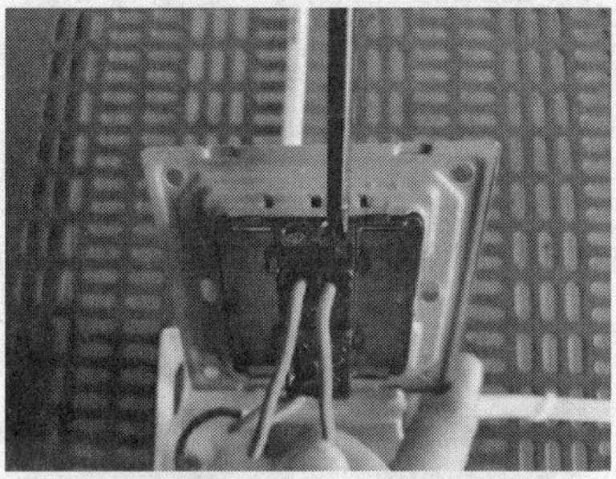	将相线和控制线连接到开关对应的接线端上并紧固
5	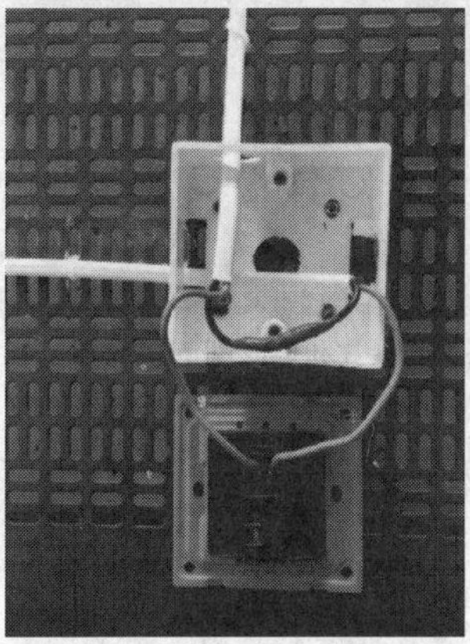	连接完成后进行检查
6		将开关固定在接线盒上，并盖好面板

（1）开关必须串联在相线上，严禁串联在中性线上。这样当开关处于断开位置时，灯具及其他元器件不带电，以保证检修的安全。

（2）剥去的绝缘层不能太长，以保证安装后靠近接线端处的导线不露铜。

（2）螺口平灯座的安装与连接（见表 2－3－12）

表 2－3－12　　螺口平灯座的安装与连接

步骤	图示	操作说明
1		将护套线从塑料底座的过线孔穿出，固定塑料底座
2		确定灯座中心簧片和螺纹圈的接线端，将控制线从中心簧片接线端旁的圆孔穿出，中性线从螺纹圈接线端旁的圆孔穿出，然后使用木螺钉将灯座固定在塑料底座上
3		剥去护套线的护套层和绝缘层，并制作成连接圈

续表

步骤	图示	操作说明
4		连接护套线与对应的接线端，即控制线连接灯座中心簧片接线端，中性线连接灯座螺纹圈接线端
5		安装灯座上盖

螺口平灯座有两个接线端，来自开关的控制线必须连接到中心簧片接线端上，中性线必须连接到螺纹圈接线端上。

（3）断路器的安装与连接（见表 2－3－13）

表 2－3－13　　断路器的安装与连接

步骤	图示	操作说明
1		剥去护套线的护套层和绝缘层

续表

步骤	图示	操作说明
2		固定断路器，将相线和中性线连接对应的接线端并紧固

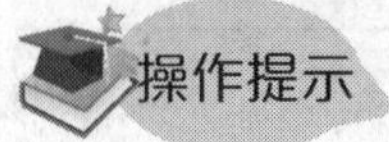

（1）做到连接处不露铜，不压绝缘层。

（2）单极剩余电流动作断路器上有“N”标志的接线端必须接中性线。

三、调试与检修单控灯照明电路

通电前，首先根据电路图和接线图检查电路连接是否正确，检查无误后再进行安全检查。

1. 安全检查

（1）绝缘电阻检查

不安装负载（LED 球泡灯），断开断路器出线端电路相线（L）和中性线（N）的连接，使开关处于导通状态。将兆欧表的“L”接线桩与断开的相线（L）相连，“E”接线桩与断开的中性线（N）相连，以 120 r/min 的转速匀速摇动兆欧表的手柄，待指针稳定后读数，指针应指向刻度线的“∞”处，如图 2－3－17 所示。

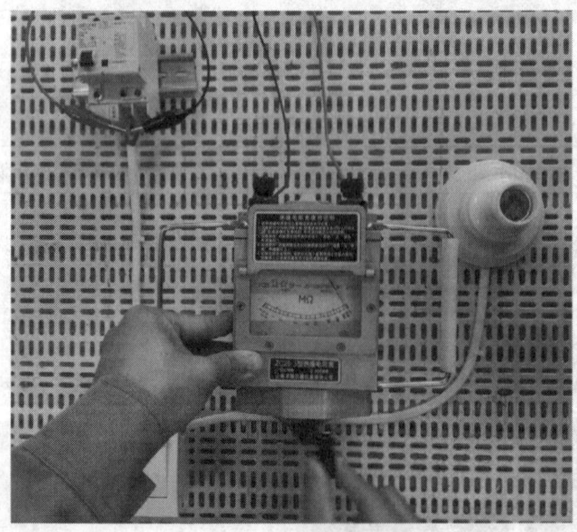

图 2－3－17　绝缘电阻检查

（2）短路检查

恢复电路连接，不安装负载（LED 球泡灯），将万用表调至 R ×1 挡，两表笔分别接断路器的出线端，进行短路检查，如图 2－3－18 所示。拨动开关 SA，万用表读数无变化，此时电阻值应为∞，数字式万用表显示屏显示为“1”。若拨动开关 SA 后万用表显示有读数，说明导线或开关连接有误，应检查电路并排除故障。

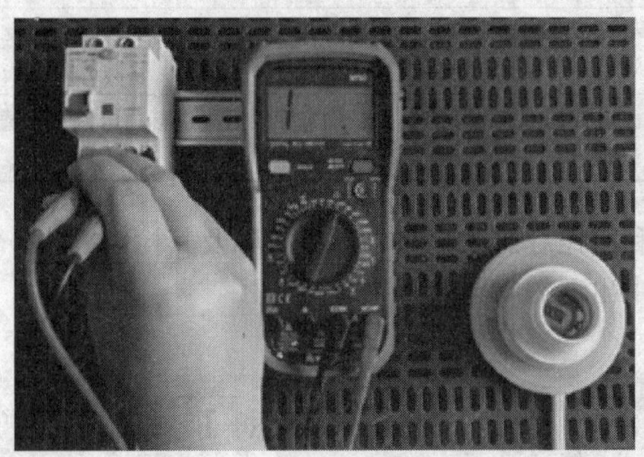

图 2－3－18 短路检查

2. 通电调试

通过安全检查后，方可进行通电调试。

安装 LED 球泡灯，闭合断路器 QF，接通电源，拨动开关 SA，此时 LED 球泡灯应在开关 SA 的控制下亮或灭，如图 2－3－19 所示。

图 2－3－19 单控灯照明电路通电调试

注意：通电调试完毕，应断开断路器 QF。

3. 故障检修

照明电路在运行中会由于种种原因而出现一些故障，故障的检修步骤见表 2－3－14。

表 2-3-14 照明电路故障的检修步骤

步骤	说明
了解故障现象	故障发生后，首先必须通过询问现场人员、查看故障现场等方法了解故障现象，这是保证整个检修工作顺利进行的前提
分析故障原因	根据故障现象，利用电路图、接线图、安装图等电气简图，分析故障发生的可能原因，确定故障范围，为检修提供初步方案
检修故障	根据分析确定的故障范围和初步检修方案，选择合适的检查方法（如万用表、验电笔等）查找故障点，对明确的故障元器件或接线进行修复或更换，排除故障
调试并做好记录	检修完成后，先不通电检查电路，检查无误后再进行通电调试；通电调试无误后，做好故障情况及检修记录，完成检修工作

结合上述检修步骤和单控灯照明电路的常见故障及其检修方法，完成单控灯照明电路的检修，并记录检修过程中出现的问题及解决方法。

任务 4 双控灯照明电路的安装、调试与检修

学习目标

1. 熟悉双控灯照明电路常用的元器件。
2. 掌握双控灯照明电路的工作原理。
3. 掌握线槽配线的操作方法。
4. 能完成线槽配线双控灯照明电路的安装与调试。
5. 掌握双控灯照明电路常见故障的检修方法，能检修常见故障。

任务引入

日常生活中经常需要在两个不同位置控制同一盏灯的亮、灭，如楼梯上、下的开关控制楼梯灯的亮、灭，卧室门口、床头的开关控制卧室吸顶灯的亮、灭。这就需要通过双控灯照明电路来实现。

本任务旨在学习双控灯照明电路常用的元器件、双控灯照明电路的工作原理以及线槽配线的操作方法，并完成线槽配线双控灯照明电路的安装、调试与检修。

相关知识

一、双控灯照明电路常用的元器件

1. 吸顶灯

这类灯具上方较平，安装时底部完全贴在屋顶，因此称为吸顶灯。常见的吸顶灯包括普

通的白炽灯、荧光灯、LED 灯、高强度气体放电灯、卤钨灯等，不同光源的吸顶灯适用于不同的场合。例如，普通的白炽灯、荧光灯、LED 灯类吸顶灯主要用于住宅、教室、办公楼等层高低于 4 m 的场所照明；功率和光源体积较大的高强度气体放电灯类吸顶灯主要用于体育场馆、厂房等层高在 4 ~ 9 m 的场所照明。

目前在住宅、办公楼等场所使用的吸顶灯主要是 LED 吸顶灯。LED 吸顶灯由底板、恒流驱动电源、LED 灯片、灯罩等组成，见表 2 - 4 - 1。根据底板和灯罩形状的不同，LED 吸顶灯可以分为圆形、方形、异形等，如图 2 - 4 - 1 所示。

表 2 - 4 - 1　　LED 吸顶灯的组成

名称	图示	说明
底板		底板根据灯具的形状一般设计为旋口或者卡口，常用铁质、不锈钢或镀锌材料制成，用于固定灯具。底板上面钻有很多小孔，便于散热。底板不可固定在可燃物体上
恒流驱动电源		恒流驱动电源可将交流电转换为直流电，为 LED 灯片供电。恒流驱动电源可以确保在输入的市电电压变化时，保持输出电流不变，还可以消除由 LED 负温度系数引起的电流增大
LED 灯片		LED 灯片由贴片式小功率 LED 灯珠构成，便于散热，还可以提高发光的均匀度。灯珠可以按照灯具的形状排列成不同形状的灯片，如用于圆形吸顶灯的圆形灯片，用于方形吸顶灯的条形灯片等
灯罩		灯罩通常采用 PC（聚碳酸酯）材料制成，旋口设计，具有透光性好、散热性好、质量轻、抗撞击、防紫外线、阻燃等特点

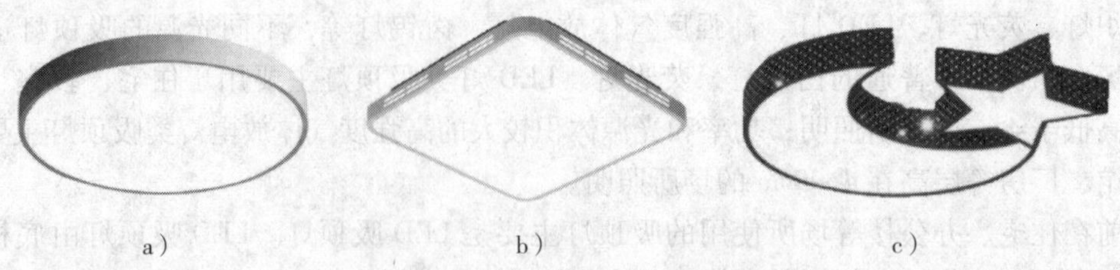

a）　　b）　　c）

图 2-4-1　不同形状的 LED 吸顶灯

a）圆形吸顶灯　b）方形吸顶灯　c）异形吸顶灯

2. 插座

插座是指有一个或多个电路接线可插入的底座。常见的插座包括固定式插座、移动式插座、多位插座、器具插座等多种类型。根据安装与使用方法不同，插座可分为明装、暗装、半暗装、镶板式、台式（1 位或多位）等多种形式。常用的家用插座主要是墙面插座（固定式多位插座）、移动式插座等，近年来还出现了在插座中添加 USB 接口的多功能插座，如图 2-4-2 所示。

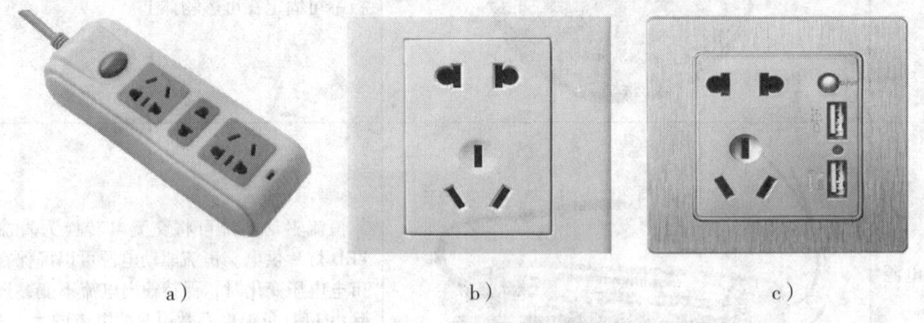

a）　　b）　　c）

图 2-4-2　常用的家用插座

a）移动式插座　b）墙面插座　c）多功能插座

三孔插座的接线按照接线端的标注进行，“L”标记的接线端连接相线，“N”标记的接线端连接中性线，“⏚”或“PE”标记的接线端连接接地线，如图 2-4-3 所示。正确连接后，从插座正面看，插座的插孔应是“左零右火上地”，即左孔与中性线连接，右孔与相线连接，上孔与地线连接。

图 2-4-3　插座接线端标记

二、双控灯照明电路的工作原理

双控灯照明电路图如图 2 -4 -4 所示。

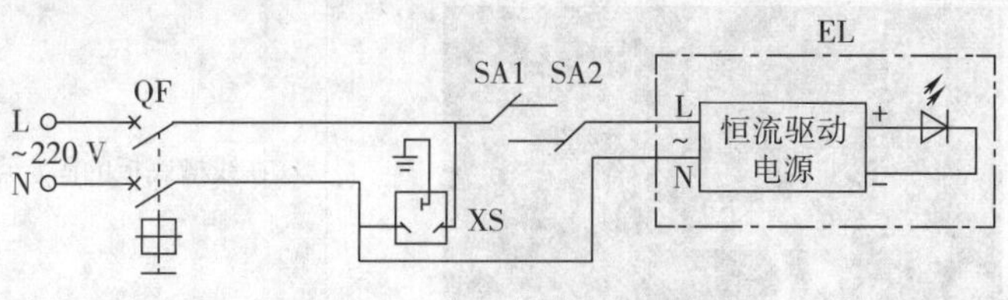

图 2 -4 -4　双控灯照明电路图

接通电源，合上断路器 QF，插座 XS 得电，LED 吸顶灯 EL 的亮或灭由开关 SA1 和 SA2 共同控制。拨动开关 SA1 或 SA2 中的任意一个，LED 吸顶灯 EL 点亮，再一次拨动开关 SA1 或 SA2，LED 吸顶灯 EL 熄灭。

三、线槽配线

线槽配线适用于室内照明、动力电路的安装。线槽配线具有操作简便、易改动等特点，广泛应用于工厂、学校、商场等场所。线槽的种类很多，不同的场合应合理选用，例如室内照明电路应选用矩形截面的线槽，地面布线应选用带弧形截面的线槽等。线槽配线的操作方法见表 2 -4 -2。

表 2 -4 -2　线槽配线的操作方法

步骤	图示	说明
定位画线		根据施工要求确定元器件的安装位置，做好标记，画出线路走向和线槽固定点 线槽固定点间的直线距离不大于 500 mm，起始、终端、转角、分支等处固定点间的直线距离不大于 50 mm
固定线槽底板		测量导线敷设路径的长度，截取合适长度的线槽

续表

步骤	图示	说明
固定线槽底板	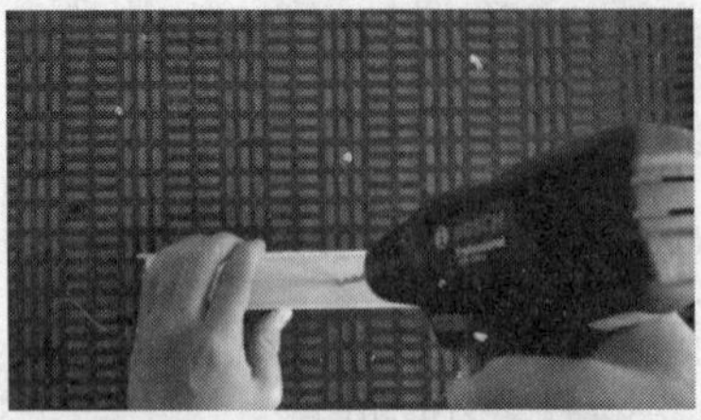	在线槽底板的固定点处标注、钻孔
	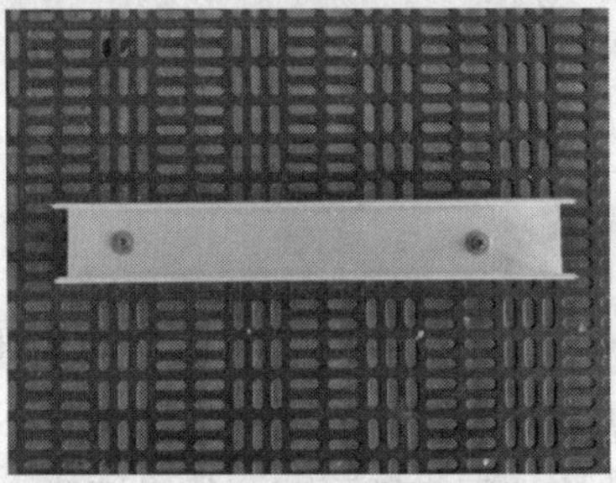	用螺钉固定线槽底板
		完成线槽底板的安装
敷设导线	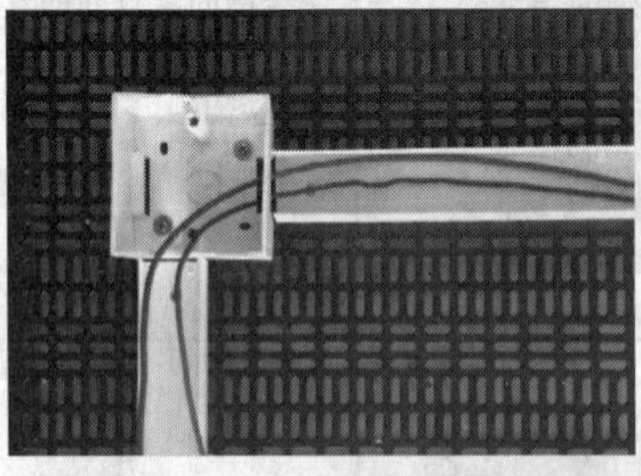	根据室内照明电路配线要求在线槽中敷设导线，每一段线槽的导线敷设完成后应及时盖上线槽盖板并加以固定
		按照从电源到元器件的顺序完成导线的敷设

线槽拼接的处理方法见表 2-4-3。

表 2-4-3　　线槽拼接的处理方法

类型	直线拼接	转角拼接	T 形拼接
图示			
说明	直线拼接时，两线槽应保持直线，拼接位置紧密、整齐，在距接缝 50 mm 处用螺钉紧固	转角拼接时，将两线槽对接处锯成 45°，拼接后两线槽夹角为 90°，拼接位置紧密、整齐，在距接缝 50 mm 处用螺钉紧固	将干路线槽沿中线锯出如图所示的 90°缺口，再将支路线槽也沿中线锯出 90°尖角，拼接后干路线槽和支路线槽相互垂直，拼接位置紧密、整齐，在距接缝 50 mm 处用螺钉紧固

四、双控灯照明电路常见故障的检修

双控灯照明电路的常见故障及其检修方法见表 2-4-4。

表 2-4-4　　双控灯照明电路的常见故障及其检修方法

故障现象	产生原因	检修方法
LED 吸顶灯不亮	（1）电路中无电压 （2）恒流驱动电源损坏 （3）LED 灯片贴片硫化	（1）用万用表检查电路是否断路或接触不良并修复 （2）更换恒流驱动电源 （3）更换 LED 灯片
LED 吸顶灯亮度变暗	（1）个别 LED 灯珠烧毁 （2）较多的 LED 灯珠烧毁 （3）恒流驱动电源损坏	（1）将损坏的灯珠的两根引脚短接或者更换新的灯珠 （2）更换 LED 灯片 （3）更换恒流驱动电源
关灯后 LED 吸顶灯闪烁	（1）开关接线错误，未断开相线 （2）电路中的自感应电流造成 LED 吸顶灯闪烁	（1）检查开关能否控制相线的通和断，如果接线错误，调换接线 （2）更换成白炽灯或将 220 V 继电器线圈串联到电路中吸收自感应电流

任务实施

双控灯照明电路安装图如图 2-4-5 所示。

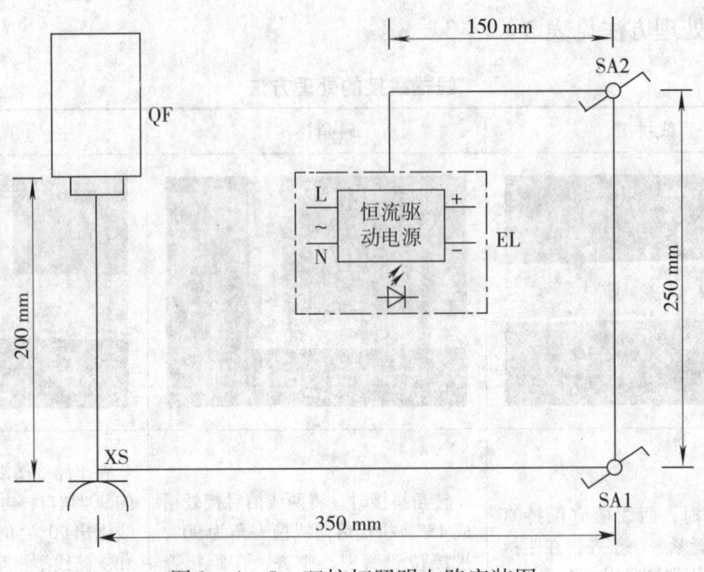

图 2－4－5　双控灯照明电路安装图

一、任务准备

根据任务需要，按照实训器材清单（见表 2－4－5）准备好相应的工具、仪器仪表、元器件和材料，设置好安全防护措施。

表 2－4－5　　实训器材清单

类别	准备内容
工具	常用电工工具
仪器仪表	万用表
元器件	LED 吸顶灯套件、剩余电流动作断路器、双控开关、三孔插座
材料	线槽及附件、明装接线盒、铜芯塑料导线、螺钉、绝缘黑胶布等

二、安装双控灯照明电路

1. 定位画线

根据双控灯照明电路安装图的尺寸和要求，画出导线敷设路径和各元器件的位置，并完成导轨、接线盒和线槽底板的固定，见表 2－4－6。

表 2－4－6　　定位画线

步骤	图示	操作说明
1	QF SA2 EL XS SA1	根据安装图确定元器件的位置，做好标记，画出导线敷设路径

续表

步骤	图示	操作说明
2	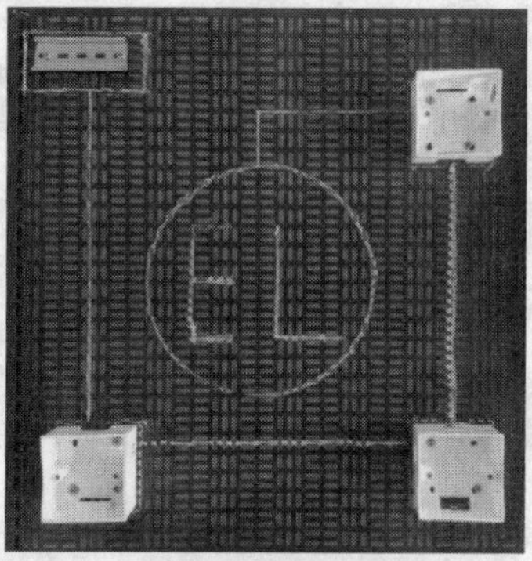	固定导轨、接线盒
3	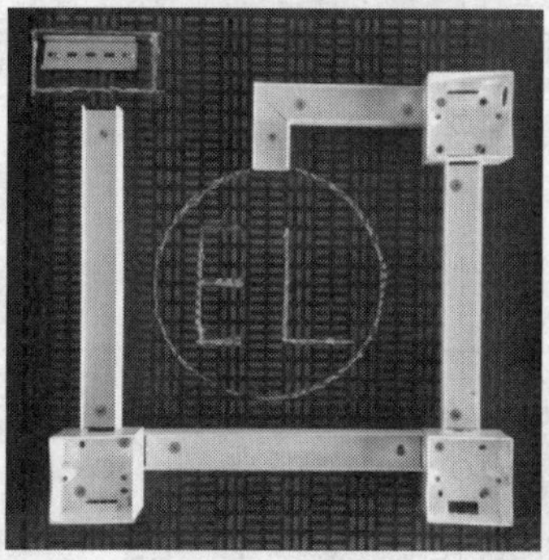	按照线槽配线的操作方法安装和固定线槽底板

2. 线槽配线

(1) 确定导线数量和颜色

双控灯照明电路接线图如图 2－4－6 所示。

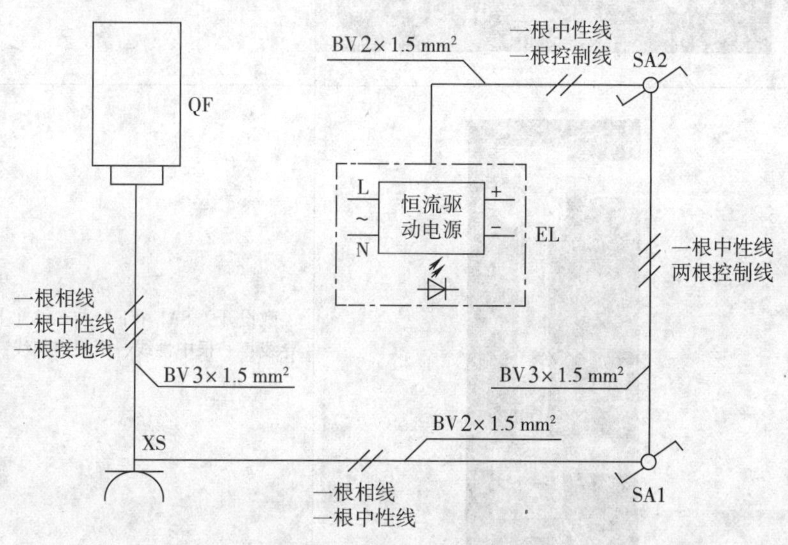

图 2－4－6　双控灯照明电路接线图

配线时，不同功能的导线应选用不同的颜色以示区别，相线选用黄色、绿色、红色，中性线选用蓝色，接地线选用黄绿双色，控制线选用黑色。

（2）敷设导线

按照室内照明电路配线要求和线槽配线的操作方法完成导线的敷设，见表 2-4-7。

表 2-4-7 **敷设导线**

步骤	图示	操作说明
1	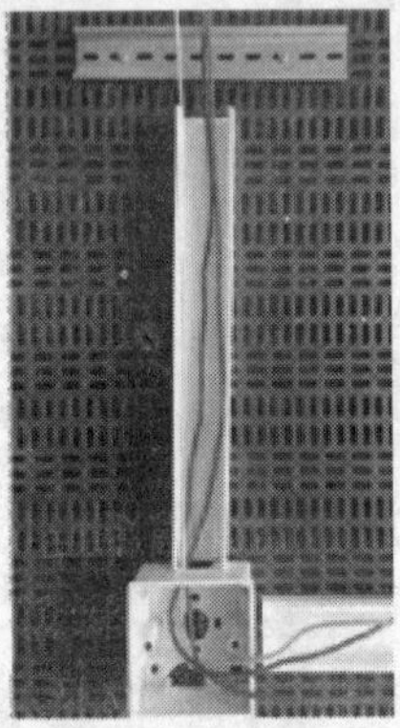	敷设断路器 QF 与插座 XS 之间的三根导线：一根相线、一根中性线、一根接地线
2		敷设插座 XS（左）与开关 SA1（右）之间的两根导线：一根相线、一根中性线
3	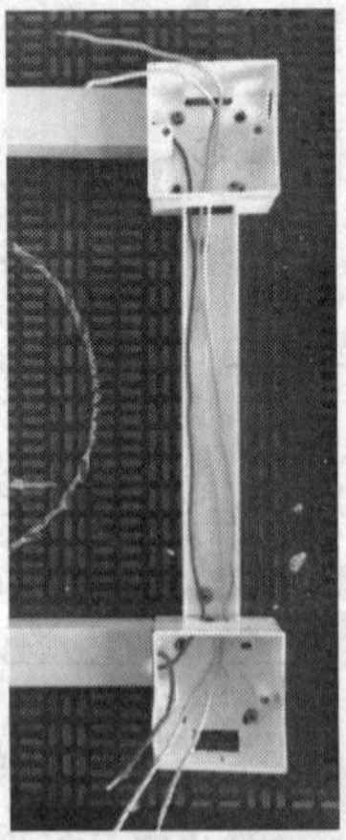	敷设开关 SA1（下）与 SA2（上）之间的三根导线：一根中性线、两根控制线

续表

步骤	图示	操作说明
4	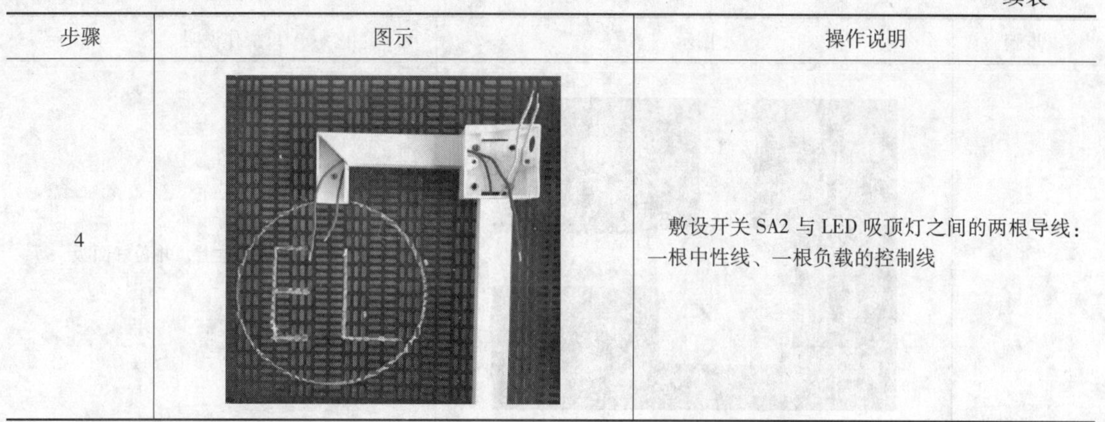	敷设开关 SA2 与 LED 吸顶灯之间的两根导线：一根中性线、一根负载的控制线

3. 安装元器件和接线

(1) 断路器、插座、双控开关的安装与连接（见表 2-4-8）

表 2-4-8　断路器、插座、双控开关的安装与连接

步骤	图示	操作说明
1		固定断路器，将相线和中性线连接对应的接线端并紧固，黄绿双色接地线连接到接地点上
2		按需求长度剥去接线盒中导线的绝缘层，并将连接同一个接线端的两根导线绞合在一起
3		按照插座接线端的标注，将三根导线分别连接对应的接线端并紧固

续表

步骤	图示	操作说明
4		将插座固定在接线盒上，并盖好面板
5		按照双控开关接线端的标注，将相线连接开关 SA1 的公共接线端 L1，将负载的控制线连接开关 SA2 的公共接线端 L1，将 SA1 和 SA2 的两个控制接线端 L2 和 L3 通过控制线两两对接
6		将开关固定在接线盒上，并盖好面板

两个双控开关 SA1 和 SA2 公共接线端 L1 的导线连接不能错误，如果将 L1 与 L2、L3 的导线连接错误，电路将无法实现双控功能。

(2) LED 吸顶灯的安装与连接(见表 2-4-9)

表 2-4-9　　LED 吸顶灯的安装与连接

步骤	图示	操作说明
1		将恒流驱动电源的输入端、输出端导线穿过底板穿线孔后,用螺钉将恒流驱动电源固定在底板上
2		用螺钉将底板固定在指定位置
3		将控制线和中性线分别与恒流驱动电源的输入端导线连接,并用绝缘黑胶布恢复接头处绝缘
4	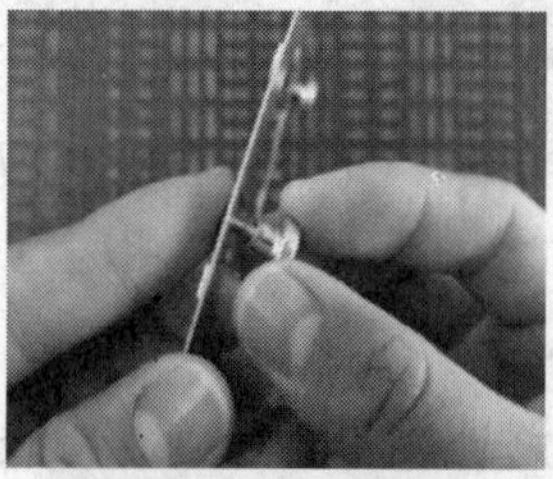 	在 LED 灯片上安装磁铁螺钉

续表

步骤	图示	操作说明
5	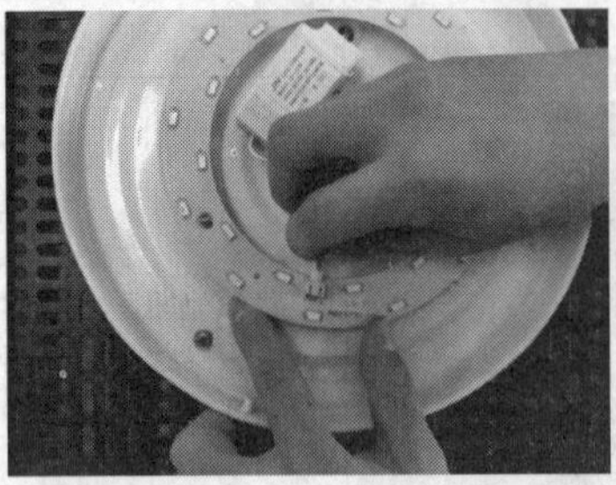	将恒流驱动电源的输出端导线与LED灯片插座连接
6		利用磁铁螺钉将LED灯片吸附在底板中央位置
7	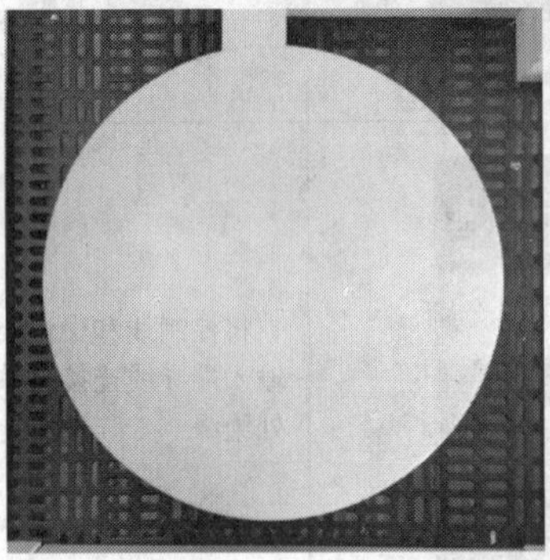	旋上灯罩

连接恒流驱动电源与LED灯片时，要注意正、负极相对应，输出端导线插头与LED灯片插座一般采用卡口配合，方向不正确将无法插入。

三、调试与检修双控灯照明电路

通电前，首先根据电路图和接线图检查电路连接是否正确，检查无误后进行安全检查。

1. 安全检查

（1）绝缘电阻检查

1）检查相线与接地线之间的绝缘电阻。不安装负载（断开LED吸顶灯电源接线），断开断路器出线端电路相线（L）和中性线（N）的连接，操作双控开关，使电路处于导通状态。将兆欧表的“L”接线桩与断开的相线（L）相连，“E”接线桩与接地线（PE）相连，以 120 r/min 的转速匀速摇动兆欧表的手柄，待指针稳定后读数，指针应指向刻度线的“∞”处，如图 2－4－7 所示。

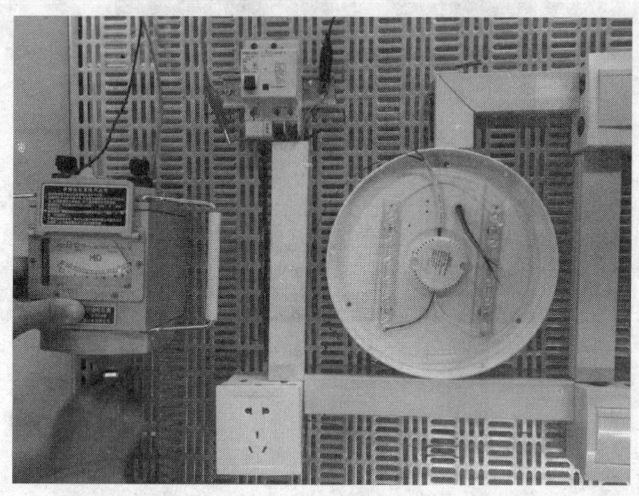

图 2－4－7　相线与接地线之间的绝缘电阻检查

2）检查相线与中性线之间的绝缘电阻。不安装负载（断开 LED 吸顶灯电源接线），断开断路器出线端电路相线（L）和中性线（N）的连接，操作双控开关，使电路处于导通状态。将兆欧表的“L”接线桩与断开的相线（L）相连，“E”接线桩与断开的中性线（N）相连，以 120 r/min 的转速匀速摇动兆欧表的手柄，待指针稳定后读数，指针应指向刻度线的“∞”处，如图 2－4－8 所示。

图 2－4－8　相线与中性线之间的绝缘电阻检查

操作双控开关，使电路处于另一控制状态下的导通状态，使用相同的方法进行绝缘电阻检查，兆欧表指针也应指向兆欧表刻度线的“∞”处。

（2）短路检查

恢复电路连接，检查电路连接无误后使用万用表进行短路检查，如图 2－4－9 所示。

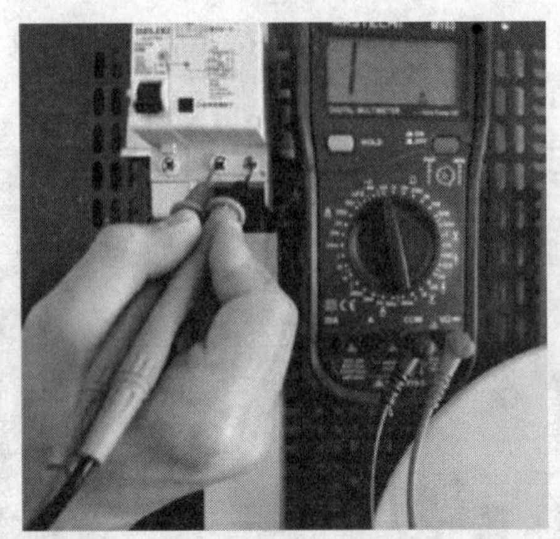

图 2-4-9　短路检查

2. 通电调试

通过安全检查后，方可进行通电调试。

闭合断路器 QF，接通电源，拨动 SA1 或 SA2 中任一开关都能控制 LED 吸顶灯的亮或灭，如图 2-4-10 所示。

用验电笔测试插座的右孔（电源相线连接的插孔），应发光，如图 2-4-11 所示。用万用表测量插座电压，应为 220 V 左右，如图 2-4-12 所示。

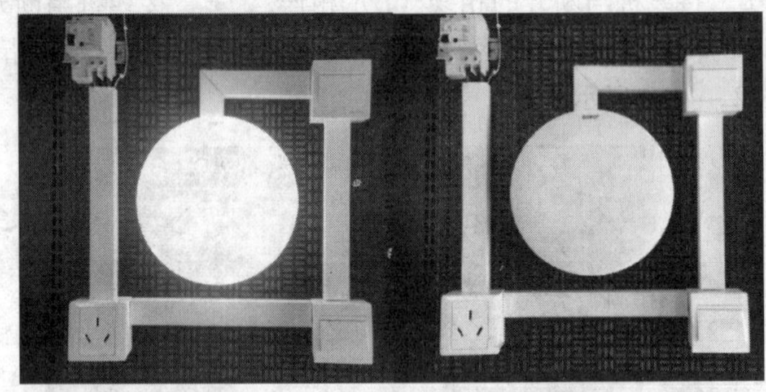

图 2-4-10　双控开关控制 LED 吸顶灯的亮或灭

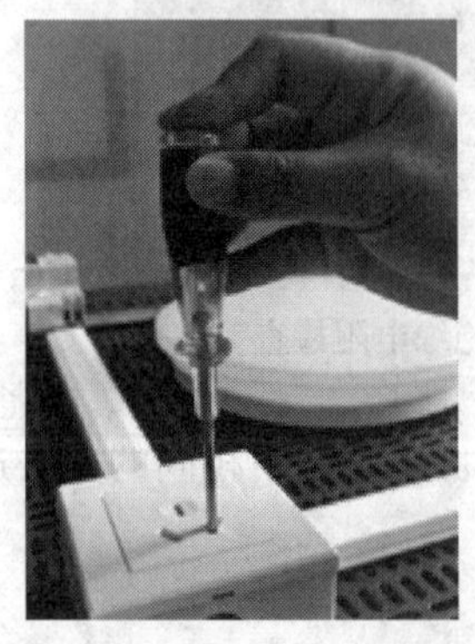

图 2-4-11　用验电笔测试插座极性

图 2-4-12　用万用表测量插座电压

注意：通电调试完毕，应断开断路器 QF。

3. 故障检修

结合照明电路故障的检修步骤和双控灯照明电路的常见故障及其检修方法，完成双控灯照明电路的检修，并记录检修过程中出现的问题及解决方法。

任务 5　综合照明电路的安装、调试与检修

学习目标

1. 熟悉综合照明电路常用的元器件。
2. 掌握线管配线的操作方法。
3. 熟悉室内照明电路元器件安装规范。
4. 掌握照明电路安装工具的使用方法。
5. 掌握综合照明电路的工作原理。
6. 能完成线管配线综合照明电路的安装、调试与检修。

任务引入

通常办公室、教室、商场等室内场所的照明电路，会出现多种不同类型的电气设备综合在一起安装布线的情况。

本任务旨在学习综合照明电路常用的元器件、线管配线的操作方法、室内照明电路元器件安装规范、照明电路安装工具的使用方法以及综合照明电路的工作原理，并完成线管配线综合照明电路的安装、调试与检修。

相关知识

一、综合照明电路常用的元器件

1. LED 日光灯

LED 日光灯俗称 LED 直管灯，是传统荧光灯的替代产品。LED 日光灯的外形尺寸和安装方式与传统荧光灯相似，但发光源是由 LED 灯珠构成的灯片，由恒流驱动电源供电，无须镇流器和启辉器。LED 日光灯具有启动快、功率小、无频闪、不容易让人产生视疲劳、节能环保等优点。

按照外形结构不同，LED 日光灯分为灯管式和一体式，如图 2－5－1 所示。灯管式 LED 日光灯的外形与传统荧光灯一样，恒流驱动电源内置在灯管内，安装时可以直接使用原有的传统荧光灯外壳、灯座等固定件，将原有的传统荧光灯灯管取下后更换为灯管式 LED 日光

灯，去掉电路中的镇流器和启辉器，将 220 V 交流市电直接连接到 LED 日光灯引脚的灯座即可使用。一体式 LED 日光灯将外壳、灯片、电源等部件集成为一体，可以直接安装。当前使用较多的是一体式 LED 日光灯。

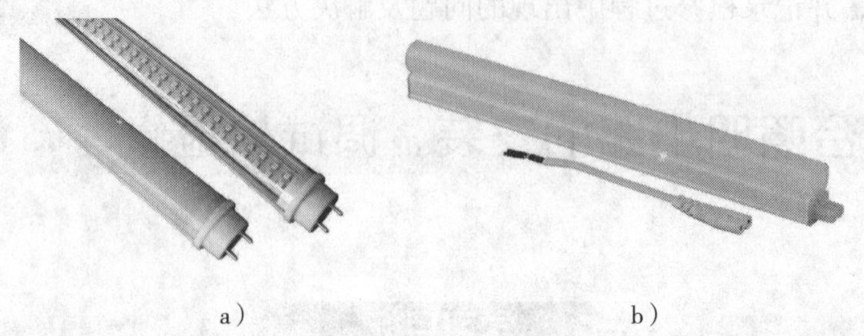

a）　　　　b）

图 2－5－1　LED 日光灯

a）灯管式　b）一体式

一体式 LED 日光灯的安装步骤见表 2－5－1。

表 2－5－1　　一体式 LED 日光灯的安装步骤

步骤	图示	说明
1		在 LED 日光灯的安装位置安装灯卡
2		将电源连接线插头插入 LED 日光灯电源插孔
3		将电源连接线另一端的两根导线分别与电路的相线、中性线连接，并恢复绝缘
4		将 LED 日光灯卡入灯卡，安装完成

2. 电能表

电能表又称为电度表或火表，是计量电能的仪表，能测量某一段时间内电路所消耗的电能。电能表分为有功电能表和无功电能表两种，有功电能表又分为单相电能表和三相电能表。图 2－5－2 所示是几种常用的单相电能表。

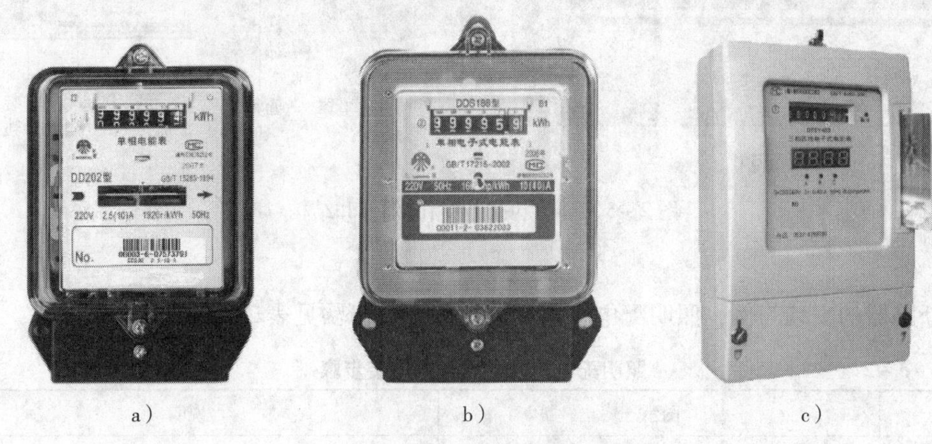

a）　　b）　　c）

图 2－5－2　单相电能表

a）感应式　b）电子式　c）预付费式

单相电能表配有接线盒，接线图一般绘制在接线盒盖的背面。接线盒内有 4 个接线端，一般接线端 1、3 接电源进线，接线端 2、4 接负载出线，如图 2－5－3 所示。

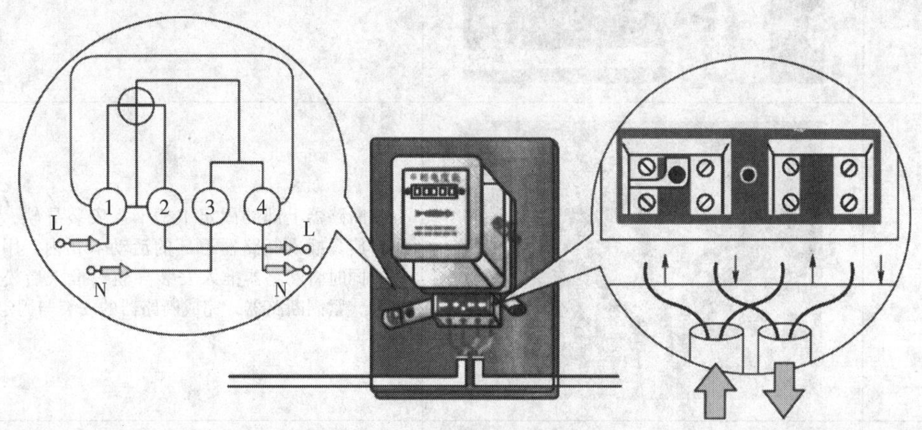

图 2－5－3　单相电能表接线图

3. 照明配电箱

照明配电箱是小型配电设备，是将断路器等元器件在其内部合理地组合，从而实现对家庭电源集中控制，以及接地、过载、短路等保护功能的基础配电装置。其内部分别设有接地线和中性线的汇流排，以方便各种低压配电系统（TT 系统、TN 系统、IT 系统）的接线，广泛应用于楼宇、广场、车站和工矿企业等场所。照明配电箱的外形和结构如图 2－5－4 所示。

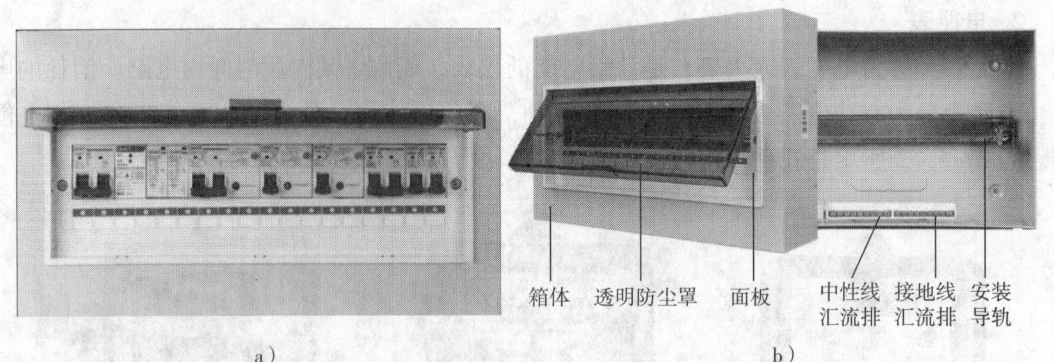

图 2－5－4　照明配电箱的外形和结构

a）外形　b）结构

以断路器的安装为例，照明配电箱内元器件的安装步骤见表 2－5－2。

表 2－5－2　照明配电箱内元器件的安装步骤

步骤	图示	说明
1		旋下面板两侧的固定螺钉，取下面板
2		将断路器上部的固定卡槽卡入安装导轨，用一字螺钉旋具插入断路器下部的活动卡扣内，用力向外拨，同时将断路器推入安装导轨，推入后松开活动卡扣，紧固断路器，完成断路器的安装与固定
3	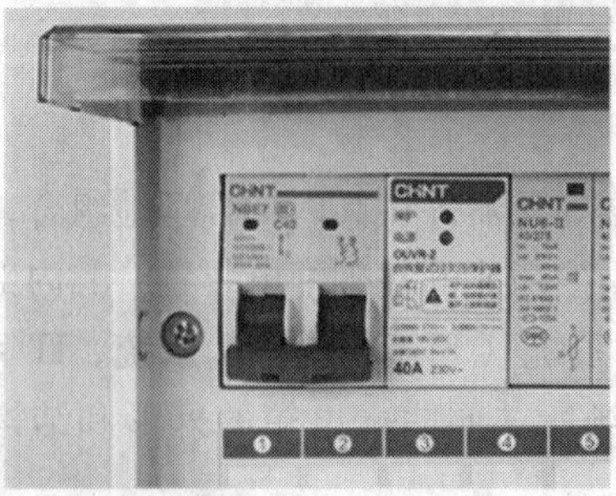	所有元器件安装完成后，盖上面板，拧紧固定螺钉

二、线管配线

把导线穿在钢质或塑料线管内敷设，称为线管配线。这种配线方式比较安全、可靠，可避免腐蚀性气体侵蚀和遭受机械损伤，适用于公共建筑和工业厂房中。线管配线分为明敷和暗敷两种。明敷要求横平竖直、整齐美观；暗敷要求线管短、弯头少。家庭照明电路的线管一般使用 PVC 线管，明敷 PVC 线管配线时使用管卡进行固定，管卡的规格应与线管的直径匹配。常用的管卡如图 2－5－5 所示。

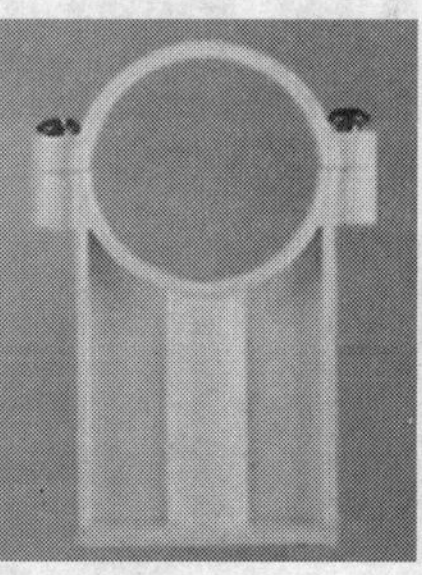
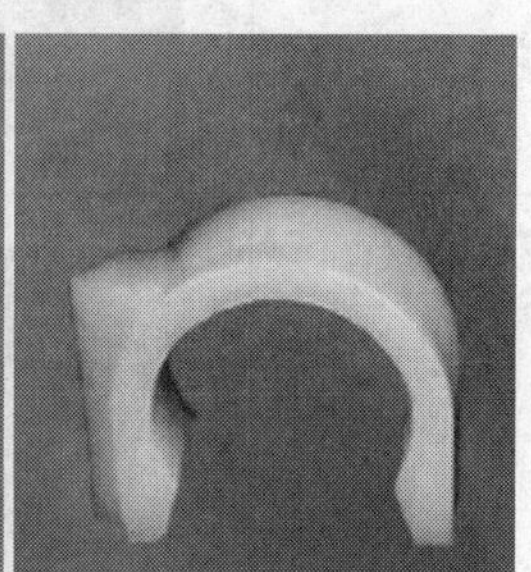

图 2－5－5　常用的管卡

1. 线管敷设

采用 PVC 线管配线时，线管敷设的操作方法见表 2－5－3。

表 2－5－3　　线管敷设的操作方法

步骤	图示	说明
定位画线		确定配线位置，做好标记，画出线路走向和管卡位置。管卡与接线盒、转角中心和其他元器件的距离为 150 ~ 500 mm
固定管卡		根据线管的直径选择匹配的管卡，用螺钉固定管卡。在混凝土结构的墙面上可以先用冲击电钻在固定位置打孔，安装木榫或塑料胀管后再固定管卡

续表

步骤	图示	说明
确定线管长度		测量导线敷设路径的长度确定需要截取的线管长度 注意：线管插入连接件内的长度也应计入需要截取的线管长度中
截取线管		根据确定的长度，使用手锯、断管钳等工具截取线管
敷设线管		将处理好的线管沿线路走向逐段进行安装、固定

为了保证明敷线路线管的牢固性，根据线管直径的不同，固定管卡的间距也不同。一般情况下，直径为 20 mm 及以下的线管，管卡间距为 1 m；直径为 25 ~ 40 mm 的线管，管卡间距为 1.2 ~ 1.5 m；直径为 50 mm 及以上的线管，管卡间距为 2 m。

2. 连接部位处理

采用 PVC 线管配线时，线管连接部位的处理方法见表 2 - 5 - 4。

表 2－5－4　　线管连接部位的处理方法

类型	图示	说明
转角连接	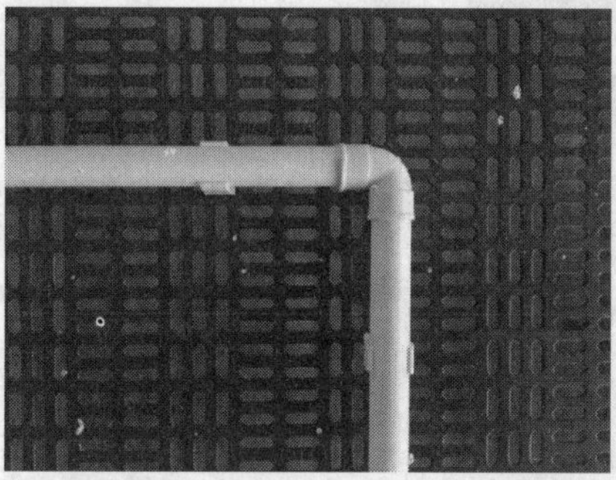	PVC 线管转角可以采用弯头完成，在转角部位两边都需要用管卡进行固定
	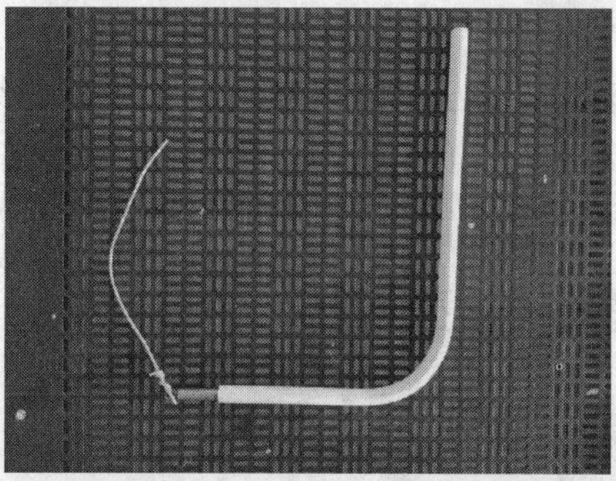	PVC 线管转角也可以直接采用冷弯方式完成，为了避免冷弯时 PVC 线管转角部位破裂或变形，可以使用弯管弹簧进行操作 注意：冷弯操作的弯管半径不能过小
T 形分支连接		PVC 线管 T 形分支可以采用三通完成，在分支部位的三边都需用管卡进行固定 注意：较长的线管分支和四路分支都应采用接线盒完成
延长连接	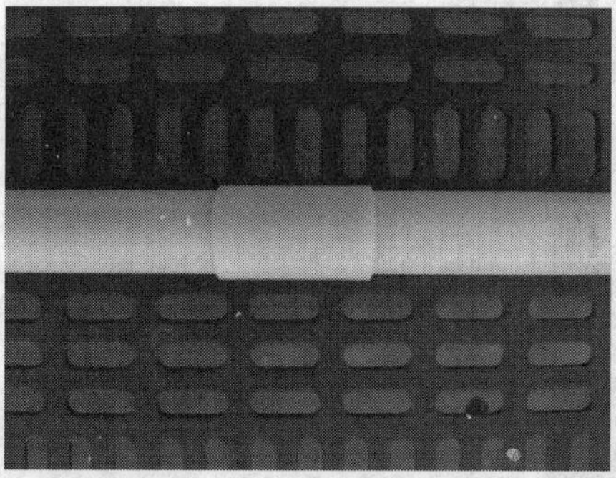	PVC 线管需要加长时，可采用束节将两段线管连接在一起

续表

类型	图示	说明
连接接线盒	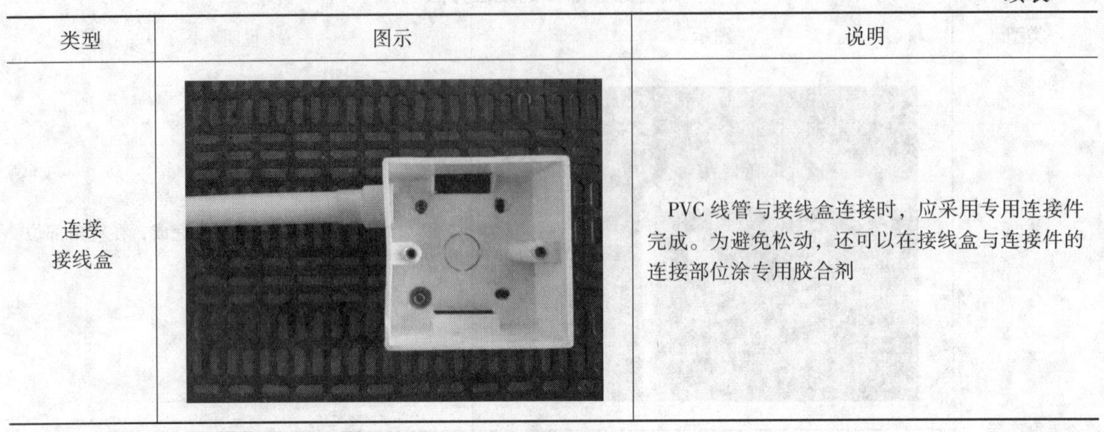	PVC线管与接线盒连接时，应采用专用连接件完成。为避免松动，还可以在接线盒与连接件的连接部位涂专用胶合剂

3. 线管穿线

穿线前应清洁线管，可用压力为0.25 MPa的压缩空气吹入已敷设好的线管，将杂物、灰尘吹走，并检查线管管口是否有倒角、毛刺，以免穿线时损伤导线。线管穿线的操作方法见表2–5–5。

表2–5–5　　线管穿线的操作方法

步骤	图示	说明
1		线管较短时可以直接穿线，线管较长时可以利用引线钢丝或穿线器进行穿线
2		将导线穿过穿线器的金属圈
3		收紧穿线器金属圈，并用皮套将导线压紧

续表

步骤	图示	说明
4	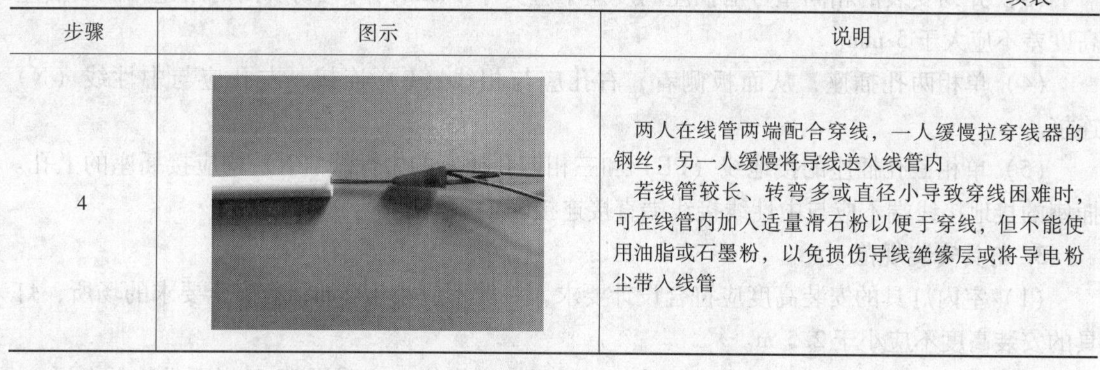	两人在线管两端配合穿线，一人缓慢拉穿线器的钢丝，另一人缓慢将导线送入线管内 若线管较长、转弯多或直径小导致穿线困难时，可在线管内加入适量滑石粉以便于穿线，但不能使用油脂或石墨粉，以免损伤导线绝缘层或将导电粉尘带入线管

（1）穿管导线的绝缘强度不能低于 500 V。对导线最小截面积的规定：铜芯导线为 1 mm^2，铝芯导线为 2.5 mm^2。

（2）多根导线穿管敷设时，线管内导线一般不应超过 10 根，导线总截面积（含绝缘层）不应超过管内截面积的 40%。

（3）线管内导线不得有接头，所有接头与分支都应在接线盒中进行。

（4）线管配线应尽可能减少转角或弯曲，转角或弯曲越多，穿线越困难。为便于穿线，转角或弯曲过多时，必须加装接线盒。

线管配线时，暗敷方法与明敷方法基本相同，但需要将线管、接线盒埋入墙体内。

三、室内照明电路元器件安装规范

室内照明电路的元器件在安装、使用时都有一定的规范要求。

1. 开关安装规范

（1）跷板开关（墙壁开关）距地面的高度宜为 1.3 m，距门框宜为 0.15 ~ 0.2 m。

（2）拉线开关距地面的高度宜为 2 ~ 3 m，距门框宜为 0.15 ~ 0.2 m，且拉线出口应垂直向下。

（3）分路总开关距地面的高度宜为 1.8 ~ 2 m。

（4）并列安装的相同规格的开关距地面的高度应一致，高度差不应大于 1 mm，同一场所内的开关高度差不应大于 5 mm，并列安装的拉线开关相邻距离不应小于 20 mm。

（5）暗装的开关应使用专用的接线盒，接线盒应有完整的面板。

（6）易燃、易爆和特殊场所的开关应具有防爆功能，并采取相应的安全措施。

（7）接线时，所有开关均应控制电路的相线。

2. 插座安装规范

（1）不同电压的插座应有明显的区别，不能互换使用。

（2）插座安装高度应符合设计要求。在一般场所，插座安装高度不应小于 0.3 m；有安全要求的场所，插座安装高度不应小于 1.8 m。

(3) 并列安装的相同型号的插座高度差不应大于1 mm，同一场所内的用途相同的插座高度差不应大于5 mm。

(4) 单相两孔插座，从面板侧看，右孔应与相线（L）连接，左孔应与中性线（N）连接。

(5) 单相三孔插座的接地线（PE）和三相四孔插座的中性线（N）均应接插座的上孔。插座的接地接线端不应与中性线接线端直接连接。

3. 灯具安装规范

(1) 室内灯具的安装高度应符合设计要求，一般不应小于2 m；有安全要求的场所，灯具的安装高度不应小于2.5 m。

(2) 若灯具距地面的高度小于上述值，且无安全措施，应采用33 V以下的特低电压。

(3) 质量在0.5 kg以下的灯具可采用软导线吊装，吊线盒和灯具两端应做防拉脱结扣；质量在0.5 kg以上的灯具应采用吊链或吊管安装；质量在3 kg以上的悬吊灯具，应固定在螺栓或预埋吊钩上，螺栓或预埋吊钩的直径不应小于灯具挂销直径，且不应小于6 mm。

(4) 螺口灯泡安装完成后，金属螺口不能外露，且应接在中性线上。

(5) 灯具不带电的金属件、金属吊管和吊链等应采取接地保护措施。

(6) 每一照明支路上的配线容量不得大于2 kW。

四、照明电路安装工具

1. 水平尺

水平尺是利用液面水平原理，测量被测表面相对水平位置、铅垂位置、倾斜位置偏离程度的一种计量器具，如图2-5-6所示。水平尺可用于位置检验、测量、划线、设备安装、工业工程施工等。

图2-5-6　水平尺

水平尺包括方管型、工字型、压铸型、塑料型、异形等多种类型，长度规格从10 cm到250 cm不等；水平尺材料的平直度和水准泡的质量，决定了水平尺的精确性和稳定性。

2. 扳手

扳手是用于装、拆螺纹紧固件的工具，常用的有活扳手、呆扳手、套筒扳手等，如图2-5-7所示。活扳手的开口可在规格所定范围内任意调整大小，其结构如图2-5-8所示。呆扳手和套筒扳手的开口或套口尺寸固定，在拆卸时不易损坏螺纹紧固件，适合在一些特殊位置使用。

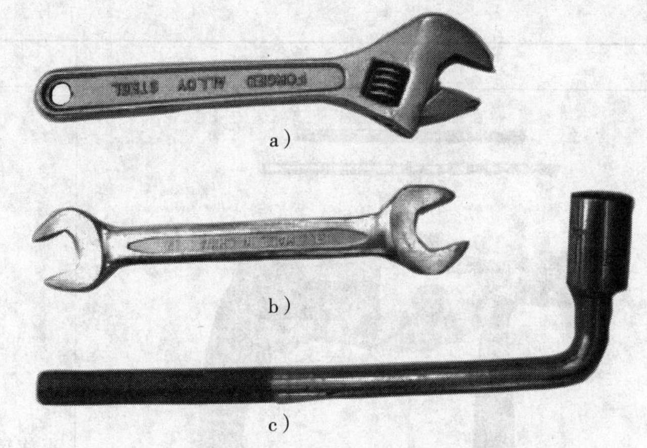

图 2－5－7　常用的扳手

a）活扳手　b）呆扳手　c）套筒扳手

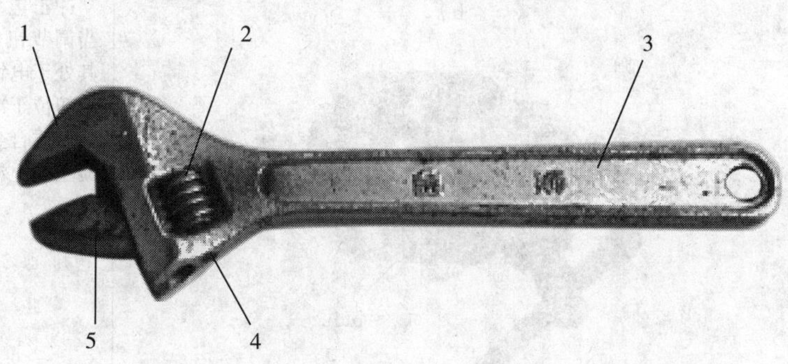

图 2－5－8　活扳手的结构

1—扳体头部　2—蜗轮　3—扳体手柄　4—蜗杆　5—活动扳口

3. 手持式钻孔工具

照明电路安装时经常需要在安装面钻孔，根据安装面的不同，常用的手持式钻孔工具包括手电钻、冲击电钻、电锤等，见表 2－5－6。

表 2－5－6　　常用的手持式钻孔工具

名称	图示	说明
手电钻	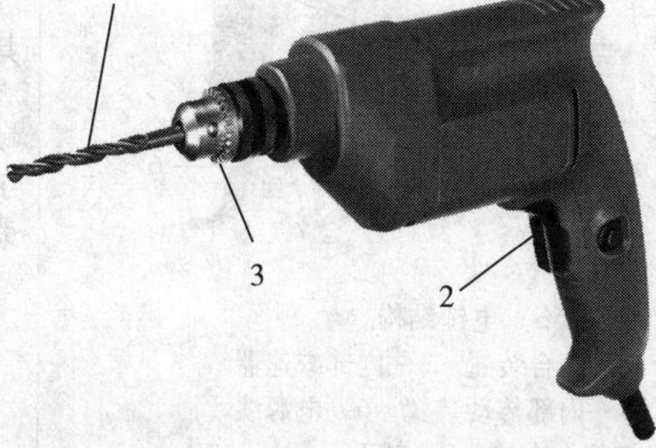 1—钻头　2—开关　3—钻头锁紧装置	头部装有钻头、内部装有单相电动机、以旋转方式钻孔的钻孔工具，主要用于金属、木材、塑料等材料的钻孔

续表

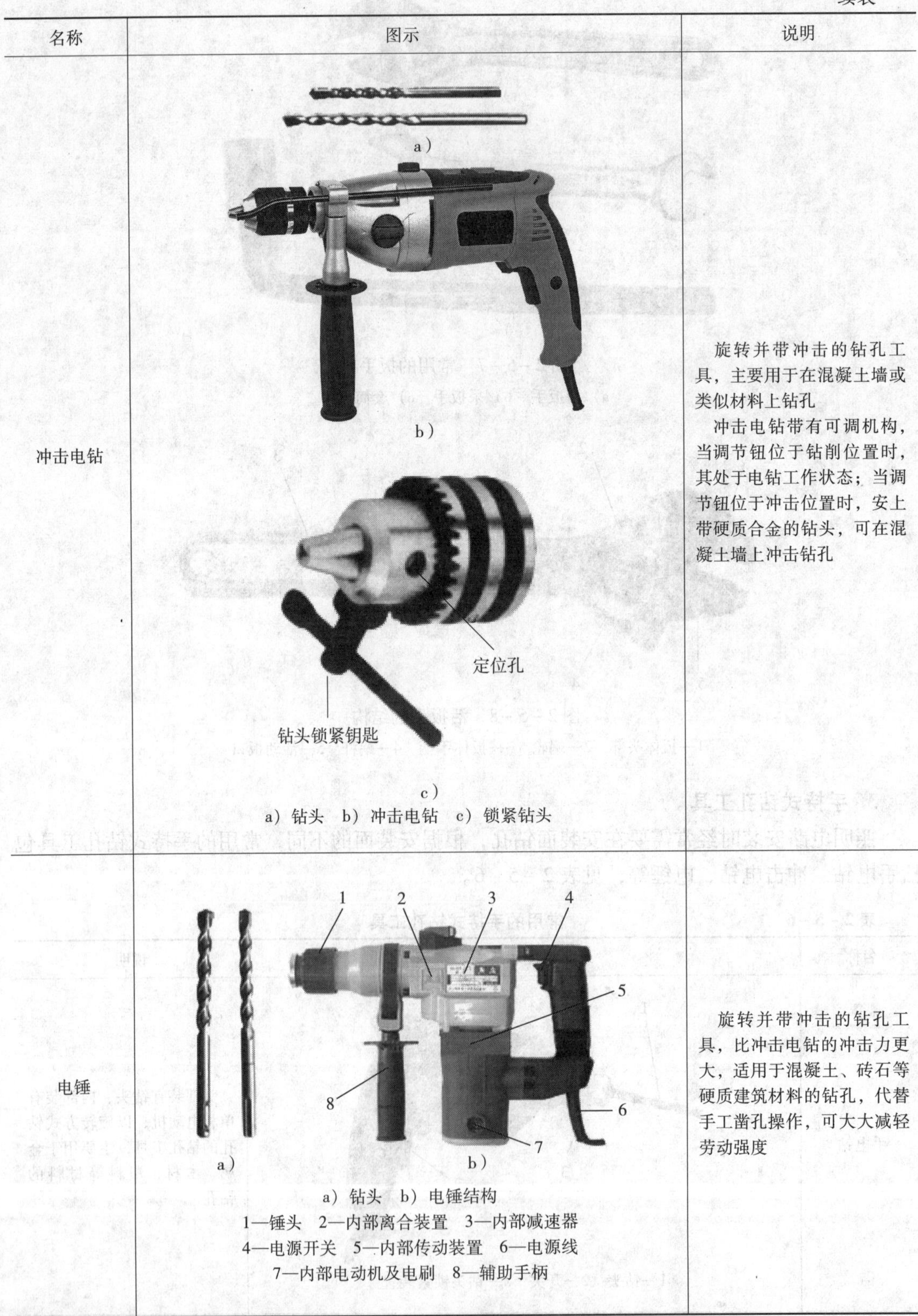

名称	图示	说明
冲击电钻	a） b） 定位孔 钻头锁紧钥匙 c） a）钻头 b）冲击电钻 c）锁紧钻头	旋转并带冲击的钻孔工具，主要用于在混凝土墙或类似材料上钻孔 冲击电钻带有可调机构，当调节钮位于钻削位置时，其处于电钻工作状态；当调节钮位于冲击位置时，安上带硬质合金的钻头，可在混凝土墙上冲击钻孔
电锤	1 2 3 4 5 6 7 8 a） b） a）钻头 b）电锤结构 1—锤头 2—内部离合装置 3—内部减速器 4—电源开关 5—内部传动装置 6—电源线 7—内部电动机及电刷 8—辅助手柄	旋转并带冲击的钻孔工具，比冲击电钻的冲击力更大，适用于混凝土、砖石等硬质建筑材料的钻孔，代替手工凿孔操作，可大大减轻劳动强度

4. 登高工具

照明电路安装时常用的登高工具包括梯子、登高脚扣和安全带等，见表 2－5－7。

表 2－5－7　　常用的登高工具

名称	图示	说明
梯子	 a）　b）　c） a）人字梯　b）单梯　c）单梯站立	电工常用的梯子包括人字梯和单梯 使用前，应先检查梯子是否牢固，梯脚应绑扎橡胶之类的防滑材料。登高作业时一般一人监护，另一人操作。单梯的放置倾斜角为 60°～70°，为了保证不致用力过度站立不稳，应按图 c 所示姿势站立
登高脚扣	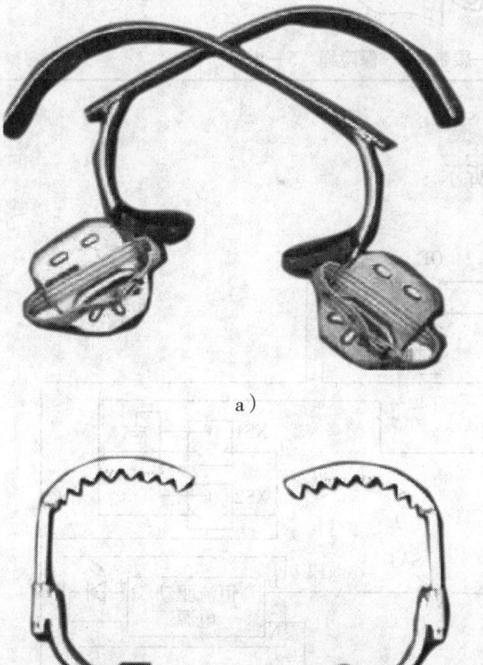 a） 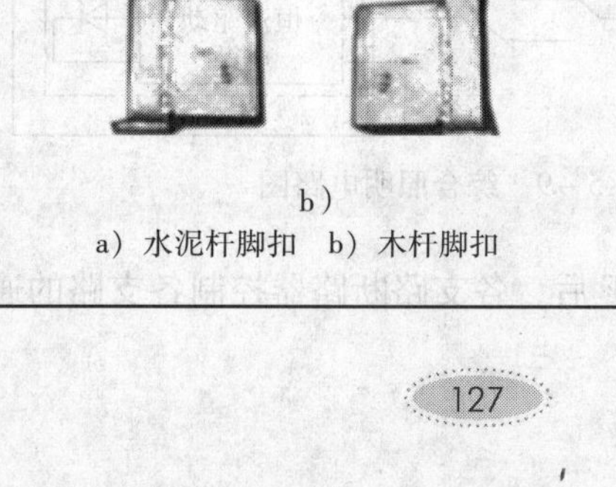 b） a）水泥杆脚扣　b）木杆脚扣	又称为铁脚，是电工攀登电杆的工具，包括水泥杆脚扣和木杆脚扣两种。水泥杆脚扣上裹有橡胶，以防打滑；木杆脚扣的扣环有铁齿，以便在木杆上紧固 脚扣攀登速度较快，容易掌握登杆方法。为了保证杆上作业人员的平稳，两只脚扣应交错箍紧电杆

续表

名称	图示	说明
安全带	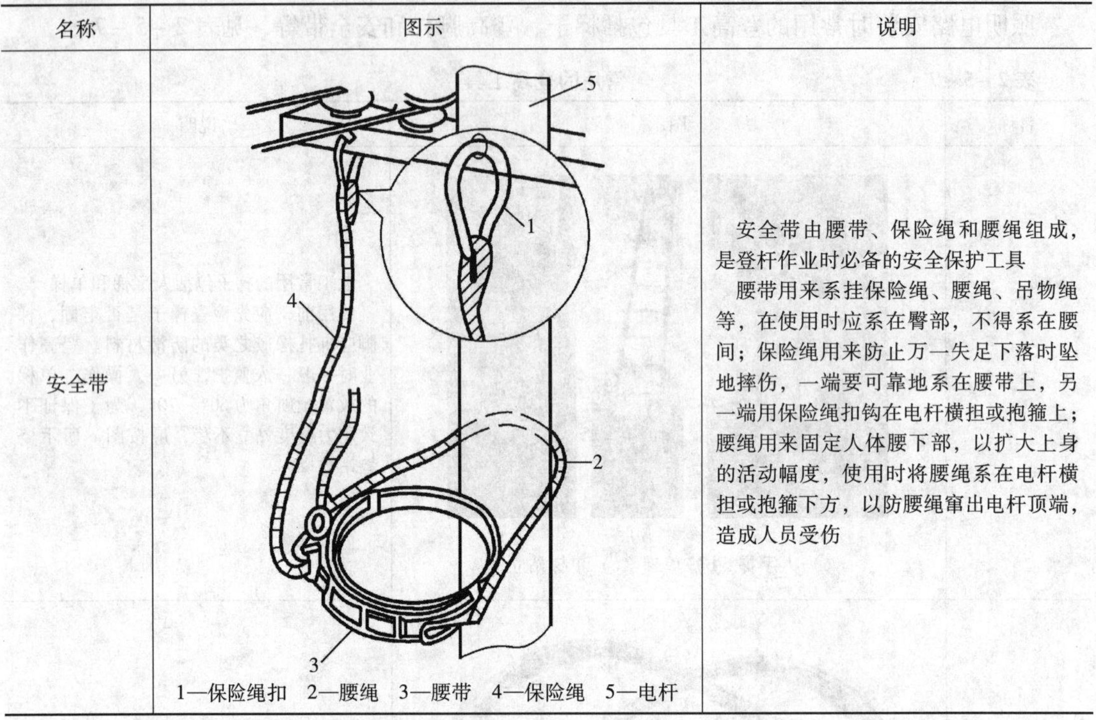 1—保险绳扣 2—腰绳 3—腰带 4—保险绳 5—电杆	安全带由腰带、保险绳和腰绳组成，是登杆作业时必备的安全保护工具 腰带用来系挂保险绳、腰绳、吊物绳等，在使用时应系在臀部，不得系在腰间；保险绳用来防止万一失足下落时坠地摔伤，一端要可靠地系在腰带上，另一端用保险绳扣钩在电杆横担或抱箍上；腰绳用来固定人体腰下部，以扩大上身的活动幅度，使用时将腰绳系在电杆横担或抱箍下方，以防腰绳窜出电杆顶端，造成人员受伤

五、综合照明电路的工作原理

综合照明电路图如图 2-5-9 所示。

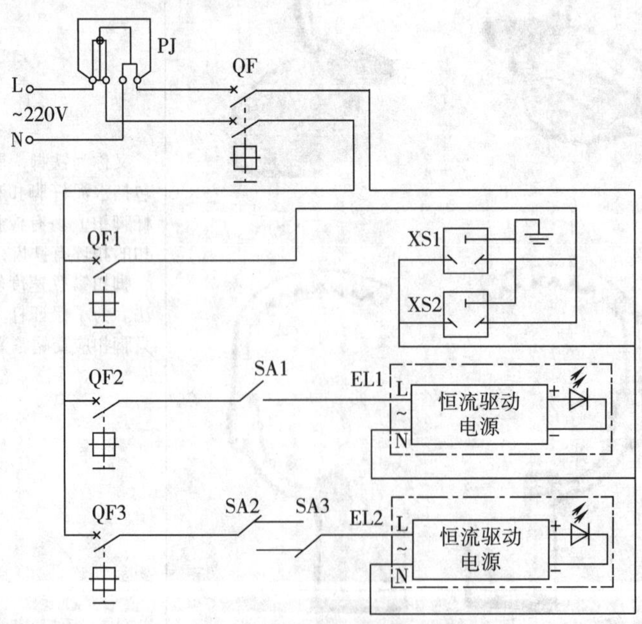

图 2-5-9 综合照明电路图

电流经过电能表 PJ 和总断路器 QF 后，各支路断路器控制各支路的通、断。

闭合总断路器 QF，闭合断路器 QF1，插座支路接通电源，插座 XS1、XS2 得电。

闭合断路器 QF2，灯 EL1 支路接通电源，灯 EL1 的亮、灭由开关 SA1 控制。

闭合断路器 QF3，灯 EL2 支路接通电源，灯 EL2 的亮、灭由开关 SA2 和 SA3 共同控制。

任务实施

综合照明电路安装示意图如图 2-5-10 所示。

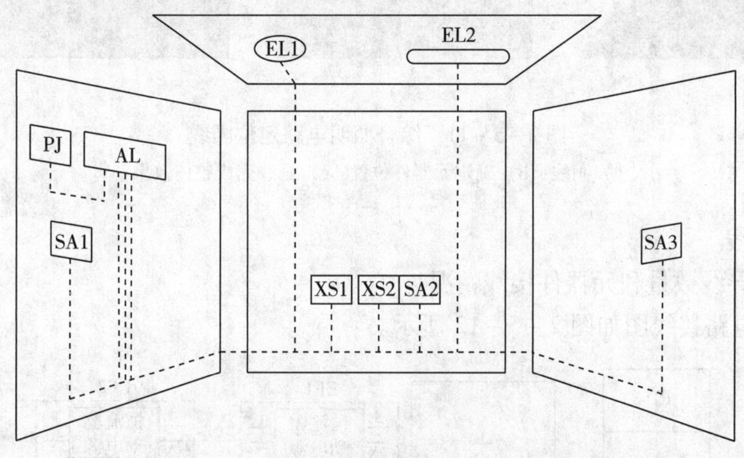

图 2-5-10 综合照明电路安装示意图

综合照明电路采用明敷 PVC 线管配线方式，左侧墙面安装电能表 PJ、照明配电箱 AL 和单控开关 SA1；中间墙面安装插座 XS1、XS2 和双控开关 SA2；右侧墙面安装双控开关 SA3；顶面左边安装 LED 吸顶灯 EL1，右边安装 LED 日光灯 EL2。

一、任务准备

根据任务需要，按照实训器材清单（见表 2-5-8）准备好相应的工具、仪器仪表、元器件和材料，设置好安全防护措施。

表 2-5-8 实训器材清单

类别	准备内容
工具	常用电工工具、弯管弹簧、穿线器
仪器仪表	万用表
元器件	单极剩余电流动作断路器、单极断路器、单控开关、双控开关、三孔插座、LED 日光灯套件、LED 吸顶灯套件、电能表、照明配电箱
材料	线管及附件、明装接线盒、铜芯塑料导线、螺钉、绝缘黑胶布等

二、安装综合照明电路

1. 定位画线

按照综合照明电路安装示意图的位置进行元器件和导线敷设路径的定位画

线，如图 2 -5 -11 所示。

a）

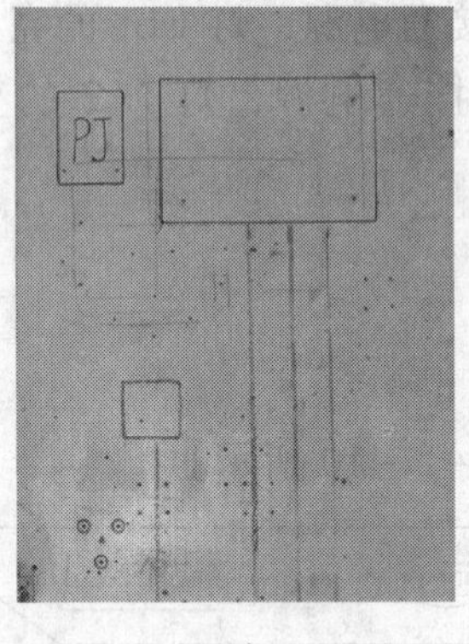

b）

c）

图 2 -5 -11　综合照明电路定位画线

a）画线　b）确定元器件位置　c）画线完成整体效果

2. 线管配线

（1）确定导线数量和元器件接线情况

综合照明电路接线图如图 2 -5 -12 所示。

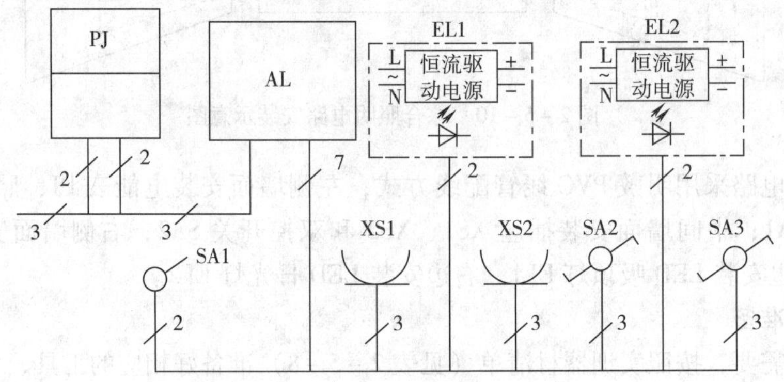

图 2 -5 -12　综合照明电路接线图

综合照明电路中各元器件接线情况见表 2 -5 -9。

表 2 -5 -9　　综合照明电路中各元器件接线情况

元器件	导线数	接线说明	导线说明
电能表 PJ	4 根	进线 2 根：1 根相线、1 根中性线 出线 2 根：1 根相线、1 根中性线	进线：BV 2 ×2. 5 mm² 出线：BV 2 ×2. 5 mm²
照明配电箱 AL	10 根	进线 3 根：1 根相线、1 根中性线、1 根接地线 出线 7 根：3 根相线、3 根中性线、1 根接地线	进线：BV 3 ×2. 5 mm² 出线：BV 7 ×1. 5 mm²
单控开关 SA1	2 根	1 根相线、1 根控制线	BV 2 ×1. 5 mm²
三孔插座 XS1	3 根	1 根相线、1 根中性线、1 根接地线	BV 3 ×1. 5 mm²
灯 EL1	2 根	1 根中性线、1 根控制线	BV 2 ×1. 5 mm²
三孔插座 XS2	3 根	1 根相线、1 根中性线、1 根接地线	BV 3 ×1. 5 mm²

续表

元器件	导线数	接线说明	导线说明
双控开关 SA2	3 根	1 根相线、2 根控制线	BV 3×1.5 mm^2
灯 EL2	2 根	1 根中性线、1 根控制线	BV 2×1.5 mm^2
双控开关 SA3	3 根	3 根控制线	BV 3×1.5 mm^2

配线时注意选取不同颜色的导线以示区别，相线为红色、绿色或黄色，中性线为蓝色，接地线为黄绿双色，控制线为黑色。

（2）敷设线管（见表 2－5－10）

表 2－5－10　　敷设线管

步骤	图示	操作说明
安装元器件底盒、底座	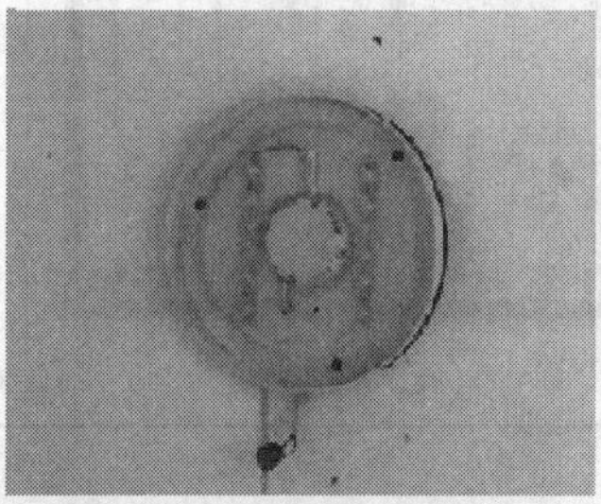 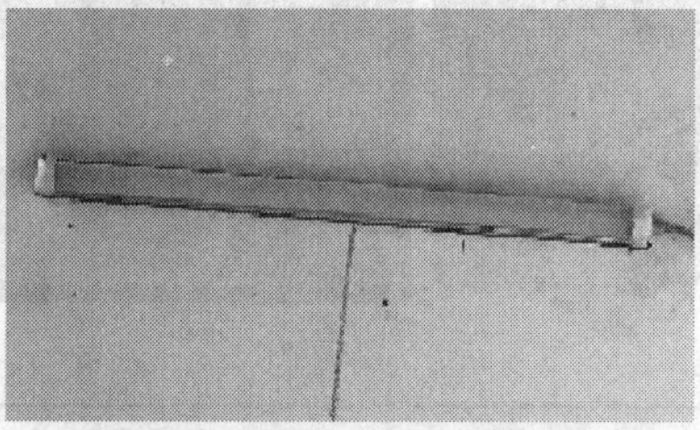  	按照室内照明电路元器件安装规范，根据在墙面画好的元器件位置，将各元器件底盒、底座等安装并紧固好
安装管卡	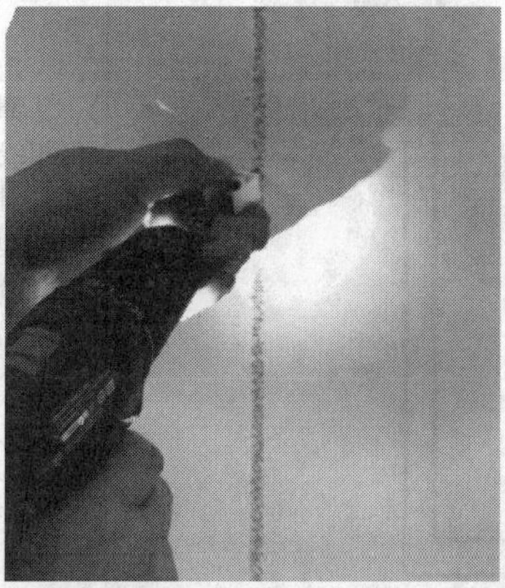 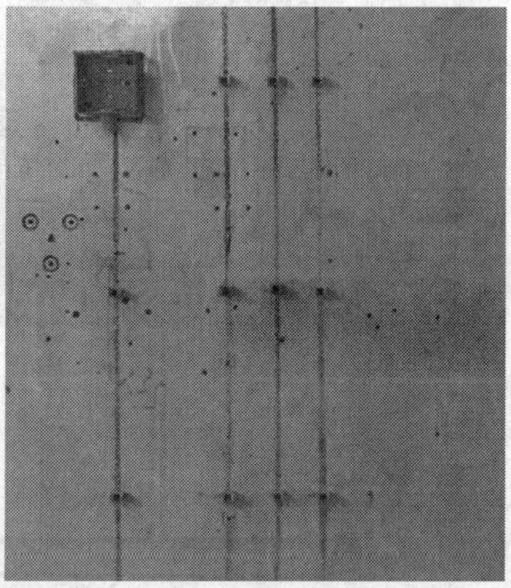	根据线管配线操作方法，在线管固定位置安装管卡

续表

步骤	图示	操作说明
敷设线管	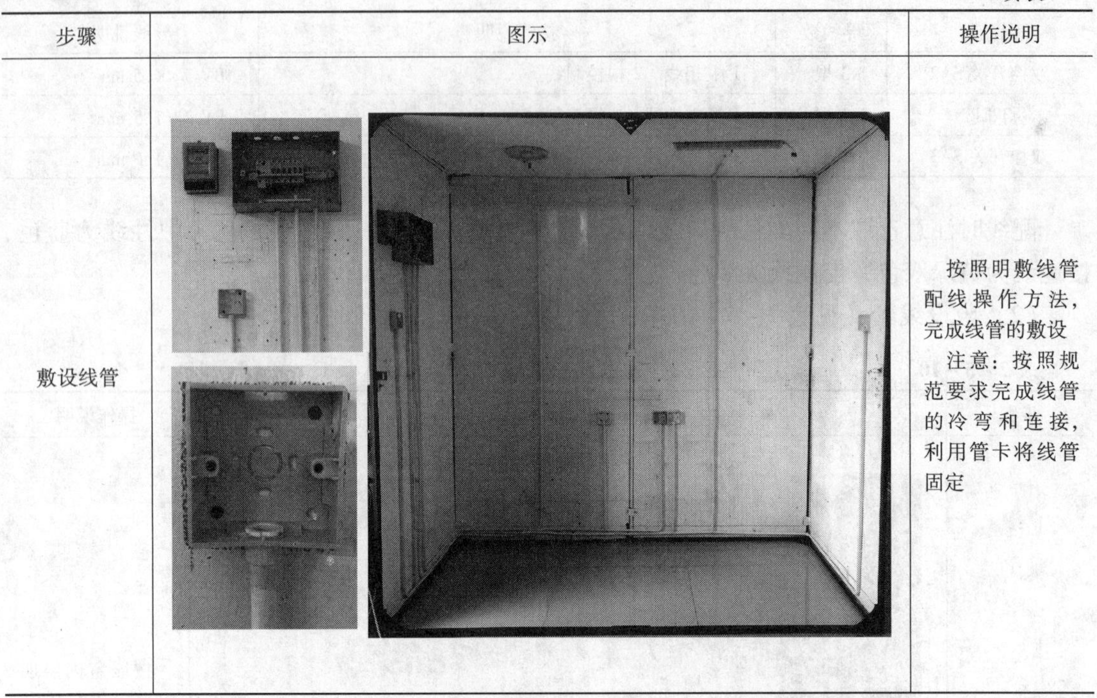	按照明敷线管配线操作方法，完成线管的敷设 注意：按照规范要求完成线管的冷弯和连接，利用管卡将线管固定

（3）敷设导线

根据综合照明电路接线图和各元器件接线情况，按照线管配线操作方法完成导线的敷设。各支路配线情况见表 2－5－11。

表 2－5－11　各支路配线情况

支路	图示	操作说明
灯 EL1 支路		从照明配电箱 AL 引出相线到开关 SA1 接线盒，引出中性线到灯 EL1；从开关 SA1 接线盒引出控制线到灯 EL1

续表

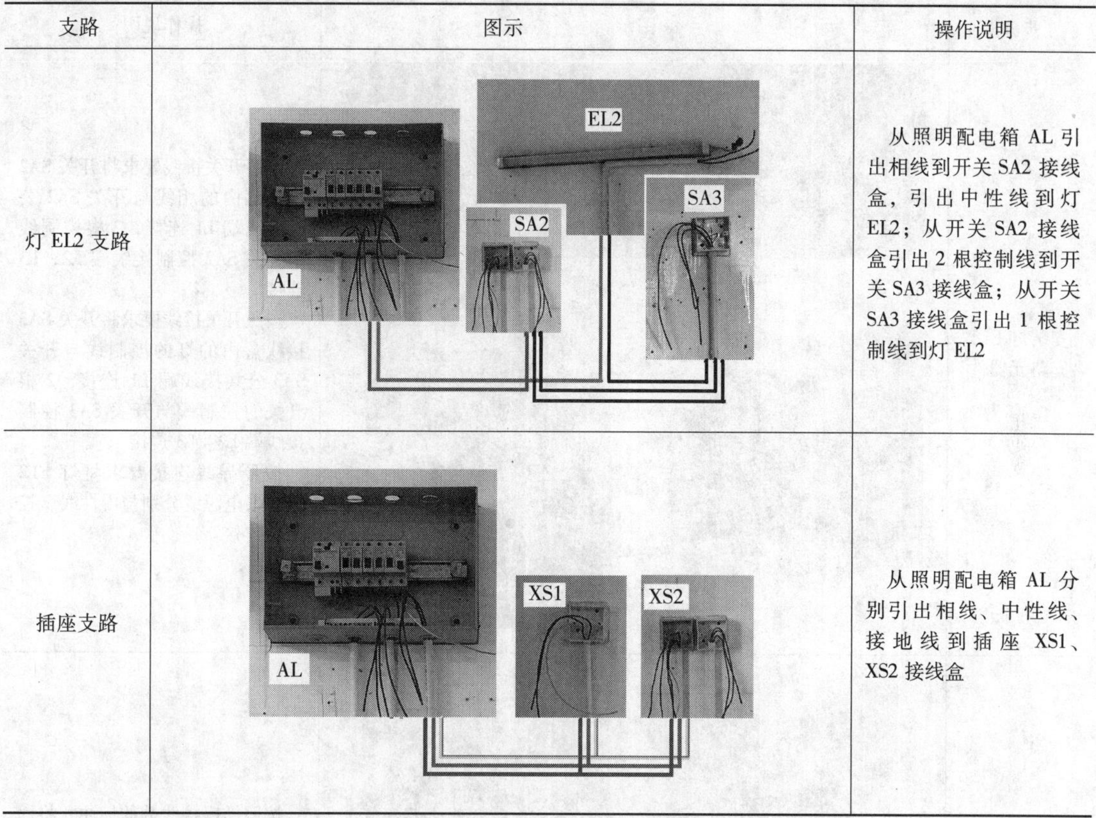

支路	图示	操作说明
灯 EL2 支路		从照明配电箱 AL 引出相线到开关 SA2 接线盒，引出中性线到灯 EL2；从开关 SA2 接线盒引出 2 根控制线到开关 SA3 接线盒；从开关 SA3 接线盒引出 1 根控制线到灯 EL2
插座支路		从照明配电箱 AL 分别引出相线、中性线、接地线到插座 XS1、XS2 接线盒

3. 安装元器件和接线

综合照明电路各元器件的安装与连接见表 2－5－12。

表 2－5－12　　综合照明电路各元器件的安装与连接

步骤	图示	操作说明
安装灯 EL1 支路元器件		按照开关接线要求将开关 SA1 接线盒内的相线、控制线与开关 SA1 连接 按照导线连接要求将灯 EL1 的 2 根电源线分别与中性线、控制线连接

续表

步骤	图示	操作说明
安装灯 EL2 支路元器件	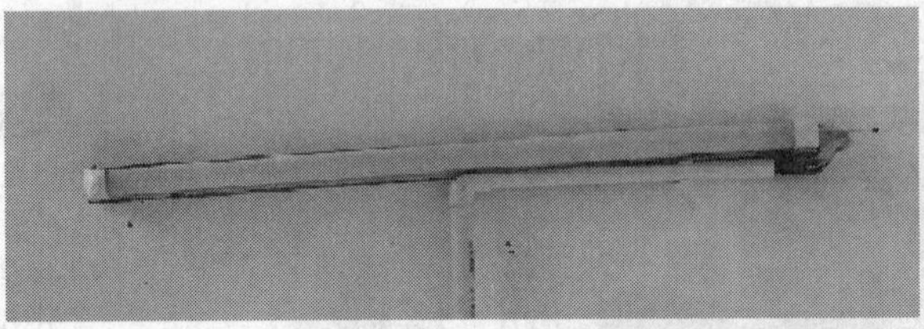  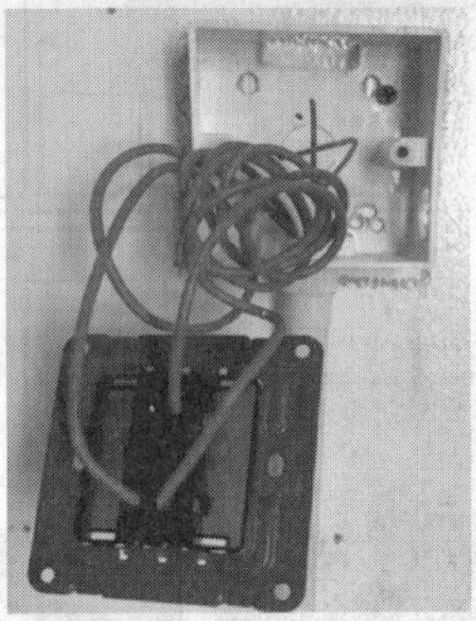	按照开关接线要求将开关 SA2 接线盒内的相线与开关 SA2 公共接线端 L1 连接，2 根控制线与开关 SA2 控制接线端 L2、L3 连接 按照开关接线要求将开关 SA3 接线盒内的灯的控制线与开关 SA3 公共接线端 L1 连接，2 根开关的控制线与开关 SA3 控制接线端 L2、L3 连接 按照导线连接要求将灯 EL2 的 2 根电源线分别与中性线、控制线连接
安装插座	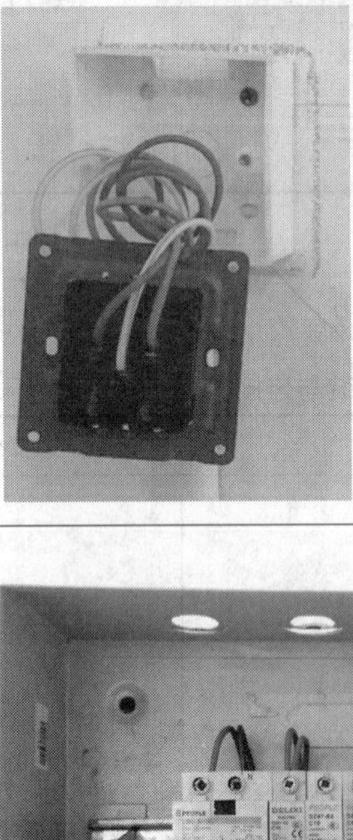 	按照插座接线端的标注，将插座 XS1、XS2 接线盒内的相线、中性线、接地线分别连接对应的接线端并紧固
安装照明配电箱	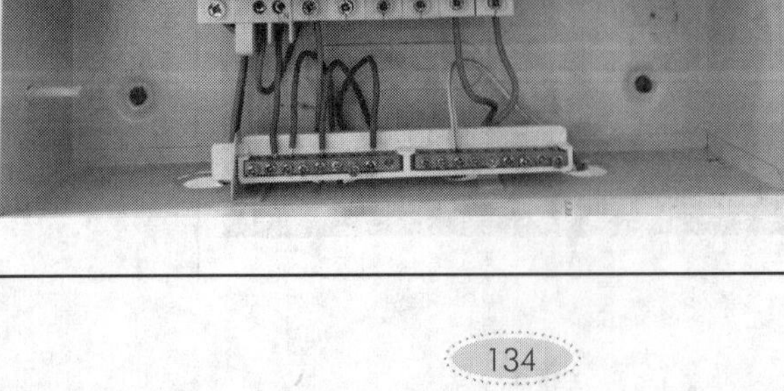	按照导线连接要求，将电源相线、中性线分别连接总断路器 QF 上端对应的接线端；将 QF 下端引出的相线分别连接到断路器 QF1、QF2、QF3 的上端，QF 下端引出的中性线连接到中性线汇流排；将 QF1 下端接线端接入插座支路的相线，QF2 下端接线端接入灯 EL1 支路的相线，QF3 下端接线端接入灯 EL2 支路的相线；将插座支路、灯 EL1 支路、灯 EL2 支路的中性线全都连接到中性线汇流排；将插座的接地线连接到接地线汇流排

续表

步骤	图示	操作说明
安装完成	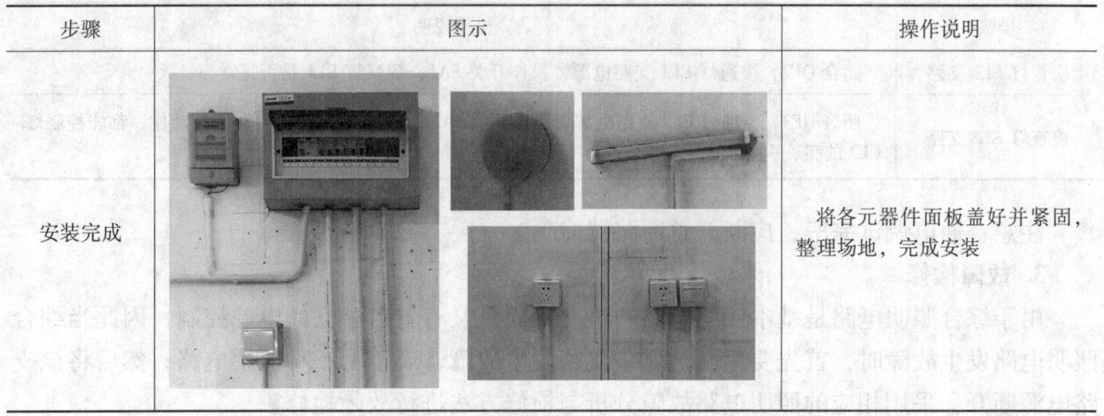	将各元器件面板盖好并紧固，整理场地，完成安装

安装完成的综合照明电路如图 2－5－13 所示。

图 2－5－13　安装完成的综合照明电路

三、调试与检修综合照明电路

1. 安全检查

通电前，首先根据电路图和接线图检查电路连接是否正确，检查无误后按照前面学过的安全检查方法检查电路是否存在故障。

2. 通电调试

通过安全检查后，闭合总断路器 QF，接通电源，逐个闭合各支路断路器，进行通电调试，见表 2－5－13。

表 2－5－13　综合照明电路的通电调试

步骤	操作说明
调试插座支路	闭合 QF1，接通插座支路电源，用万用表测量插座 XS1、XS2 的电压是否为 220 V，用验电笔测量插座 XS1、XS2 右孔是否为相线

续表

步骤	操作说明
检查灯 EL1 支路	闭合 QF2，接通灯 EL1 支路电源，操作开关 SA1，观察灯 EL1 是否正常亮、灭
检查灯 EL2 支路	闭合 QF3，接通灯 EL2 支路电源，操作开关 SA2、SA3，观察是否任一开关动作，都能控制灯 EL2 的亮、灭

注意：通电调试完毕，应断开总断路器 QF。

3. 故障检修

由于综合照明电路是基本照明电路的组合，而且又有各自独立的电源控制，因此当综合照明电路发生故障时，首先要判断是哪条支路发生故障，属于哪一种照明电路；然后将该支路电源断开，采用相应的照明电路故障分析与检修方法进行故障检修。

课题三 电子基本操作技能

任务1 简单非门电路的安装与调试

学习目标

1. 熟悉常用的电阻器及其图形符号。

2. 掌握焊接的基础知识。

3. 掌握简单非门电路的工作原理。

4. 能正确识读与检测电阻器。

5. 掌握元器件引脚和导线的预处理方法和焊接方法，能完成简单非门电路的安装与调试。

任务引入

利用加热或其他方式使两种金属永久地牢固结合的过程称为焊接。焊接是电子产品装配中一种最基本的连接方式，一般采用铅锡合金焊料进行焊接。

本任务旨在学习常用的电阻器及其图形符号、焊接的基础知识和简单非门电路的工作原理，掌握电阻器的识读与检测、元器件引脚和导线的预处理与焊接基本技能，并完成简单非门电路的安装与调试。

相关知识

一、电阻器简介

电阻器简称电阻，是一种能使电子运动产生阻力的元器件，能控制电路中电流的大小和电压的高低，在电路中起限流和分压作用。

1. 常用的固定电阻器

固定电阻器主要用在电阻值固定而不需要变动的电路中，常用的固定电阻器包括碳膜电阻器、金属膜电阻器、绕线式电阻器等，见表3-1-1。

表3-1-1　常用的固定电阻器

名称	图示	说明
碳膜电阻器		体积小，电阻值范围较大，但功率较小。通常为土黄色，有四个色环
金属膜电阻器		体积较小，电阻值范围较大，精度高。通常为蓝色，有五个色环
绕线式电阻器		体积较大，电阻值范围较小，但功率较大

2. 常用的可变电阻器

可变电阻器分为可变与半可变两类，见表3-1-2。

可变电阻器又称为变阻器或电位器，主要用在电阻值需要经常变动的电路中，以调节音量、音调、电压、电流等。

半可变电阻器又称为微调电阻器或微调电位器，主要用于调节不经常使用的电路。

表3-1-2　常用的可变电阻器

名称	图示	说明
电位器	1 2 3	电位器通常由电阻体（含2个静触点，图中1端、3端）和可移动的电刷（含1个动触点，图中2端）组成。旋转电位器的转轴，可以改变动触点在电阻体上的位置，从而改变动触点与任意一个静触点之间的电阻值。电位器可以输出连续可调的电阻值
微调电位器		体积小，成本低，上面通常有一个调整孔，将旋具插入调整孔并旋转即可调整电阻值

3. 常用的敏感电阻器

敏感电阻器的电阻值随温度、光照、湿度等外界条件的变化而改变，常用的敏感电阻器包括热敏电阻器、光敏电阻器、湿敏电阻器等，见表3-1-3。

表3-1-3　常用的敏感电阻器

名称	图示	说明
热敏电阻器	NTC 3D-25	电阻值随温度的变化而改变，分为正温度系数热敏电阻器和负温度系数热敏电阻器两种类型

续表

名称	图示	说明
光敏电阻器		电阻值随照射光线的强弱变化而改变
湿敏电阻器		电阻值随环境湿度的变化而改变

4. 电阻器的主要参数和图形符号

（1）标称电阻值和允许偏差

电阻器表面标出的电阻值称为标称电阻值。为了便于工业生产和使用者在一定范围内选用，国家标准《电阻器和电容器优先数系》（GB/T 2471—1995）规定了一系列的标称电阻值，普通电阻器的标称电阻值包括 E3、E6、E12、E24 等系列。

电阻器在大批量生产时，实际电阻值与标称电阻值不完全相符，因此产生了电阻值误差。

$$电阻值误差 = \frac{实际电阻值 - 标称电阻值}{标称电阻值} \times 100\%$$

符合出厂标准的电阻值误差称为允许偏差。允许偏差采用直标法、罗马法、符号法和色标法标注在电阻器表面。

（2）额定功率

额定功率指在规定的温度和湿度环境下，电阻器长期连续工作而不损坏或不改变基本性能所允许消耗的最大功率。在电路图中，表示电阻器额定功率的图形符号如图 3－1－1 所示。

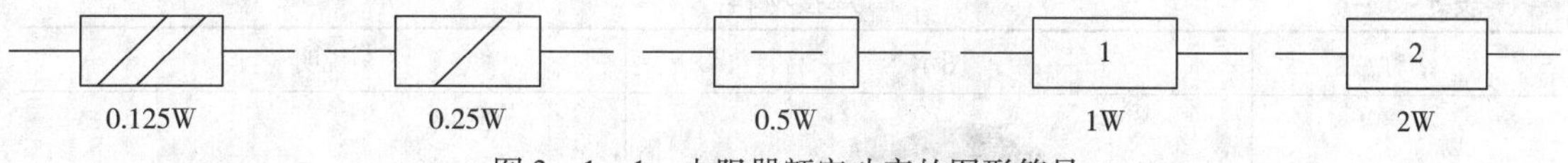

图 3－1－1　电阻器额定功率的图形符号

（3）图形符号

常用电阻器的图形符号见表 3－1－4。

表 3－1－4　**常用电阻器的图形符号**

名称	电阻器	可调电阻器	带滑动触点的电位器
图形符号			

二、焊接基础知识

1. 焊接工具

电烙铁是手工焊接的基本工具，常用的电烙铁包括内热式、外热式、恒温式等类型，见表3－1－5。不同类型电烙铁的工作原理基本相同，即接通电源后，烙铁芯发热并传递给烙铁头，烙铁头温度升高到一定程度即可熔化焊料。

表3－1－5　常用的电烙铁

名称	图示	说明
内热式电烙铁		烙铁头为空心筒状，烙铁芯安装在烙铁头里面，从内部加热烙铁头
外热式电烙铁		烙铁头为实心杆状，安装在烙铁芯里面，通电发热后，其热量由外向内传到烙铁头，从而使烙铁头升温
恒温式电烙铁		烙铁头内装有温控装置，当达到设定的温度时，控制电路停止对电烙铁供电，电烙铁温度缓慢下降；当温度低于设定值时，控制电路恢复对电烙铁供电，电烙铁温度缓慢上升

2. 焊接材料

焊接材料主要是指连接被焊金属的焊料和清除金属表面氧化物的焊剂，见表3－1－6。

表3－1－6　焊接材料

名称	图示	说明
焊料		焊料一般是指焊锡，焊锡由铅、锡两种金属按一定比例配制而成，具有熔点低、导电性能好、机械强度高、表面张力小等优点。手工焊接中常用的焊料为管状焊丝
焊剂		焊剂用于清除金属表面的氧化物和杂质，减小液态焊锡的表面张力，增强焊料的流动性。手工焊接中常用的焊剂为树脂类焊剂——松香

3. 常见的焊接方式

在电子电路的安装过程中，针对不同的焊接对象和不同的工作环境，需要采用不同的焊接方式。常见的焊接方式包括绕焊、钩焊、搭焊、插焊等，见表 3－1－7。

表 3－1－7　　常见的焊接方式

焊接方式	图示	说明
绕焊	L 导线与接线端的绕焊 相同线径导线的绕焊 不同线径导线的绕焊	导线与接线端的绕焊：将浸锡后的导线线头在接线端上绕一圈，用钳子拉紧缠绕牢固后进行焊接。图中 L 一般为 1～3 mm 相同线径导线的绕焊：将浸锡后的导线线头相互缠绕紧固，然后焊接 不同线径导线的绕焊：将浸锡后的细导线线头紧密缠绕在粗导线线头从根部到一半长度的位置，用钳子将粗导线未缠绕的一半线头回折，压紧缠绕的细导线，然后焊接 特点：连接可靠，一般用于对连接可靠性要求较高的场所
钩焊	L	将浸锡后的导线线头弯成钩形钩在接线端上，用钳子夹紧后焊接。图中 L 一般为 1～3 mm 特点：焊接强度低于绕焊，但操作简便
搭焊	L 导线与接线端的搭焊 导线与导线的搭焊	将需要焊接的部位直接搭在一起进行焊接，图中 L 一般为 1～3 mm 特点：焊接强度低，只能用于调试或维修的临时连接或不便于缠、钩的情况，一般不能用于正规产品的焊接
插焊	弯脚插焊 直脚插焊	将被焊元器件的引脚或导线浸锡后插入焊接孔，然后焊接 特点：插焊一般用于万能板的焊接，弯脚插焊稳固性比较高，直脚插焊便于拆焊

焊接完成后需要将焊接部位恢复绝缘层，或者套上绝缘套管。绝缘套管一般采用加热收缩的热缩套管，热缩套管收缩后应完全封闭接线端和导线的金属部位。

4. 焊接质量的简易判断

高质量的焊点应具备一定的机械强度、良好可靠的电气性能、光洁美观的表面。但在实际的手工焊接过程中，往往会产生焊接缺陷，其原因多种多样，常见焊点的缺陷及质量分析见表3－1－8。

表3－1－8　常见焊点的缺陷及质量分析

焊点缺陷	图示	质量分析
焊料过多		外观：焊点呈凸形 原因：焊丝撤离过晚 危害：浪费焊料，且可能包藏缺陷
焊料过少		外观：焊点未形成平滑面，焊料较少 原因：焊丝撤离过早 危害：强度低
松香焊		外观：焊点中夹有松香渣 原因：焊剂过多，焊接时间不足，表面氧化膜未去除 危害：强度低，导电性差
虚焊		外观：焊料与焊盘或元器件引脚接触面过小，不平滑 原因：焊件未清理干净，焊件未充分加热，焊剂质量差 危害：强度低，断路或导电性差
过热		外观：焊点发白，光泽度不好，表面粗糙 原因：焊点加热时间过长 危害：焊盘容易脱落，造成元器件失效
冷焊		外观：焊点表面粗糙，有时有裂纹 原因：焊料未凝固时焊件抖动 危害：强度低，导电性差
拉尖		外观：焊点出现尖端 原因：焊料不合格，电烙铁撤离方向不当 危害：易造成桥接现象
桥接		外观：相邻焊点之间搭接在一起 原因：焊料过多，电烙铁加热与撤离方向不当 危害：易造成电气短路
铜箔翘起、脱落		外观：焊点脱落、铜箔翘起 原因：焊接温度过高，时间过长，对焊点施加过大外力 危害：导电性差或断路

三、简单非门电路的工作原理

1. 简单非门电路的元器件

简单非门电路中，除了电阻器，还包括轻触开关和灯珠两种元器件，见表3－1－9。

表 3－1－9　　轻触开关和灯珠

名称	图示	说明
轻触开关		轻轻按下开关的按钮，开关接通；松开开关的按钮，开关断开
灯珠		当有电流流过灯珠时，灯珠发光

2. 非门电路的工作原理

非门电路图如图 3－1－2 所示。

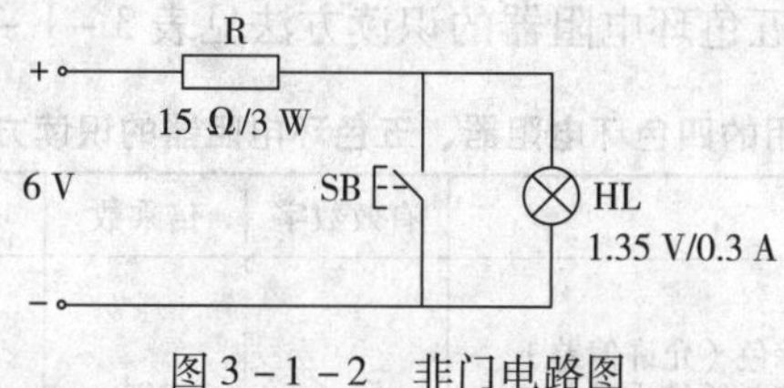

图 3－1－2　非门电路图

按下轻触开关 SB，电流从电阻器 R、轻触开关 SB 上流过，不经过灯珠 HL，灯珠 HL 不发光；松开轻触开关 SB，电流从电阻器 R、灯珠 HL 上流过，灯珠 HL 发光。

任务实施

一、任务准备

根据任务需要，按照实训器材清单（见表 3－1－10）准备好相应的工具、仪器仪表、元器件和材料，设置好安全防护措施。

表 3－1－10　　实训器材清单

类别	准备内容
工具	内热式电烙铁、烙铁架、锉刀、镊子、斜口钳
仪器仪表	万用表、直流稳压电源
元器件	电阻器、电位器、轻触开关、灯珠及底座
材料	松香、焊丝、导线、万能板等

二、识读与检测电阻器

1. 识读电阻器

（1）色环法

色环法是用不同颜色的色环在电阻器表面标出标称电阻值和允许偏差的方

法，色环颜色所代表的含义见表3－1－11。

表3－1－11　　色环颜色所代表的含义

颜色	有效数字	倍乘数	允许偏差	颜色	有效数字	倍乘数	允许偏差
黑	0	10^0	—	紫	7	10^7	±0.1%
棕	1	10^1	±1%	灰	8	10^8	—
红	2	10^2	±2%	白	9	10^9	—
橙	3	10^3	±0.05%	金	—	10^{-1}	±5%
黄	4	10^4	—	银	—	10^{-2}	±10%
绿	5	10^5	±0.5%	无色	—	—	±20%
蓝	6	10^6	±0.25%				

常用的四色环电阻器、五色环电阻器的识读方法见表3－1－12。

表3－1－12　　常用的四色环电阻器、五色环电阻器的识读方法

分类	图示	有效数字	倍乘数	电阻值计算	允许偏差
四色环	第四色环：棕色（允许偏差） 第三色环：黄色（倍乘数） 第二色环：蓝色（第二位数字） 第一色环：绿色（第一位数字）	5　6	10^4	$56\times10^4\ \Omega=560\ \text{k}\Omega$	±1%
五色环	第五色环：棕色（允许偏差） 第四色环：金色（倍乘数） 第三色环：黑色（第三位数字） 第二色环：红色（第二位数字） 第一色环：红色（第一位数字）	2　2　0	10^{-1}	$220\times10^{-1}\ \Omega=22\ \Omega$	±1%

（2）数码法

数码法是用三位数字表示电阻值的标注方法，前两位表示电阻值的有效数字，第三位表示有效数字后面零的个数（倍乘数）。

常用的微调电位器的识读方法见表3－1－13。

表3－1－13　　常用的微调电位器的识读方法

分类	图示	有效数字	倍乘数	电阻值计算
微调电位器		1　0	10^2	$10\times10^2\ \Omega=1\ \text{k}\Omega$

2. 检测电阻器

用指针式万用表测量色环电阻器、电位器的电阻值，并与标称电阻值相比较，判断其质量好坏，见表3－1－14。

表 3 – 1 – 14　　　　检测电阻器

分类	步骤	图示	操作说明
色环电阻器	机械调零		检查表头指针是否指示在交流/直流电压刻度线的零位，若不在零位，则用一字旋具调节机械调零旋钮，使指针回到零位
	选择量程		粗略估算所测电阻值，如果无法估算，可将量程和功能转换开关拨至 R×100 或 R×1k 挡进行试测，观察指针是否指示在满刻度的 1/2～2/3 范围内。如果是，则量程合适；如果指针指示靠近零位，则要调小量程；如果指针指示靠近∞，则要调大量程
	欧姆调零		将红、黑表笔短接，调节欧姆调零旋钮，使指针指向电阻刻度线的零位 若不能调节到零位，说明万用表电池电量不足，应及时更换
	接触电阻器并测量		将红、黑表笔分别接电阻器两引脚，注意手不可接触电阻器引脚和表笔金属部分，以免接入人体电阻，引起测量误差

续表

分类	步骤	图示	操作说明
色环电阻器	读数		电阻值 = 电阻刻度线读数 × 挡位倍率
电位器	检查力学性能		转动电位器的转轴，观察转轴转动是否灵活、平滑，转动时动触点滑动产生的声音要小，手感要好，且感觉带有一点点阻尼
	测量总电阻值		选用万用表电阻挡的适当量程，将两表笔分别接在电位器两个固定引脚焊片之间，测量电位器的总电阻值是否与标称电阻值相同。若测得的电阻值为∞或比标称电阻值大，则说明该电位器已开路或变值
	测量中心端与任意一个固定端的电阻值		将两表笔分别接电位器中心端与任意一个固定端，慢慢转动电位器的转轴，使其从一个极端位置旋转至另一个极端位置 对于质量正常的电位器，万用表指针指示的电阻值应从标称电阻值连续变化至0（或反向变化） 整个旋转过程中，指针应平稳变化，而不应有任何跳动现象。若在调节电阻值的过程中，指针有跳动现象，则说明该电位器存在接触不良的故障

（1）若改变万用表电阻挡的量程，则在测量前必须进行欧姆调零。

（2）不能带电测量电阻值，被测电阻器不能有并联支路。

三、预处理元器件引脚和导线

1. 预处理元器件引脚

元器件安装前必须对其引脚进行处理，预处理过程包括刮脚、浸锡、成形等，见表3－1－15。注意：刮脚、浸锡很重要，很多时候虚焊都是由于上述操作不到位引起的。

表3－1－15　　预处理元器件引脚

步骤	图示	操作说明
刮脚	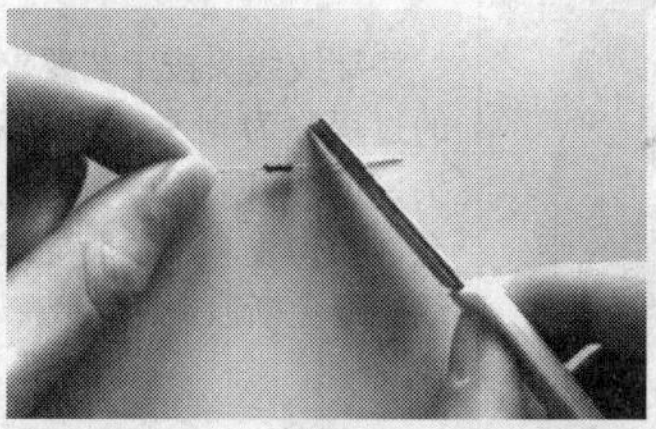	元器件的引脚表面出现氧化层时，必须进行刮脚。刮脚时，可用小刀等带刃工具，从距离元器件根部2 mm处开始沿引脚向外刮，边刮边转动引脚，直至将引脚上的氧化层彻底刮净。注意不要刮断或刮伤引脚
浸锡	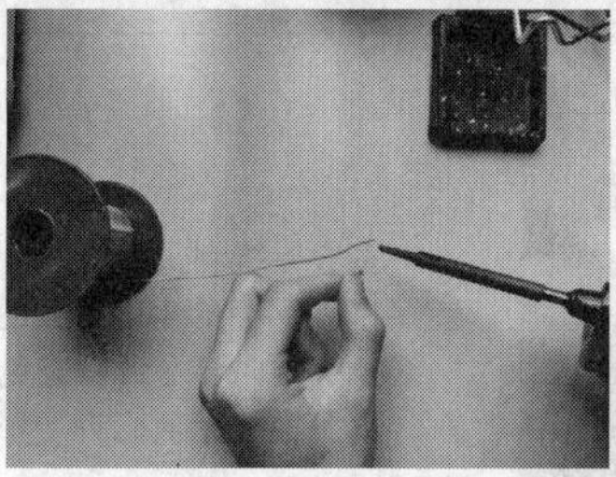	刮好的元器件引脚应及时浸锡，防止再次氧化。用电烙铁上锡时，先将烙铁头浸上焊锡，然后将电烙铁放至元器件引脚，边转动引脚边浸锡，注意不要浸至元器件根部（距离根部2～5 mm为宜），且上锡时间不能过长，否则会损坏元器件
成形	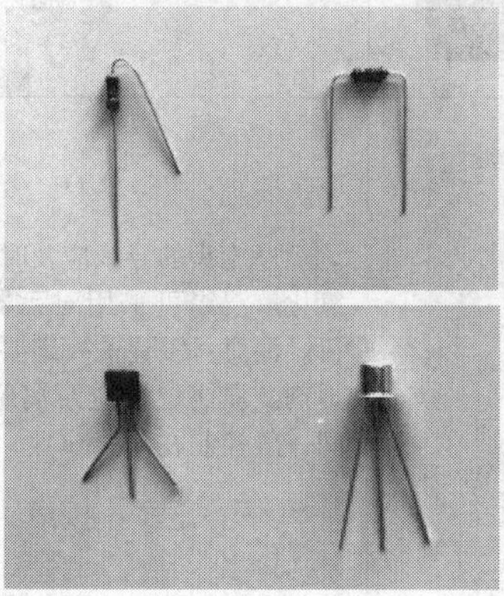	根据元器件引脚数量的不同，元器件包括两引脚元器件、三引脚元器件等；元器件的安装方式包括卧式、立式等 元器件的引脚数量不同、安装方式不同，安装工艺要求也不同，将在后续内容中学习

2. 预处理导线

电子电路安装过程中常用导线进行连接，因此，在安装前需要对导线进行处理，预处理过程包括剪裁、剥头、捻头、浸锡，见表3－1－16。

表3－1－16　　预处理导线

步骤	图示	操作说明
剪裁		根据需要截取合适长度的导线，一般使用斜口钳操作

续表

步骤	图示	操作说明
剥头		将导线线头按工艺要求剥去绝缘层，露出线芯的过程称为剥头。可以采用专用的剥线钳来剥头，也可以采用电工刀削掉绝缘层。剥头时，不允许损伤线芯，单股导线不允许有划伤，多股导线应避免断股
捻头		多股导线剥头后线芯会松散，将松散的线芯按照30°～40°的角度捻紧的过程称为捻头。多股导线捻头方向要一致，避免散股和漏股 单股导线无须捻头
浸锡		经过捻头的导线应及时浸锡，主要目的是防止氧化。浸锡可采用对元器件引脚浸锡的方法进行。注意：浸锡前一定要将捻紧的导线线头浸上焊剂。浸锡位置应距离绝缘层1～2 mm，浸锡时间一般控制在1～3 s

(1) 导线剥头时，对单股导线不应损伤线芯，对多股导线不应出现断线（股）。

(2) 导线浸锡时，应旋转导线，使导线线头充分浸润，旋转方向与捻头方向一致。

(3) 导线线头浸锡后，浸锡层与导线绝缘层之间应有1～2 mm的距离，且浸锡层表面光滑、均匀，熔锡情况良好。

四、安装与调试电路

1. 两引脚元器件引脚成形

为了保证电路板的可靠性，提高生产力，电路安装时要考虑每一个元器件的摆放位置、插装方式，各元器件之间的相对位置和连接关系等。两引脚元器件的插装方式一般包括立式和卧式两种，其引脚成形方法见表 3－1－17。

表 3－1－17　　两引脚元器件的引脚成形方法

插装方式	图示	操作说明
立式		将元器件垂直于万能板板面插装。立式插装节省空间，避免元器件拥挤 立式插装的两引脚元器件在引脚成形时，先用镊子将元器件两引脚拉直，然后用 ϕ 0.3 mm 的钟表旋具作固定面将元器件的引脚弯成半圆形。注意：立式插装电阻器的色环顺序是从下向上
卧式		将元器件水平贴紧万能板插装。卧式插装稳定性好，比较牢固，受振动时不易脱落 卧式插装的两引脚元器件在引脚成形时，先用镊子将元器件两引脚拉直，然后用镊子在距元器件引脚根部 1～2 mm 处将引脚弯成直角

电阻器属于两引脚元器件，在电路中一般采用卧式插装方式，其引脚成形方法参考表 3－1－17，引脚成形效果如图 3－1－3 所示。

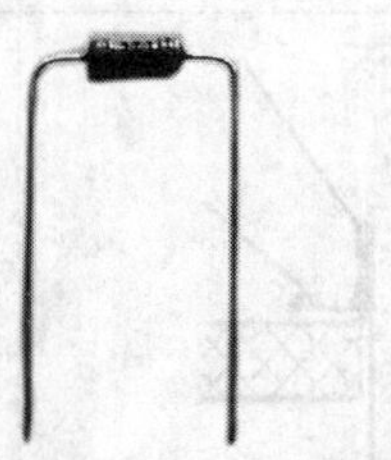

图 3－1－3　电阻器引脚成形效果

元器件两引脚弯折要对称，两引脚要平行，引脚间的距离要与实际安装孔之间的距离相等，以便于元器件插入。

2. 安装电路

（1）焊接元器件和导线

元器件在万能板上的手工焊接一般采用插焊的方式，先将被焊元器件的引脚、导线插入焊接孔中，然后进行焊接。插焊分为弯脚插焊和直脚插焊，如图 3－1－4 所示。弯脚插焊焊接牢固，直脚插焊便于拆焊，电路焊接一般采用直脚插焊。元器件的焊接步骤见表 3－1－18。

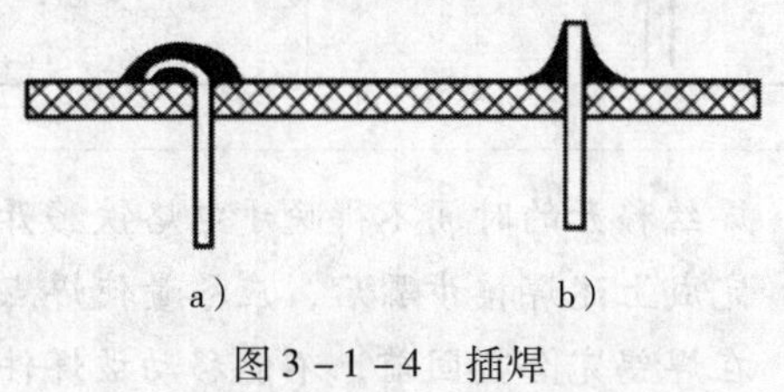

图 3－1－4　插焊

a）弯脚插焊　b）直脚插焊

表 3－1－18　　元器件的焊接步骤

步骤	图示	操作说明
准备	焊丝　电烙铁	准备好电烙铁、焊丝、元器件、万能板；将元器件引脚插入焊盘与万能板成垂直状态，将万能板焊接面朝上；将电烙铁接通电源，烙铁头达到一定温度并保持其表面无氧化物残渣
加热		将烙铁头沿 45°角方向紧贴元器件引脚并与焊盘紧密接触，使焊点的温度加热到焊接需要的温度
供给焊丝		在烙铁头和连接点的接触部位加入适量的焊锡，熔化焊锡，并使焊锡浸润被焊金属
移出焊丝		当焊锡适量熔化后，迅速移开焊丝
移开电烙铁		当焊点上的焊锡扩散接近饱满，焊剂尚未完全挥发时，沿 45°角方向迅速移开电烙铁

（1）焊丝移开的时间不得晚于电烙铁移开的时间。

（2）完成上述焊接步骤后，应尽量使焊点自然冷却。

（3）在焊锡完全凝固前，不能移动被焊件，以防产生假焊现象。

在本任务中，轻触开关、电阻器和连接导线采用直脚插焊的方式进行焊接。

灯珠底座不方便直接焊接在万能板上，需要先采用钩焊的方式在底座接线端上焊接两根引出线，然后将引出线采用直脚插焊的方式焊接在万能板上。

（2）整理电路

电路焊接完成后，要将元器件引脚和导线的焊接引线多余部分剪去，称为剪脚，剪脚的长度一般为距焊点 1 mm 处。剪脚后清洁、整理元器件面和焊接面，整理完成的非门电路板如图 3－1－5 所示。

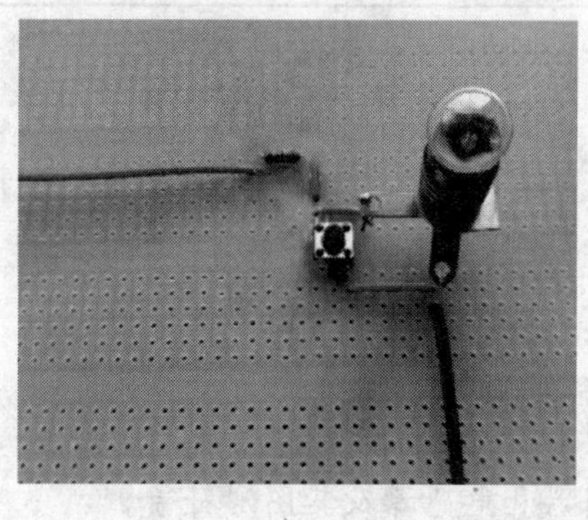

a）

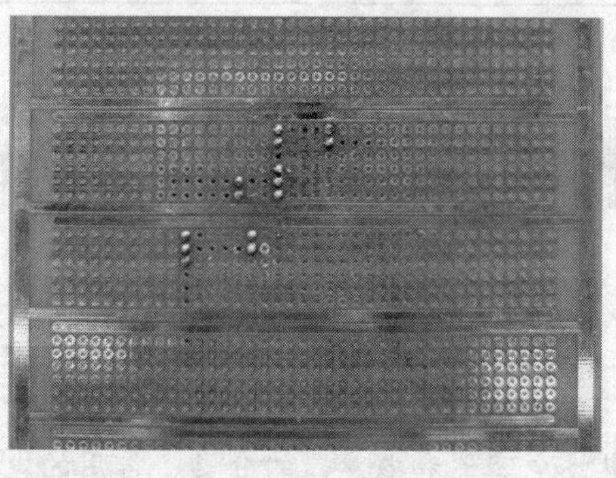

b）

图 3－1－5　整理完成的非门电路板

a）元器件面　b）焊接面

3. 检查电路

电路安装完成后，应按照工艺要求进行电路检查，电路检查项目及工艺要求见表 3－1－19。

表 3－1－19　电路检查项目及工艺要求

检查项目	工艺要求
元器件安装	（1）元器件与电路图一致 （2）元器件布局合理、紧凑 （3）元器件安装牢固 （4）轻触开关四根引脚都插入焊盘中 （5）灯珠底座采用钩焊方式，制作两根引出线 （6）电阻器采用卧式插装，与万能板间距 5 mm
电路连接	（1）元器件间的连接与电路图一致 （2）轻触开关四根引脚中，只将任意两根不相通的引脚接入电路中 （3）导线横平竖直，无交叉
焊接质量	（1）焊点光亮、清洁，焊料适量 （2）无漏焊、虚焊、假焊、搭焊、溅锡等现象 （3）焊盘无剥落、翘曲、撕裂等现象 （4）焊盘周围无残留焊剂 （5）焊盘与万能板导线无桥接现象 （6）焊接后元器件引脚剪脚，留头长度约 1 mm （7）元器件焊接牢固

4. 调试电路

接通电路电源，灯珠发光；按下轻触开关，灯珠熄灭；松开轻触开关，灯珠又恢复发光。根据观察到的现象，填入表 3－1－20 中。调试完毕，断开电路电源。

表 3－1－20　电路调试结果记录

轻触开关	灯珠
1（表示接通）	0（表示________）
0（表示断开）	1（表示________）

任务 2　滤波电路的安装与调试

学习目标

1. 熟悉电容器和电感器的分类、常用的电容器和电感器及其图形符号。
2. 掌握拆焊的基础知识。
3. 掌握滤波电路的工作原理。
4. 能正确识读与检测电容器和电感器。
5. 能完成滤波电路的安装与调试。

任务引入

电容器是一种储存电能的元器件，在电路中通常用于隔直通交、电信号耦合、滤波、消振、旁路、调谐、能量转换和延时等。电感器也是一种储存电能的元器件，在电路中起着阻流、变压、传送信号等作用。

本任务旨在学习电容器和电感器的分类、常用的电容器和电感器及其图形符号、拆焊的基础知识和滤波电路的工作原理，掌握电容器和电感器的识读与检测基本技能，并完成滤波电路的安装与调试。

相关知识

一、电容器简介

1. 电容器的分类

电容器由两块极板和极板之间的绝缘介质构成，其引脚分别从两块极板引出。电容器是电子设备中不可缺少的元器件。电容器的分类见表 3－2－1。

表 3－2－1　　电容器的分类

分类	具体类型
按制造材料分	瓷介电容器、涤纶电容器、钽电容器、聚丙烯电容器等
按电解质分	有机介质电容器、无机介质电容器、电解电容器、空气介质电容器等
按结构分	固定电容器、可变电容器、微调电容器等
按用途分	高频旁路电容器、低频旁路电容器、滤波电容器、调谐电容器、高频耦合电容器、低频耦合电容器、小型电容器等

2. 常用的电容器

常用的电容器包括电解电容器、瓷介电容器、涤纶电容器等，见表 3－2－2。

表 3－2－2　　常用的电容器

名称	图示	说明
电解电容器		容量大，误差大，稳定性差，常用于交流旁路、滤波、信号耦合。电解电容器有正、负极之分，使用时不能接反
瓷介电容器		体积小，耐热性好，损耗小，绝缘电阻大，但容量小，适用于高频电路
涤纶电容器		体积小，容量大，耐热、耐湿，稳定性差，适用于对稳定性和损耗要求不高的低频电路

3. 电容器的主要参数和图形符号

（1）标称容量和允许偏差

电容器外壳上标注的电容量值称为电容器的标称容量。与电阻器的标称电阻值系列相似，电容器的标称容量同样包括 E3、E6、E12、E24 等系列。

允许偏差表示符合出厂标准的容量误差，采用直标法、罗马法、符号法和色标法标注在电容器表面。

（2）额定电压

额定电压是指在规定的温度范围内，可以连续加在电容器上而不损坏电容器的最大直流电压或交流电压的有效值。这是电容器的重要参数，如果电路发生故障，造成加在电容器上的工作电压大于额定电压，电容器将被击穿。

（3）图形符号

常用电容器的图形符号见表 3－2－3。

表 3－2－3　常用电容器的图形符号

名称	图形符号
固定电容器	
电解电容器	+
可变电容器	

二、电感器简介

1. 电感器的分类

电感器一般用铜丝绕在磁环或磁棒上加工而成，有时也绕成空心线圈。电感器的分类见表 3－2－4。

表 3－2－4　电感器的分类

分类	具体类型
按电感量是否可调分	固定电感器、可变电感器、微调电感器等
按有无磁芯分	空心电感器、有芯电感器（铁芯或磁芯）等
按绕制特点分	单层电感器、多层电感器、蜂房电感器等
按工作频率分	低频电感器、高频电感器等

2. 常用的电感器

常用的电感器包括空心电感器、磁芯电感器、铁芯电感器、色环电感器和工字电感器等，见表 3－2－5。

表 3－2－5　常用的电感器

名称	图示	说明
空心电感器		线圈中心无骨架或有塑料骨架，容易自制，线圈匝数少，电感量小，常用于高频电路中
磁芯电感器		线圈中心有镍锌铁氧体或锰锌铁氧体等材料制成的磁芯，磁芯包括环形、柱形、工字形、帽形、E 形等多种形状，常用于高频电路中阻止高频信号通过

续表

名称	图示	说明
铁芯电感器		线圈中心有硅钢片、坡莫合金等材料制成的铁芯，铁芯多制成 E 形，常用于整流滤波器
色环电感器		磁芯电感器的一种，在磁芯上绕制一些漆包线后再用环氧树脂或塑料封装而成。色环电感器是具有固定电感量的电感器，其电感量标注方法与电阻器一样，都是用色环来表示相应的参数，单位为 μH，主要起储能、滤波作用，也可用于电路的匹配和信号质量的控制
工字电感器		磁芯电感器的一种，磁芯形状类似于汉字“工”，在工字磁芯上根据实际需要进行线圈绕制，一般有两根引脚，一根起线，一根收线，用于稳定电流和控制电磁波干扰

3. 电感器的主要参数和图形符号

（1）电感量和允许偏差

电感量是衡量电感器产生电磁感应能力的物理量，是电感器的重要参数。电感量的大小与线圈的结构有关，线圈匝数越多，电感量越大；同样匝数的线圈，增加磁芯后，电感量也会增大。

允许偏差表示符合出厂标准的电感量误差。电感器允许偏差的表示方法与电阻器允许偏差的表示方法相似。

（2）品质因数

品质因数 Q 表示电感器损耗的大小，在谐振电路中有比较严格的要求。Q 值越大，表示电感器的功率损耗越小，效率越高。

（3）额定电流

额定电流是指电感器正常工作时允许通过的最大工作电流。

（4）分布电容

电感器线圈绕组的匝与匝之间、多层绕组的层与层之间存在分布电容。分布电容的存在会使品质因数 Q 值减小，稳定性变差，因此电感器的分布电容越小越好。

（5）图形符号

常用电感器的图形符号见表 3－2－6。

表 3－2－6　常用电感器的图形符号

名称	图形符号
空心电感器	
有芯电感器	

三、拆焊基础知识

1. 常用的拆焊方法

常用的拆焊方法见表 3－2－7。

表 3－2－7 常用的拆焊方法

拆焊方法	图示	说明
分点拆焊法	330 μH 330 μH 330 μH 330 μH	焊接在万能板上的阻容器件通常只有两个焊点，两个焊点之间的距离较大，利用电烙铁和镊子先拆除一根引脚的焊点，再拆除另一根引脚的焊点，最后将元器件拔出即可
集中拆焊法		对一些焊点之间距离较小的元器件（三极管、集成电路及其他三引脚以上的元器件）进行拆焊时，可以采用集中拆焊法，即用电烙铁同时交替加热几个焊点，待焊锡熔化后拔出元器件，操作时要求加热迅速，注意力集中，动作快
间断加热拆焊法		对于一些带有塑料骨架、不耐高温的元器件，且其焊点集中、数量较多时，常采用间断加热拆焊法 对焊点加热时，电烙铁在焊点上的停留是断续的，通过加热使焊点熔化，断续清除焊锡，以免一次加热温升过高而损坏骨架

2. 拆焊工具的使用方法

万能板上的元器件可采用电烙铁、吸锡器、吸锡电烙铁、空心针、铜编织线等拆焊工具进行拆焊，其使用方法见表 3－2－8。

表 3-2-8　　拆焊工具的使用方法

拆焊工具	图示	说明
电烙铁 + 吸锡器	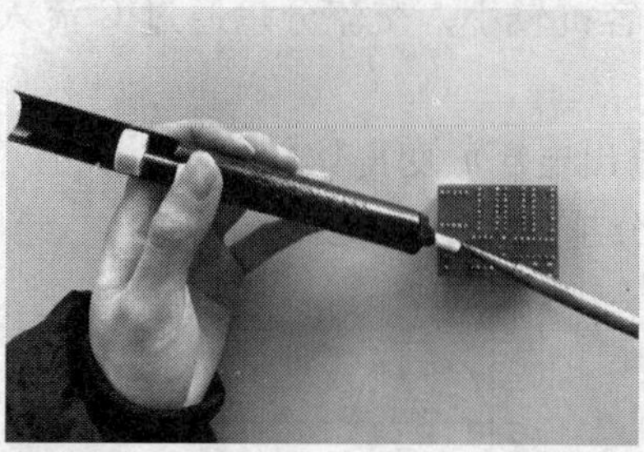	先按下吸锡器末端的弹簧活塞杆，使手柄内部的气囊处于压缩状态，然后用电烙铁对焊点加热直至焊锡熔化，最后按下吸锡器的吸锡按钮，利用其内部气囊恢复原态时的瞬间负压吸走焊点上的焊锡。每次吸锡完毕，建议推动活塞杆 3～4 次，以清除吸管内残留的焊锡残渣，使吸头与吸管畅通
吸锡电烙铁	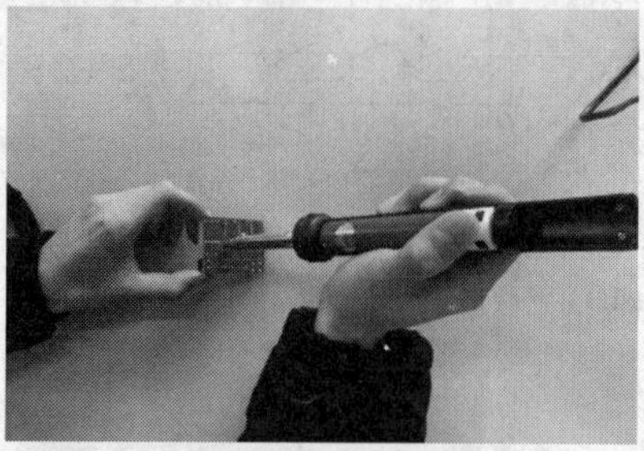	先将吸锡电烙铁预热 3～5 min，再将活塞柄推下卡住，然后用升温后的烙铁头熔化焊盘表面和孔内的焊锡，最后按下吸锡按钮，吸走熔化后的焊锡
电烙铁 + 空心针		先根据元器件的引脚直径选择合适的不锈钢空心针，以针头内径能够套住元器件引脚并适当旋转为宜；再用电烙铁熔化焊点的焊锡，同时将空心针针头垂直插入焊盘孔与元器件引脚之间的空隙并稍做旋转；然后迅速移开烙铁头；最后待焊点的焊锡凝固后停止旋转空心针，拔出针头，即可使元器件引脚与电路板分离
电烙铁 + 铜编织线		先将铜编织线蘸上焊剂，放在焊点上，再将电烙铁放在铜编织线上加热焊点，焊点的焊锡熔化后，就会被吸附到铜编织线上，如果焊点的焊锡一次没有被吸附完，可进行多次操作，直到焊锡全部被吸附完为止

四、滤波电路的工作原理

虽然脉动直流电的方向不变，但仍有大小的变化，仅适用于对直流电要求不高的场合，而在很多设备中，要求使用纹波系数很小的平滑直流电，此时可采用滤波电路来减小脉动直流电中的交流成分，常见的电路形式包括电容滤波电路和电感滤波电路。

1. 电容滤波电路的工作原理

电容滤波电路由电解电容器 C 与负载电阻器 R 并联组成，电路图如图 3-2-1a 所示。

输入的脉动直流电压 u_i（8 V 交流电整流后的脉动直流电）可以看作由直流分量和交流（脉动）分量叠加而成。由于电解电容器 C 对直流电相当于开路，因此直流分量不能通过 C 接地，只能加到负载 R 上；又因 C 容量较大，容抗较小，交流分量通过 C 流入接地端，而不能加到负载 R 上。

接入 C 后，波形如图 3－2－1b 所示，输出电压 u_o 变得比较平滑，而且 C 的容量越大，对交流的容抗越小，加在负载 R 上的交流成分越少，滤波效果就越好。

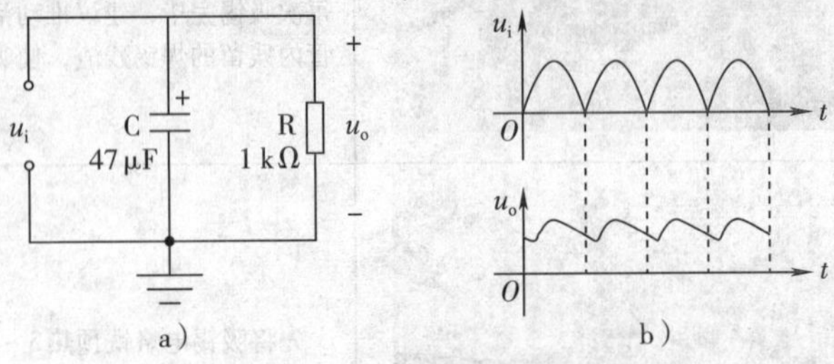

图 3－2－1　电容滤波电路图及其波形

a）电路图　b）波形

2. 电感滤波电路的工作原理

电感滤波电路由电感器 L 与负载电阻器 R 串联组成，电路图如图 3－2－2a 所示。输入的脉动直流电压 u_i（8 V 交流电整流后的脉动直流电）可以看作由直流分量和交流（脉动）分量叠加而成，因电感器对直流分量的阻碍很小，对交流分量的阻碍很大，故直流分量能顺利通过，而交流（脉动）分量大部分被电感器削弱，这样在负载 R 上就可以得到比较平滑的输出电压 u_o，波形如图 3－2－2b 所示。

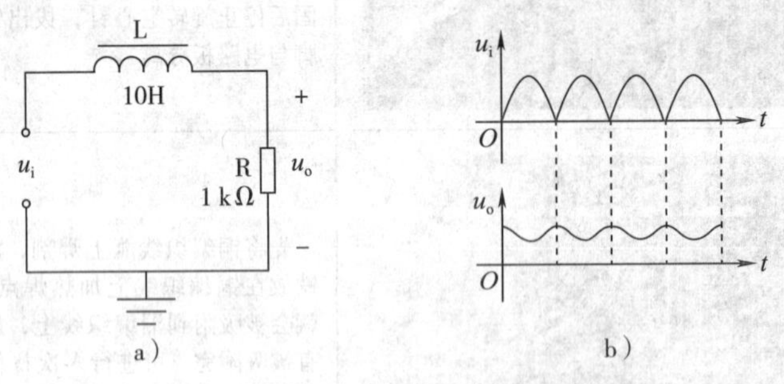

图 3－2－2　电感滤波电路图及其波形

a）电路图　b）波形

知识拓展

示波器和信号发生器

示波器可以将电路中人眼不可见的电信号，以图形的形式显示出来。示波器可以观察电信号的波形图，并分析电信号随时间变化的规律。此外，示波器还能用于测量各种电参数，如电压、电流、频率、周期、相位差等。常用的示波器如图 3－2－3 所示。

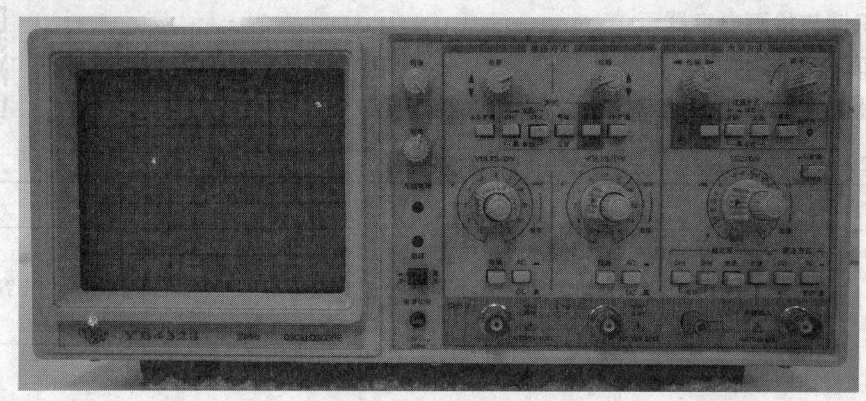

图3－2－3　示波器

信号发生器又称为信号源或振荡器，是一种能提供各种频率、波形和输出电平电信号的设备。在测量各种规律波形信号的振幅特性、频率特性、传输特性和其他电参数以及元器件的特性和参数时，信号发生器用作信号源或激励源。常用的学生信号发生器如图3－2－4所示。

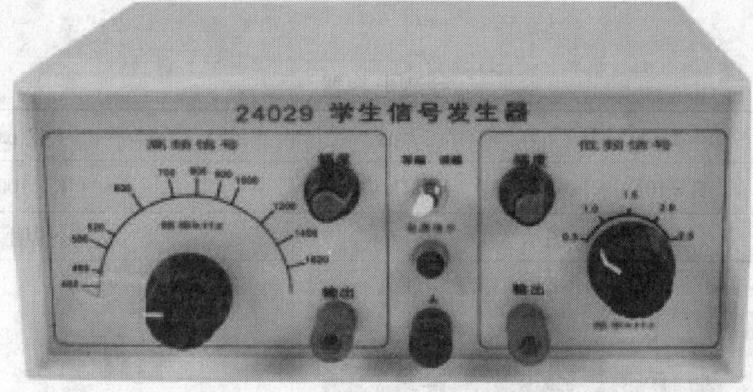

图3－2－4　学生信号发生器

任务实施

一、任务准备

根据任务需要，按照实训器材清单（见表3－2－9）准备好相应的工具、仪器仪表、元器件和材料，设置好安全防护措施。

表3－2－9　　实训器材清单

类别	准备内容
工具	内热式电烙铁、烙铁架、锉刀、镊子、斜口钳、吸锡器
仪器仪表	万用表、稳压电源、信号发生器、双踪示波器
元器件	电容器、电感器、电阻器
材料	松香、焊丝、导线、万能板等

二、识读与检测电容器

1. 识读电容器

电容器的标注方法包括直标法、数码法等，见表 3－2－10。

表 3－2－10　　识读电容器

标注方法	图示	标称容量	说明
直标法		2 200 μF/50 V	将标称容量和允许偏差直接标在电容器外壳上
数码法		10×10^4 pF = 10^5 pF	一般用三位数字表示电容器的容量，单位为 pF，其中前两位为有效数字，第三位表示倍乘数，即有效数字后面零的个数

2. 检测电容器

用指针式万用表测量电容器两引脚之间的漏电阻，根据指针摆动情况判断其质量好坏，见表 3－2－11。

表 3－2－11　　检测电容器

不同容量	<1 μF	1 ~47 μF	>47 μF
相应量程	R×10k	R×1k	R×100
质量情况	图示		说明
正常	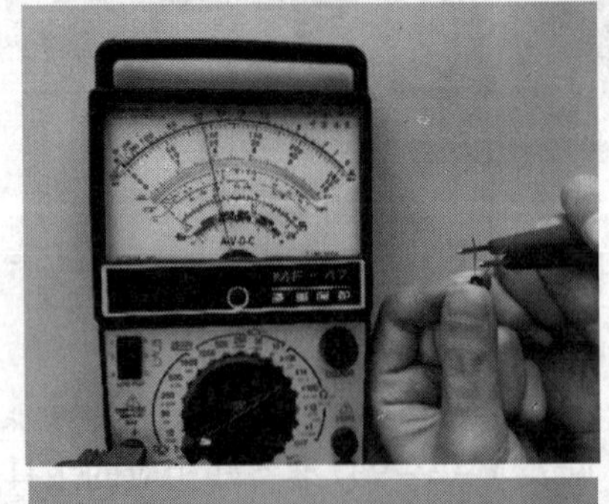 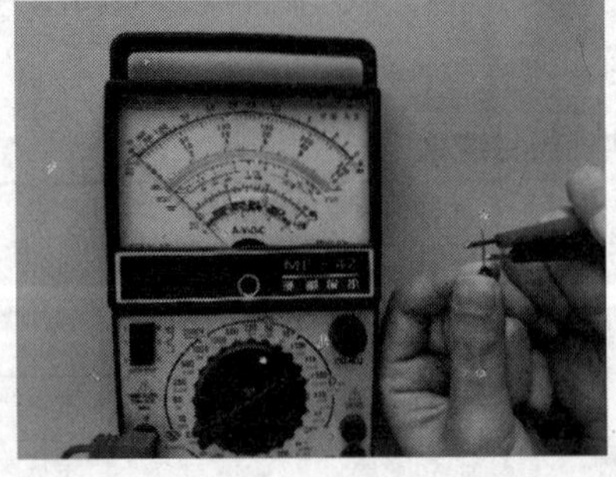		指针先向右偏转，再向左回转，接近∞ 指针向右偏转的幅度越大，电容器的容量越大 指针向左回转时，越接近∞，说明漏电流越小，电容器性能越好

续表

质量情况	图示	说明
失效或断路	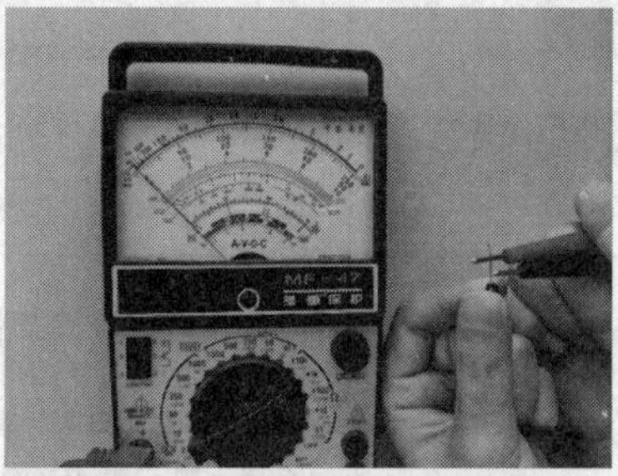	指针不动
击穿或短路		指针不回转
漏电	 	指针先向右偏转，再向左回转，但指针回转幅度小，且距离∞的位置较远

检测电容器前必须保证电容器无电荷，应先对电容器放电才可以进行检测，以防电容器电荷损坏仪表，避免测量误差。

放电方法如下：

（1）将电解电容器的两引脚短路，使电容器内的残余电荷放掉。

（2）小容量电容器可以用万用表金属表笔将电容器两引脚短路。

（3）大容量电容器须用旋具金属部分进行放电。

三、识读与检测电感器

1. 识读电感器

电感器的标注方法包括直标法、文字符号法、数码法，见表 3－2－12。

表 3-2-12　识读电感器

标注方法	图示	标称电感量	说明
直标法		0.47 μH	将主要参数直接标注在电感器外壳上
文字符号法		6.8 μH	常用于小功率电感器的标注，单位为 μH 和 nH。当单位为 μH 时，用“R”表示小数点，如图中“6R8”表示 6.8 μH；当单位为 nH 时，用“N”表示小数点，如“4N7”表示 4.7 nH
数码法		15×10^1 μH = 150 μH	一般用三位数字表示电感量，单位为μH，其中前两位为有效数字，第三位表示倍乘数

2. 检测电感器

用指针式万用表测量电感器线圈的电阻值来判断其质量好坏，即检测电感器是否有短路、断路等情况，见表 3-2-13。

表 3-2-13　检测电感器

质量情况	检测现象	说明
正常		一般电感器线圈的电阻值很小，为零点几欧至几欧；低频扼流线圈的电阻值相对较大，为几百欧至几千欧
断路		电感器线圈的电阻值为∞

续表

质量情况	检测现象	说明
短路	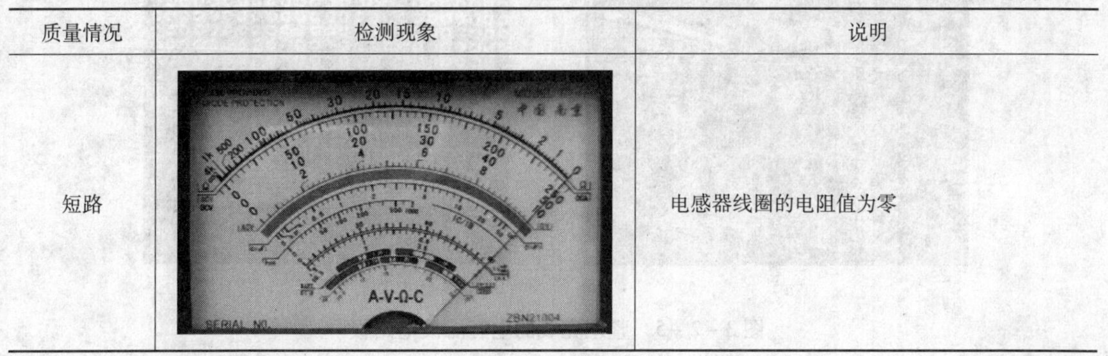	电感器线圈的电阻值为零

四、安装与调试电路

1. 立式插装元器件引脚成形

瓷介电容器、涤纶电容器和较小容量的电解电容器一般采用立式插装方式。立式插装元器件引脚成形方法见表 3－2－14。

表 3－2－14　　立式插装元器件引脚成形方法

类型	图示	说明
引脚间距较小的元器件		引脚间距较小（小于安装孔的间距）的元器件引脚成形时，先用镊子将元器件的引脚拉直，再向外弯成 90°，然后对照安装孔的位置，将元器件居中、引脚扳直即可
引脚间距适当的元器件		引脚间距适当（与安装孔间距一致）的元器件引脚成形时，用镊子将元器件的引脚拉直即可

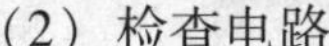

2. 安装、检查与调试电容滤波电路

（1）安装电路

按照图 3－2－1a 所示的电容滤波电路图和电路安装工艺要求进行元器件安装、焊接、剪脚和整理，整理完成的电容滤波电路板如图 3－2－5 所示。

（2）检查电路

电路安装完成后，应按照工艺要求进行电路检查，电路检查项目及工艺要求见表 3－2－15。

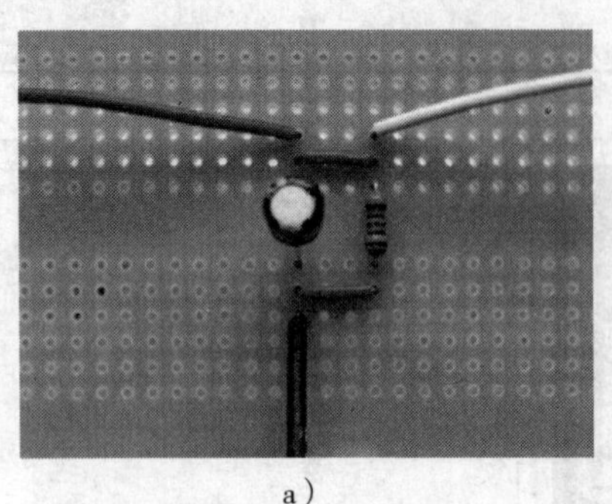

a）

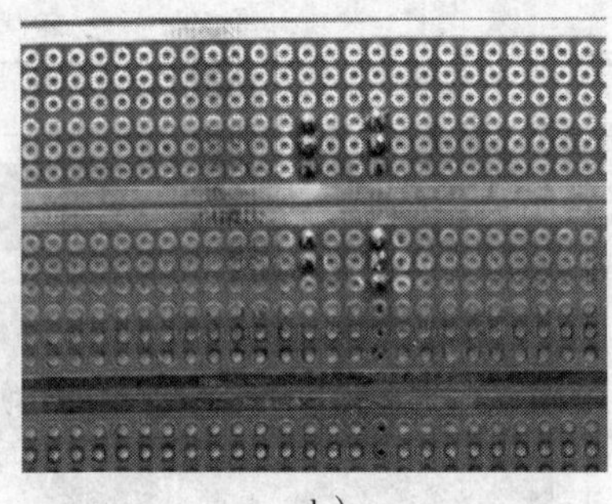

b）

图 3－2－5　整理完成的电容滤波电路板

a）元器件面　b）焊接面

表 3－2－15　　电路检查项目及工艺要求

检查项目	工艺要求
元器件安装	（1）元器件与电路图一致 （2）元器件布局合理、紧凑 （3）元器件安装牢固 （4）电容器、电感器采用立式插装，与万能板间距 8 mm （5）电阻器采用卧式插装，与万能板间距 5 mm （6）电解电容器正、负极插装正确 （7）元器件的标称值位于方便观察的位置
电路连接	（1）元器件间的连接与电路图一致 （2）导线横平竖直，无交叉
焊接质量	（1）焊点光亮、清洁，焊料适量 （2）无漏焊、虚焊、假焊、搭焊、溅锡等现象 （3）焊盘无剥落、翘曲、撕裂等现象 （4）焊盘周围无残留焊剂 （5）焊盘与万能板导线无桥接现象 （6）焊接后元器件引脚剪脚，留头长度约 1 mm （7）元器件焊接牢固

（3）调试电路

在电容滤波电路的输入端接入脉动直流电，用双踪示波器同时观察输入端、输出端（负载两端）的电压波形，进行对比分析。绘制输入端、输出端的电压波形，并分析输出电压波形与输入电压波形的区别，填入表 3－2－16 中。调试完毕，断开电路电源。

表 3－2－16　　电路调试结果记录与分析

项目	内容
输入电压波形	（坐标轴：u_i，O，t）

续表

项目	内容
输出电压波形	u_o / O / t（坐标轴）
电压波形分析	电容滤波电路的输出电压波形与输入电压波形相比，其波形变得比较________（陡峭、平滑），脉动成分________（减小、增大）

3. 拆焊电容滤波电路

采用分点拆焊法，对电容滤波电路进行拆焊，先将电容器、电阻器等元器件拆除，然后将连接导线拆除，最后对万能板的焊盘和焊接面进行清理，如图 3－2－6 所示。

图 3－2－6　电容滤波电路的拆焊

（1）拆焊元器件时一般先拆高（大、重），后拆低（小、轻）。
（2）拆焊下来的元器件引脚要拉直，同时要保证元器件的完好性。
（3）保证万能板焊盘铜箔的完好性，不能出现翘曲、撕裂、剥落。
（4）清理万能板，保持万能板板面干净、整洁。

4. 安装、检查与调试电感滤波电路

（1）安装电路

按照图 3－2－2a 所示的电感滤波电路图和电路安装工艺要求进行元器件的安装、焊接、剪脚和整理，整理完成的电感滤波电路板如图 3－2－7 所示。

a）

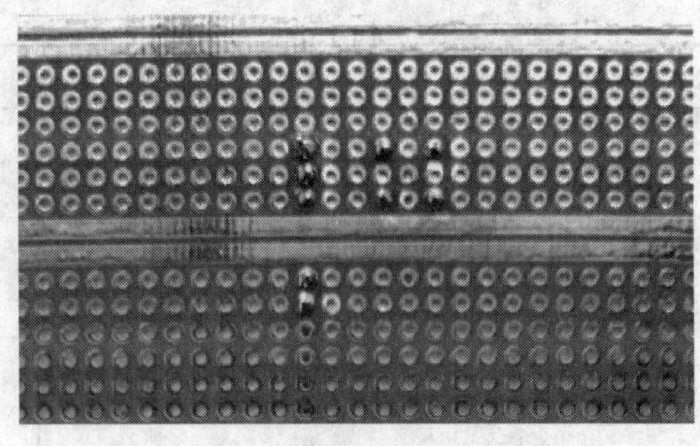

b）

图3－2－7　整理完成的电感滤波电路板

a）元器件面　b）焊接面

（2）检查电路

电路安装完成后，应按照工艺要求进行电路检查，电路检查项目及工艺要求参考表3－2－15。

（3）调试电路

在电感滤波电路的输入端接入脉动直流电，用双踪示波器同时观察输入端、输出端（负载两端）的电压波形，进行对比分析。绘制输入端、输出端的电压波形，并分析输出电压波形与输入电压波形的区别，填入表3－2－17中。调试完毕，断开电路电源。

表3－2－17　电路调试结果记录与分析

项目	内容
输入电压波形	u_i — O — t
输出电压波形	u_o — O — t
电压波形分析	电感滤波电路的输出电压波形与输入电压波形相比，其波形变得比较________（陡峭、平滑），脉动成分________（减小、增大）

任务3 单相桥式整流电路的安装与调试

学习目标

1. 熟悉二极管的分类。
2. 理解二极管的单向导电性。
3. 掌握单相桥式整流电路的工作原理。
4. 能正确识读与检测二极管。
5. 能完成单相桥式整流电路的安装与调试。

任务引入

二极管是用半导体材料制成的一种电子元器件，在电路中起整流、稳压、开关、续流和检波等作用。二极管具有单向导电性，即给二极管加上正向电压时，二极管导通；给二极管加上反向电压时，二极管截止。利用二极管的单向导电性，将交流电转换为直流电的电路称为整流电路。整流电路一般可分为半波整流电路、全波整流电路和桥式整流电路。

本任务旨在学习二极管的分类和单向导电性、单相桥式整流电路的工作原理，掌握二极管的识读与检测基本技能，并完成单相桥式整流电路的安装与调试。

相关知识

一、二极管简介

1. 二极管的分类

二极管的种类很多，分类方法也不尽相同，见表3－3－1。

表3－3－1 二极管的分类

分类	具体类型
按制造材料分	锗二极管、硅二极管、砷化镓二极管等
按制造工艺分	点接触型二极管、面接触型二极管、平面型二极管等
按用途分	整流二极管、检波二极管、开关二极管、阻尼二极管、稳压二极管、发光二极管、光电二极管、双向二极管、双向击穿二极管、变容二极管、热敏二极管等
按封装形式分	玻璃封装二极管、塑料封装二极管、金属封装二极管等
按工作频率分	高频二极管、低频二极管
按功率分	大功率二极管、中功率二极管、小功率二极管

2. 二极管的单向导电性

二极管最重要的特性就是单向导电性。在二极管电路中，电流只能从二极管的阳极流入，阴极流出。

（1）正向特性

将二极管的阳极接在高电位端，阴极接在低电位端，二极管处于导通状态，这种连接方式称为正向偏置，简称正偏。导通后二极管两端的电压基本保持不变（锗管约为0.3 V，硅管约为0.7 V），称为二极管的正向压降。

（2）反向特性

将二极管的阳极接在低电位端，阴极接在高电位端，此时二极管中几乎没有电流流过，二极管处于截止状态，这种连接方式称为反向偏置，简称反偏。二极管处于反向偏置时，仍然会有微弱的反向电流流过二极管，称为反向漏电流，这个电流只有微安级甚至纳安级。

当二极管两端的反向电压升高到某一数值时，反向电流会急剧增大，二极管将失去单向导电性，这种状态称为二极管的反向击穿。

二、单相桥式整流电路的工作原理

单相桥式整流电路由单相交流电源、四只整流二极管 V1 ~ V4 和负载电阻器 R 组成，如图 3－3－1 所示。此电路能够将交流电压 u_i 转换成单向脉动直流电压 u_o。

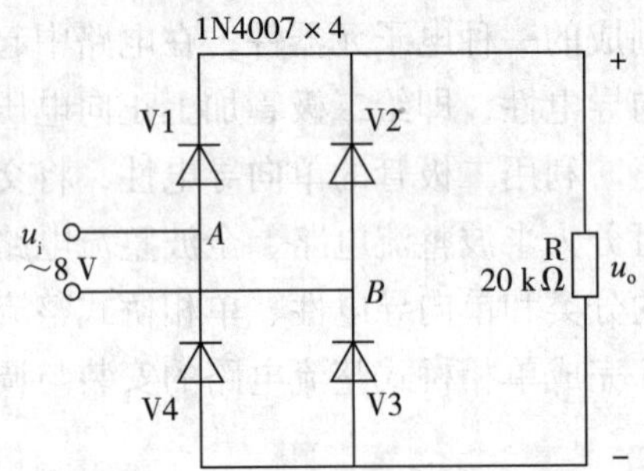

图 3－3－1　单相桥式整流电路图

单相桥式整流电路的波形如图 3－3－2 所示。

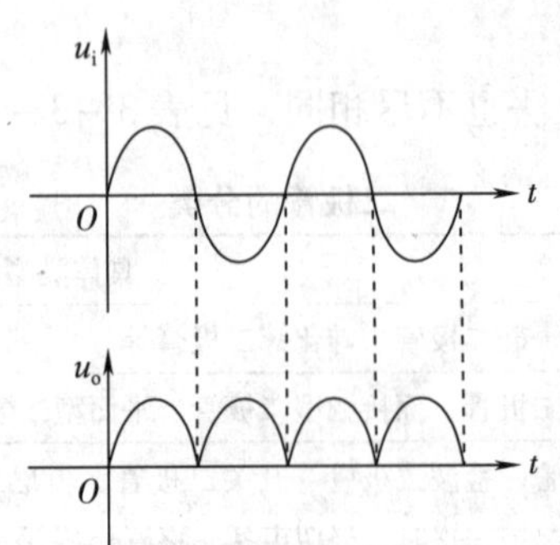

图 3－3－2　单相桥式整流电路的波形

当 u_i 为正半周时，V1、V3 因正偏而导通，V2、V4 因反偏而截止，电流流向为 A→

V1→R→V3→B，电流自上而下流过负载电阻器 R，在负载电阻器 R 上得到上正、下负的电压。

当 u_i为负半周时，V2、V4 因正偏而导通，V1、V3 因反偏而截止，电流流向为 B→V2→R→V4→A，电流也自上而下流过负载电阻器 R，在负载电阻器 R 上得到上正、下负的电压。

由此可见，在交流电压 u_i的正、负半周期间，负载电阻器 R 上都有电流流过，负载两端都有电压输出，而且方向始终不变。

一、任务准备

根据任务需要，按照实训器材清单（见表 3－3－2）准备好相应的工具、仪器仪表、元器件和材料，设置好安全防护措施。

表 3－3－2　　实训器材清单

类别	准备内容
工具	内热式电烙铁、烙铁架、锉刀、镊子、斜口钳
仪器仪表	万用表、稳压电源、信号发生器、双踪示波器
元器件	整流二极管、开关二极管、稳压二极管、发光二极管、电阻器
材料	松香、焊丝、导线、万能板等

二、识读与检测二极管

1. 识读二极管的型号

常用的二极管包括整流二极管、开关二极管、稳压二极管和发光二极管等，其型号和图形符号见表 3－3－3。

表 3－3－3　　常用二极管的型号和图形符号

类型	图示	型号	图形符号
整流二极管		1N4001	
开关二极管		1N4148	
稳压二极管		2CW7D	
发光二极管		ϕ3 mm，红	

2. 判别二极管的极性

根据二极管正向电阻值小、反向电阻值大的特点，可判别二极管的极性，如图 3－3－3 所示。

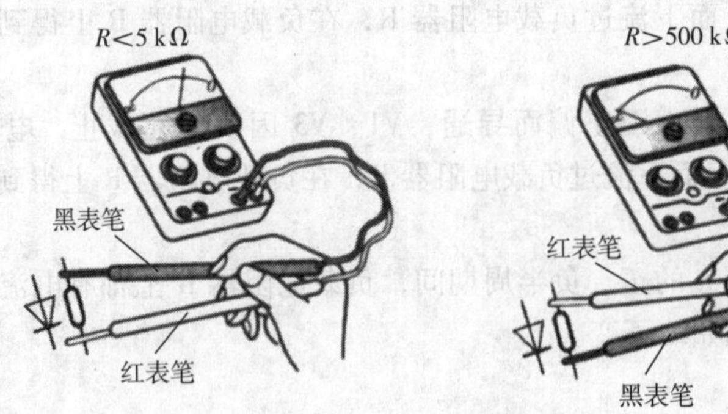

图 3－3－3　判别二极管的极性

将万用表置于 R×100 或 R×1k 挡，并将红、黑表笔短接进行欧姆调零。注意，指针式万用表的红表笔与表内电池负极相连，黑表笔与表内电池正极相连。若将红、黑表笔接在二极管两端，测得的电阻值较小（几千欧以下），再将红、黑表笔对调后接在二极管两端，测得的电阻值较大（几百千欧），则测得的电阻值较小的那一次黑表笔所接为二极管的阳极。

3. 简单判断二极管的质量

使用万用表可以简单检测二极管质量的好坏。检测前，先将万用表置于 R×100 挡（注意不要使用 R×1 挡，以免电流过大损坏二极管），再将红、黑表笔短接进行欧姆调零，然后按照表 3－3－4 判断二极管的质量。

表 3－3－4　　简单判断二极管的质量

测量项目	图示	说明
正向电阻值		将万用表的黑表笔接二极管的阳极，红表笔接二极管的阴极，若指针指示在满刻度的 1/3～2/3 范围内，则电阻值为二极管的正向电阻值；若指针指示在 0 Ω的位置，说明二极管短路；若指针指示在接近∞的位置，说明二极管断路
反向电阻值		将万用表的红表笔接二极管的阳极，黑表笔接二极管的阴极，若指针指示在∞或接近∞的位置，说明二极管质量良好；若测得的反向电阻值和正向电阻值接近，说明二极管被击穿

三、安装与调试电路

1. 二极管引脚成形

二极管属于两引脚元器件，其引脚成形按照两引脚元器件引脚成形方法操作，引脚成形效果如图 3－3－4 所示。

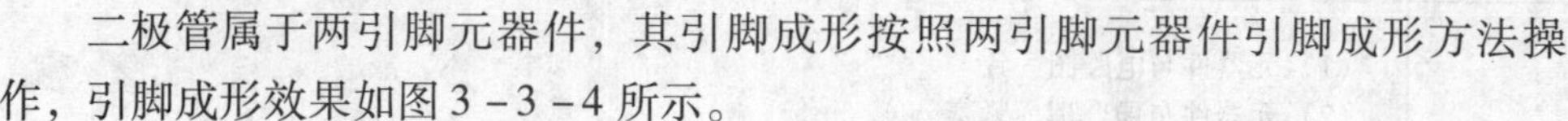

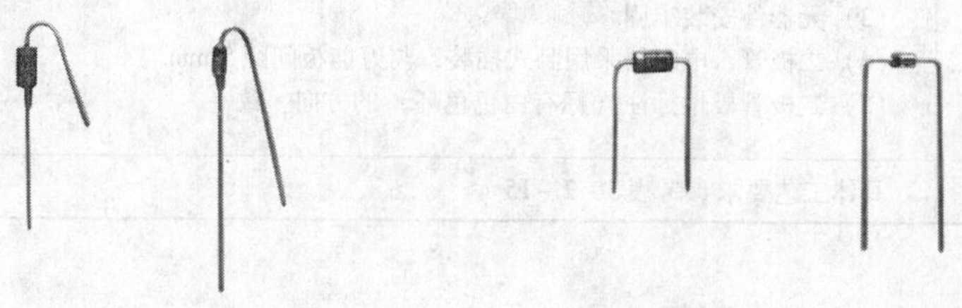

图 3－3－4　二极管引脚成形效果

立式插装二极管引脚成形时，对于塑料封装二极管，先用镊子将二极管两引脚拉直，然后用 ϕ0.3 mm 的钟表旋具作固定面将二极管（标记向上）的阴极引脚弯成半圆形即可；对于玻璃封装二极管，应在距二极管本体（标记向上）约 2 mm 处，将其阴极引脚弯成半圆形。

卧式插装二极管引脚成形时，对于塑料封装二极管，先用镊子将二极管两引脚拉直，然后在距二极管本体 1～2 mm 处分别将其两引脚弯成直角；对于玻璃封装二极管，应在距二极管本体 3～4 mm 处分别将两引脚弯成直角。

2. 安装电路

按照图 3－3－1 所示的单相桥式整流电路图进行元器件的安装和导线的连接，采用直脚插焊的方式对元器件和导线进行焊接，焊接完成后进行剪脚、清洁和整理，整理完成的单相桥式整流电路板如图 3－3－5 所示。

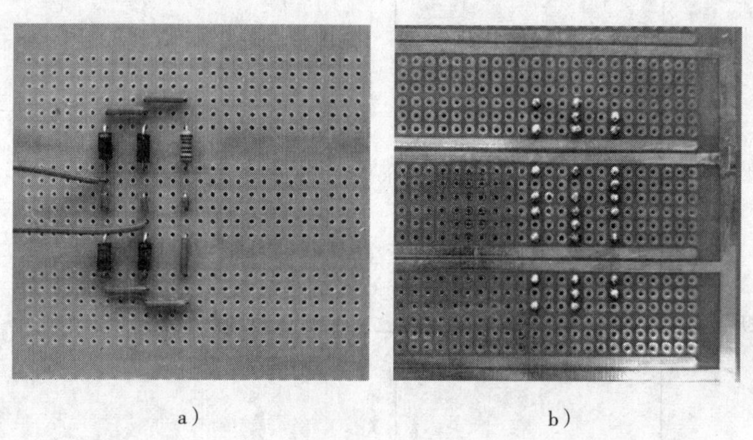

a）　　　　　　　　b）

图 3－3－5　整理完成的单相桥式整流电路板

a）元器件面　b）焊接面

3. 检查电路

电路安装完成后，应按照工艺要求进行电路检查，电路检查项目及工艺要求见表 3－3－5。

表 3－3－5　　电路检查项目及工艺要求

检查项目	工艺要求
元器件安装	（1）元器件与电路图一致 （2）元器件布局合理、紧凑 （3）元器件安装牢固 （4）二极管、电阻器采用卧式插装，与万能板间距 5 mm （5）二极管极性标注（标有白色色环）的方向一致
电路连接、焊接质量	具体工艺要求参考表 3－2－15

4. 调试电路

在单相桥式整流电路的输入端接入正弦交流电，用双踪示波器同时观察输入端、输出端（负载两端）的电压波形，进行对比分析。绘制输入端、输出端的电压波形，并分析输出电压波形与输入电压波形的区别，填入表 3－3－6 中。调试完毕，断开电路电源。

表 3－3－6　　电路调试结果记录与分析

项目	内容
输入电压波形	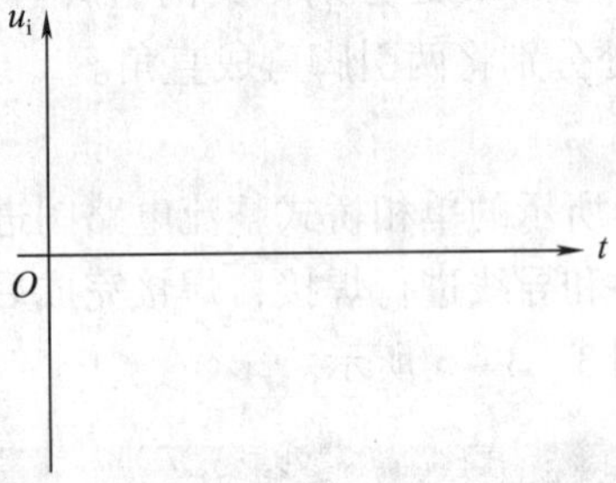 u_i　O　t
输出电压波形	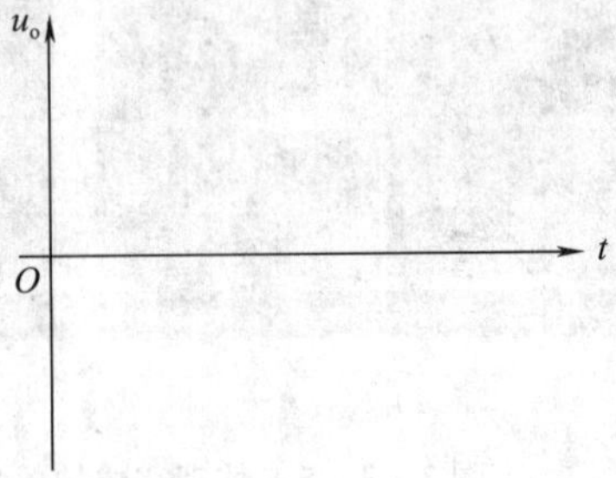 u_o　O　t
电压波形分析	单相桥式整流电路的输出电压波形与输入电压波形相比，其方向________（改变、不变），大小________（变化、不变）

任务4 简单放大电路的安装与调试

学习目标

1. 熟悉三极管的分类。
2. 理解三极管的三种工作状态。
3. 掌握简单放大电路的工作原理。
4. 能正确识读与检测三极管。
5. 能完成简单放大电路的安装与调试。

任务引入

三极管，全称半导体三极管，又称为双极型晶体管、晶体三极管，是一种电流控制型半导体元器件，在模拟电路中起电流放大作用，在数字电路中起无触点开关作用。

本任务旨在学习三极管的分类和三种工作状态、简单放大电路的工作原理，掌握三极管的识读与检测基本技能，并完成简单放大电路的安装与调试。

相关知识

一、三极管简介

1. 三极管的分类

三极管可按照结构工艺、制造材料、允许耗散功率、工作频率等进行分类，见表3-4-1。

表3-4-1 三极管的分类

分类	具体类型
按结构工艺分	PNP型三极管、NPN型三极管
按制造材料分	锗三极管、硅三极管等
按允许耗散功率分	小功率三极管、中功率三极管、大功率三极管
按工作频率分	低频三极管、高频三极管

2. 三极管的三种工作状态

下面以NPN型三极管为例，说明三极管的三种工作状态，见表3-4-2。

表 3－4－2　　**NPN 型三极管的三种工作状态**

工作状态	截止	放大	饱和
工作条件	发射结反偏，集电结反偏	发射结正偏，集电结反偏	发射结正偏，集电结正偏
特点	$I_B=0$ 集电极仅有很小的漏电流 I_{CEO}，称为穿透电流	$I_C=\beta I_B$	I_C 不再受 I_B 控制

三极管处于放大工作状态时，在电路中起电流放大作用；三极管处于截止和饱和工作状态时，在电路中起开关作用。

二、简单放大电路的工作原理

简单放大电路由三极管 V，电阻器 R1、R2、R3、R4，电容器 C1、C2、C3 组成，如图 3－4－1所示。R1 为上偏置电阻器，R2 为下偏置电阻器，电源V_{CC}经电阻器 R1、R2 分压后为三极管提供基极电压，R3 为集电极电阻器，R4 为发射极直流负反馈电阻器，用于稳定静态工作点，C3 为交流旁路电容器，可以提高电路的交流增益。在输入端接入交流电压 u_i（～40 mV/1 kHz），其被叠加在基极的直流电压上，经三极管放大后得到集电极输出电压波形，电压幅度有较大增加，且相位相差 180°，如图 3－4－2 所示。

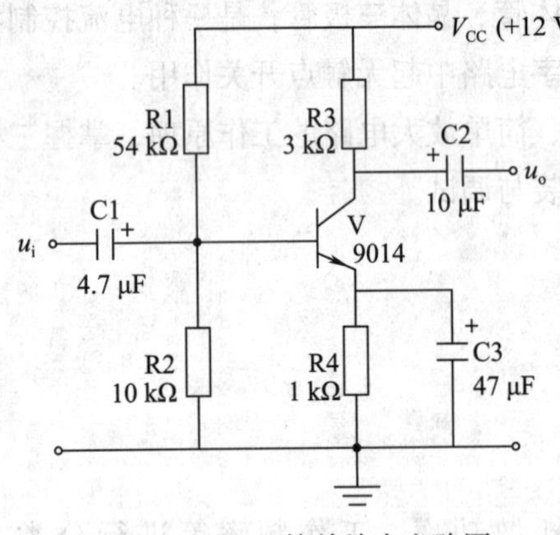

图 3－4－1　简单放大电路图

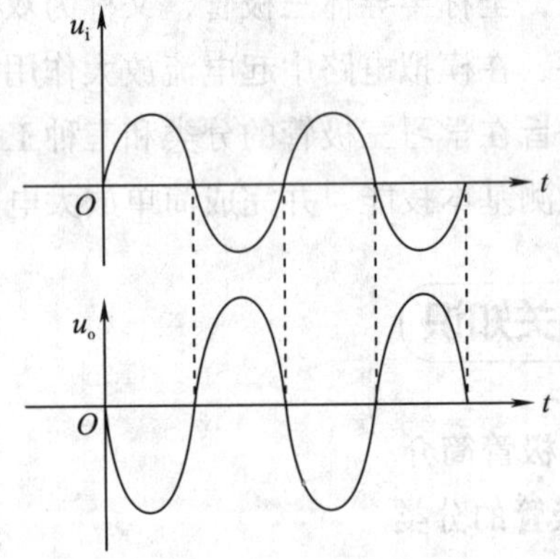

图 3－4－2　简单放大电路的波形

任务实施

一、任务准备

根据任务需要，按照实训器材清单（见表 3－4－3）准备好相应的工具、仪器仪表、元器件和材料，设置好安全防护措施。

表 3－4－3　　**实训器材清单**

类别	准备内容
工具	内热式电烙铁、烙铁架、锉刀、镊子、斜口钳

续表

类别	准备内容
仪器仪表	万用表、稳压电源、信号发生器、双踪示波器
元器件	三极管、电阻器、电容器
材料	松香、焊丝、导线、万能板等

二、识读与检测三极管

1. 识读三极管的引脚

常用三极管的封装形式和引脚排列见表 3 - 4 - 4。

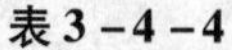

表 3 - 4 - 4　常用三极管的封装形式和引脚排列

类型	图示	说明
大功率金属封装三极管	c　e　b　安装孔　安装孔	面对管底，使引脚位于左侧，下面的引脚是基极 b，上面的引脚是发射极 e，管壳是集电极 c，管壳上的两个安装孔用来固定三极管
小功率金属封装三极管	b　e　c　定位销	面对管底，由定位销标志起，按顺时针方向，引脚依次为发射极 e、基极 b、集电极 c
中功率塑料封装三极管	b c e	面对管正面（型号打印面为正面，散热片为背面），引脚向下，从左至右依次为基极 b、集电极 c、发射极 e
小功率塑料封装三极管	S9013　e b c	面对有字面，引脚向下，从左至右依次为发射极 e、基极 b、集电极 c

2. 判别三极管的管型和极性

（1）判别三极管的管型

利用 PN 结的正向导通、反向截止特性可以判别三极管的管型。

将万用表拨至 R×100（或 R×1k）挡，将黑表笔固定接三极管的某引脚，红表笔分别接另外两引脚，如图 3－4－3 所示，测得一组（两个）电阻值；将黑表笔依次换接三极管其余两引脚，重复上述操作，又测得两组电阻值。将测得的三组电阻值进行比较，若某一组中的两个电阻值都很小，则说明被测三极管是 NPN 型。

采用同样的方法，用红表笔接三极管的某引脚，黑表笔分别接另外两引脚，测得三组电阻值，若某一组中的两个电阻值都很小，则说明被测三极管是 PNP 型。

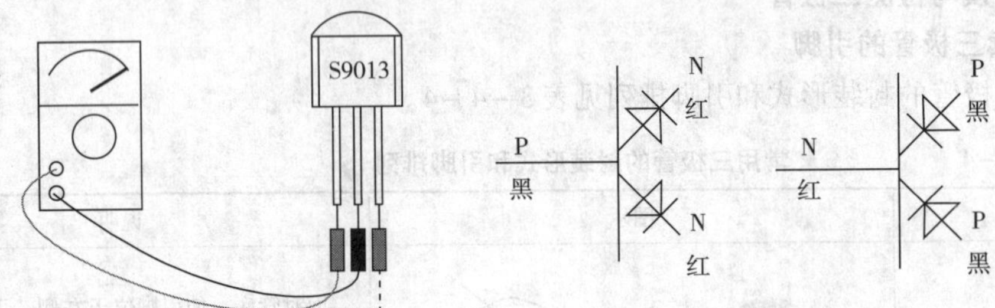

图 3－4－3　判别三极管的管型

（2）判别三极管的极性（见表 3－4－5）

表 3－4－5　　判别三极管的极性

步骤	图示	操作说明
准备		选择万用表的挡位和量程。对于功率在 1 W 以下的中、小功率三极管，可选用万用表 R×1k 或 R×100 挡测量。不能使用 R×1 挡测量，因为 R×1 挡的电流较大；也不能使用 R×10k 挡测量，因为 R×10k 挡的电压对 PN 结正向压降太高，容易损坏三极管
判别三极管的基极		若三极管为 NPN 型：将黑表笔接某引脚，红表笔分别接另外两引脚，如果两次测得的电阻值都很小，则黑表笔所接的引脚是基极

续表

步骤	图示	操作说明
判别三极管的基极		若三极管为 PNP 型：将红表笔接某引脚，黑表笔分别接另外两引脚，如果两次测得的电阻值都很小，则红表笔所接的引脚是基极
判别三极管的发射极和集电极	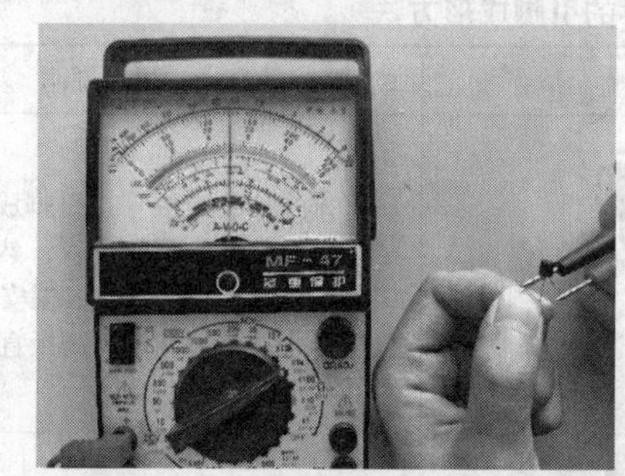 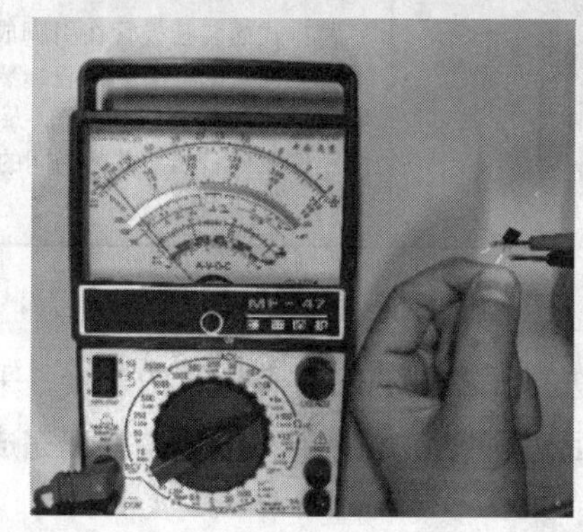	若三极管为 NPN 型：确定基极后，假定其余两引脚中的某引脚是集电极，将黑表笔接此引脚，红表笔接假定的发射极，用手指把假定的集电极和已测出的基极捏住（注意不要接触），并记下此时的电阻值；然后做反向假设，即把原来假设为集电极的引脚重新假设为发射极，进行同样的测量，并记下此时的电阻值；比较两个电阻值，电阻值较小的假设是正确的，此时相当于在基极加上基极电流，三极管处于导通状态，电流的流向是黑表笔→集电极→基极→发射极→红表笔，因此黑表笔所接的引脚是集电极，剩下的引脚是发射极 若三极管为 PNP 型：调换使用的表笔，判别步骤与 NPN 型三极管的判别步骤一致

操作提示

（1）指针式万用表的黑表笔与内部电池正极相连，红表笔与内部电池负极相连。

（2）判别集电极和发射极时，用拇指和食指捏住基极和假设的集电极，注意基极和假设的集电极不能直接接触，而是通过手指连接，此时手指相当于一个较大的偏置电阻。

三、安装与调试电路

1. 三引脚元器件引脚成形

三极管属于三引脚元器件，三引脚元器件的插装方式包括直排式和跨排式，如图 3－4－4 所示。

图 3－4－4　三引脚元器件的插装方式

a）直排式　b）跨排式

三引脚元器件的引脚成形方法见表 3－4－6。

表 3－4－6　　三引脚元器件的引脚成形方法

插装方式	图示	操作说明
直排式		直排式插装三极管在引脚成形时，先用镊子将三极管的三引脚拉直，然后分别将两边引脚向外弯 60°，最后根据安装孔间距使三极管居中并将倾斜的引脚扳直
跨排式		跨排式插装三极管在引脚成形时，先用镊子将三极管的三引脚拉直，然后将中间的引脚向前或向后弯成 90°角，最后根据安装孔间距使三极管居中并将中间的引脚扳直

2. 安装电路

按照图 3－4－2 所示的简单放大电路图进行元器件的安装和导线的连接，采用直脚插焊的方式对元器件和导线进行焊接，焊接完成后进行剪脚、清洁和整理，整理完成的简单放大电路板如图 3－4－5 所示。

a）

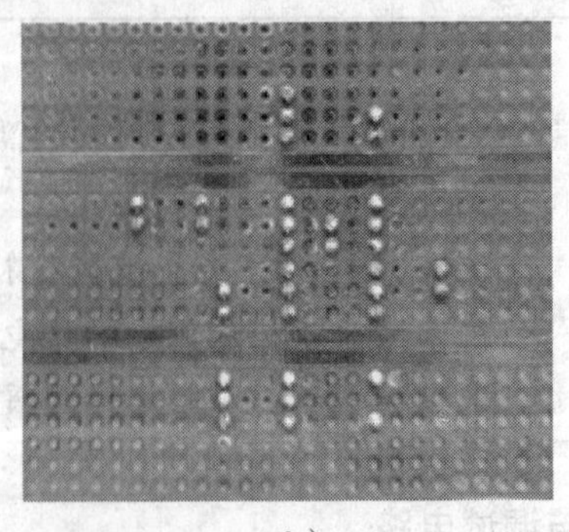

b）

图 3－4－5　整理完成的简单放大电路板

a）元器件面　b）焊接面

3. 检查电路

电路安装完成后，应按照工艺要求进行电路检查，电路检查项目及工艺要求见表3－4－7。

表3－4－7　　电路检查项目及工艺要求

检查项目	工艺要求
元器件安装	(1) 元器件与电路图一致 (2) 元器件布局合理、紧凑 (3) 元器件安装牢固 (4) 电阻器采用卧式插装，色标方向一致，与万能板间距5 mm (5) 电容器采用立式安装，与万能板间距8 mm (6) 三极管采用跨排式安装，与万能板间距6 mm，引脚间距2～4 mm (7) 电解电容器正、负极插装正确 (8) 三极管三个电极插装正确
电路连接、焊接质量	具体工艺要求参考表3－2－15

4. 调试电路

接通简单放大电路的电源，在输入端接入低频交流信号，用双踪示波器同时观察输入端、输出端的电压波形，进行对比分析。绘制输入端、输出端的电压波形，并分析输出电压波形与输入电压波形的区别，填入表3－4－8中。调试完毕，断开电路电源。

表3－4－8　　电路调试结果记录与分析

项目	内容
输入电压波形	u_i O　　t
输出电压波形	u_o O　　t
电压波形分析	简单放大电路的输出电压波形与输入电压波形相比，其方向________（改变、不变），大小________（变化、不变）

任务5 晶闸管调光灯电路的安装与调试

学习目标

1. 理解晶闸管和单结晶体管的工作特性。
2. 掌握晶闸管调光灯电路的工作原理。
3. 能正确检测晶闸管和单结晶体管。
4. 能完成晶闸管调光灯电路的安装与调试。

任务引入

某实验室需要制作调光台灯，要求使用晶闸管进行控制。

本任务旨在学习晶闸管和单结晶体管的工作特性、晶闸管调光灯电路的工作原理，掌握晶闸管和单结晶体管的检测基本技能，并完成晶闸管调光灯电路的安装与调试。

相关知识

一、晶闸管和单结晶体管简介

1. 晶闸管的工作特性

晶闸管又称为可控硅（SCR），不仅具有硅整流器的特性，而且其工作过程可控，能以小功率信号控制大功率系统，可作为弱电与强电的接口，是一种用途十分广泛的功率控制电子元器件，主要用于可控整流、交流调压、电子开关、逆变等。晶闸管的工作特性见表3-5-1。

表3-5-1　晶闸管的工作特性

工作特性	电路图示	说明
正向阻断		晶闸管加正向电压，但控制极未加正向电压时，晶闸管不会导通，指示灯不亮，这种状态称为晶闸管的正向阻断
触发导通		晶闸管加正向电压，且控制极加正向触发电压时，晶闸管导通，指示灯亮，这种状态称为晶闸管的触发导通

续表

工作特性	电路图示	说明
反向阻断	HL a g S k V_{AA} V_{GG} R	晶闸管加反向电压时，无论开关是否闭合，晶闸管都不会导通，指示灯始终不亮，这种状态称为晶闸管的反向阻断

晶闸管导通必须同时满足两个条件：其一，晶闸管的阳极与阴极之间加正向电压；其二，晶闸管的控制极与阴极之间加正向触发信号。

晶闸管一旦导通，控制极就失去控制作用。

2. 单结晶体管的工作特性

晶闸管的导通需要触发信号，提供触发信号的电路就是触发电路，单结晶体管触发电路是较为常用的一种。单结晶体管的等效电路如图 3－5－1 所示。

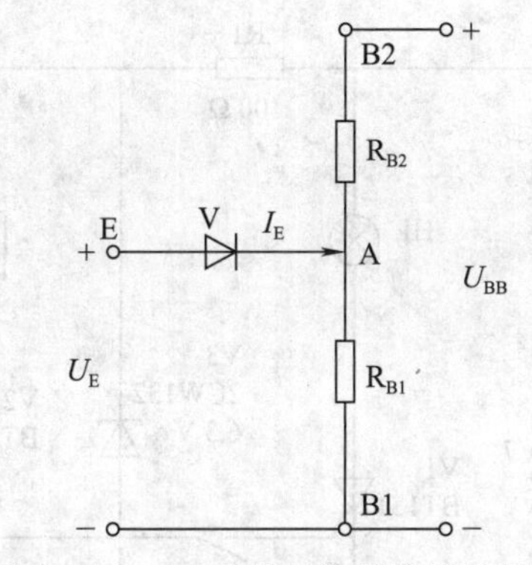

图 3－5－1　单结晶体管的等效电路

（1）当发射极电流 I_E 为零时，U_{BB} 在 R_{B1} 和 R_{B2} 之间按一定比例分压，A 和 B1 之间的电压为

$$U_{AB1} = \frac{R_{B1}}{R_{B1} + R_{B2}} U_{BB} = \eta U_{BB}$$

其中，η 称为单结晶体管的分压比，其数值与单结晶体管的结构有关，一般为 0.5～0.9。

（2）发射极电流 I_E 从零开始增大，当 $U_E < \eta U_{BB} + U_V$ 时（U_V 为等效二极管的正向压降），发射极 E 和基极 B1 之间不能导通（等效二极管 V 反向截止），只有很小的反向漏电流。随着 U_E 的升高，这个反向漏电流逐渐变为几微安的正向漏电流。

（3）当 $U_E = \eta U_{BB} + U_V$ 时，I_E 突然增大（等效二极管 V 导通），此时电压和电流达到最大值。

（4）单结晶体管导通后，U_E 随着 I_E 的增大而降低。

（5）当 I_E 增大到某一数值时，U_E 下降到最低点。

（6）当 U_E 下降到一定值时，单结晶体管的 PN 结反偏，单结晶体管将重新截止。

二、晶闸管调光灯电路的工作原理

单结晶体管触发的晶闸管调光灯电路图如图 3－5－2 所示，电路中的单结晶体管 V2，电阻器 R2、R3、R4，电位器 RP，电容器 C 组成单结晶体管触发电路。在接通电源前，电容器 C 上的电压为零；接通电源后，电容器 C 经由 RP、R4 充电，使单结晶体管 V2 的发射极电压 U_E 逐渐升高。当 U_E 达到峰点电压时，E－B1 间导通，电容器 C 经 E－B1 向电阻器 R3 放电，在 R3 上输出一个脉冲电压。由于 RP、R4 的电阻值较大，当电容器 C 上的电压降到谷点电压时，经由 RP、R4 供给单结晶体管 V2 的发射极电流小于谷点电流，不能满足导通要求，单结晶体管 V2 恢复阻断状态。此后，电容器 C 重新充电，重复上述过程，在电容器 C 上形成锯齿状电压，在电阻器 R3 上形成脉冲电压。在交流电压的每半个周期内，单结晶体管 V2 都将输出一组脉冲，起作用的第一个脉冲去触发晶闸管 V1 的控制极，使晶闸管 V1 导通，指示灯亮。改变电位器 RP 的电阻值，可以改变电容器 C 充电的快慢，即可改变锯齿波的振荡频率，进而改变晶闸管 V1 的导通角大小，即改变了整流电路的直流平均输出电压大小，从而达到调节指示灯亮度的目的。

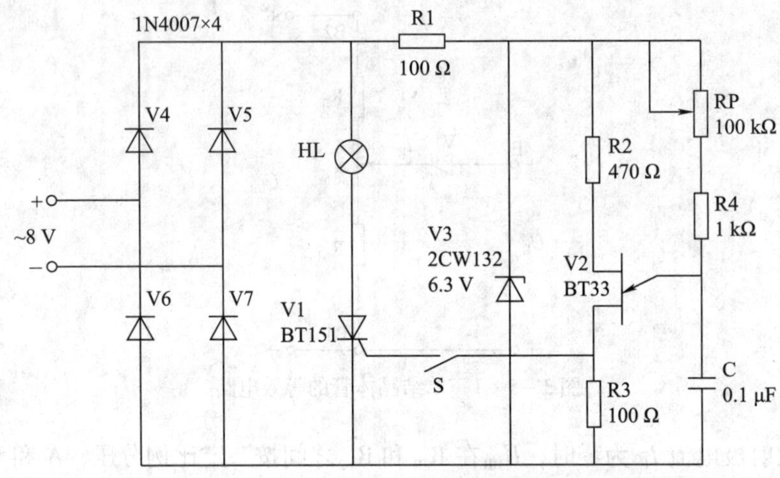

图 3－5－2 单结晶体管触发的晶闸管调光灯电路图

任务实施

一、任务准备

根据任务需要，按照实训器材清单（见表 3－5－2）准备好相应的工具、仪器仪表、元器件和材料，设置好安全防护措施。

表 3－5－2 实训器材清单

类别	准备内容
工具	内热式电烙铁、烙铁架、镊子、斜口钳
仪器仪表	万用表、稳压电源、通用示波器

续表

类别	准备内容
元器件	整流二极管、稳压二极管、晶闸管、单结晶体管、电阻器、电位器、电容器、指示灯、开关
材料	松香、焊丝、导线、万能板等

二、检测元器件

1. 检测晶闸管

按表 3－5－3 判别晶闸管的极性，并判断其质量好坏。

表 3－5－3　　检测晶闸管

步骤	图示	操作说明
判别极性		将万用表置于 R×1k 挡，测量晶闸管任意两引脚间的电阻值，当测得的电阻值较小时，黑表笔所接的引脚为控制极 g，红表笔所接的引脚为阴极 k，余下的引脚为阳极 a；其他情况下电阻值均为无穷大
判断质量好坏		将万用表置于 R×10 挡，红表笔接阴极 k，黑表笔接阳极 a，指针应接近电阻刻度线的“∞”处；将黑表笔在不断开阳极 a 的同时接控制极 g，指针向右偏转到较小电阻值，表明晶闸管能触发导通 在不断开阳极 a 的情况下，断开黑表笔与控制极 g 的接触，指针应保持在原较小电阻值，表明晶闸管撤去控制信号后仍将保持导通状态

2. 检测单结晶体管

（1）判别电极

将万用表的红表笔接单结晶体管的某引脚，黑表笔分别接另外两引脚，若两次测得的电阻值均较大，则红表笔所接的引脚为发射极 E；然后将黑表笔接发射极 E，红表笔分别接另外两引脚，若单结晶体管正常，则两次测得的电阻值都应较小，数值较大那次测量时红表笔所接的引脚为第一基极 B1，数值较小那次测量时红表笔所接的引脚为第二基极 B2。

不同型号单结晶体管的分压比（η）不同。大多数单结晶体管的分压比大于 0.5，第一基极 B1 与发射极 E 间的电阻值略大于第二基极 B2 与发射极 E 间的电阻值；若分压比小于 0.5，则反之。

（2）检测质量好坏

将万用表的红表笔接第一基极 B1，黑表笔接第二基极 B2，测量单结晶体管 B1、B2 间的电阻值；然后将两表笔对调，再次测量 B1、B2 间的电阻值；若单结晶体管正常，B1、B2 间的电阻值应为固定值。

三、安装与调试电路

1. 安装电路

按照图 3－5－2 所示的单结晶体管触发的晶闸管调光灯电路图进行元器件的安装和导线的连接，采用直脚插焊的方式对元器件和导线进行焊接，焊接完成后进行剪脚、清洁和整理，整理完成的晶闸管调光灯电路板如图 3－5－3 所示。

a）　　　　b）

图 3－5－3　整理完成的晶闸管调光灯电路板

a）元器件面　b）焊接面

2. 检查电路

电路安装完成后，应按照工艺要求进行电路检查，电路检查项目及工艺要求见表 3－5－4。

表 3－5－4　电路检查项目及工艺要求

检查项目	工艺要求
元器件安装	（1）元器件与电路图一致 （2）元器件布局合理、紧凑 （3）元器件安装牢固 （4）晶闸管、单结晶体管的安装符合要求 （5）指示灯、开关、电位器的装接符合要求 （6）有极性元器件极性正确
电路连接、焊接质量	具体工艺要求参考表 3－2－15

3. 调试电路

接通晶闸管调光灯电路的电源，合上开关 S，调节电位器 RP 的电阻值，用示波器观察指示灯 HL 两端电压（负载电压）u_H 的波形，绘制波形并测量波形的频率和幅值，同时仔细观察指示灯亮度的变化，将结果填入表 3－5－5 中。调试完毕，断开电路电源。

表 3－5－5　电路调试结果记录

电压波形	负载电压 u_H		指示灯亮度变化	
（u_H—t 坐标）	频率		当增大 RP 的电阻值时	
	幅值		当减小 RP 的电阻值时	

任务 6　叮咚门铃电路的安装与调试

学习目标

1. 熟悉 555 集成定时器的功能和扬声器的主要技术参数。
2. 掌握叮咚门铃电路的工作原理。
3. 能正确检测 555 集成定时器和扬声器。
4. 能完成叮咚门铃电路的安装与调试。

任务引入

某教学楼实验室需要安装叮咚门铃，要求使用 555 集成定时器进行控制，每按动一次按钮，电路中的扬声器就发出一次“叮咚”的响声。

本任务旨在学习 555 集成定时器的功能、扬声器的主要技术参数、叮咚门铃电路的工作原理，掌握 555 集成定时器和扬声器的检测基本技能，并完成叮咚门铃电路的安装与调试。

相关知识

一、555 集成定时器和扬声器简介

1. 555 集成定时器的功能

555 集成定时器是一种多用途的数字－模拟混合集成电路，将数字电路和模拟电路巧妙

地结合在一起，在自动控制领域得到广泛应用。555 集成定时器可构成单稳态触发器、多谐振荡器和施密特触发器等。

常用的555 集成定时器分为 TTL 定时器和 CMOS 定时器两种类型，两者的工作原理基本相同。图 3－6－1 所示为 CMOS 定时器 CC7555 的外形和引脚排列。

图 3－6－1 CMOS 定时器 CC7555

a）外形 b）引脚排列

1—接地端 2—低电平输入端 3—输出端 4—复位端

5—电压控制端 6—高电平输入端 7—放电端 8—电源端

在 CO 端悬空的条件下，555 集成定时器的基本功能见表 3－6－1。如果 CO 端施加一外加电压（其值在 0 ~ V_{DD} 之间），电路的阈值、触发电平也将随之改变。

表 3－6－1 555 集成定时器的基本功能表

输入			输出	
u_{TH}	$u_{\overline{TR}}$	$\overline{R}$	u_o	放电管状态
×	×	0	0	导通
$<\frac{2}{3}V_{DD}$	$<\frac{1}{3}V_{DD}$	1	1	截止
$>\frac{2}{3}V_{DD}$	$>\frac{1}{3}V_{DD}$	1	0	导通
$>\frac{2}{3}V_{DD}$	$<\frac{1}{3}V_{DD}$	1	1	截止
$<\frac{2}{3}V_{DD}$	$>\frac{1}{3}V_{DD}$	1	原态	原态

2. 扬声器的主要技术参数

扬声器又称为喇叭，其主要功能是将模拟的话音电信号转化为声波，是音响、收录机等设备中的重要元器件，其质量优劣直接影响音质和音响效果。扬声器的外形和图形符号如图 3－6－2 所示。

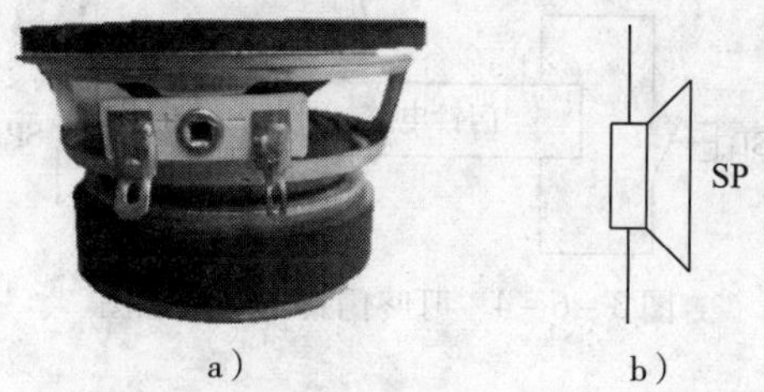

图3－6－2　扬声器的外形和图形符号

a）外形　b）图形符号

扬声器的主要技术参数包括标称阻抗、标称功率和谐振频率等。

（1）标称阻抗

标称阻抗是制造厂所规定的扬声器阻抗值。在标称阻抗上扬声器可获得最大的输出功率。选用扬声器时，其标称阻抗一般应与音频功放器的输出阻抗一致。

（2）标称功率

标称功率又称为额定功率，是指扬声器能长时间正常工作的允许输入功率。常用的扬声器标称功率包括0.1 W、0.25 W、1 W、3 W、5 W、10 W、60 W、120 W等。

（3）谐振频率

谐振频率是指扬声器有效频率范围的下限值。通常扬声器的谐振频率越低，扬声器的低音重放性能越好，优秀的重低音扬声器的谐振频率多为20～30 Hz。

一般来说，扬声器口径越大，谐振频率越低。低音扬声器的频率范围为20 Hz～3 kHz，中音扬声器的频率范围为500 Hz～5 kHz，高音扬声器的频率范围为2 kHz～20 kHz。

二、叮咚门铃电路的工作原理

叮咚门铃电路图如图3－6－3所示，其核心为555集成定时器，SB为门铃的按钮，SP为门铃的扬声器，其示意图如图3－6－4所示。

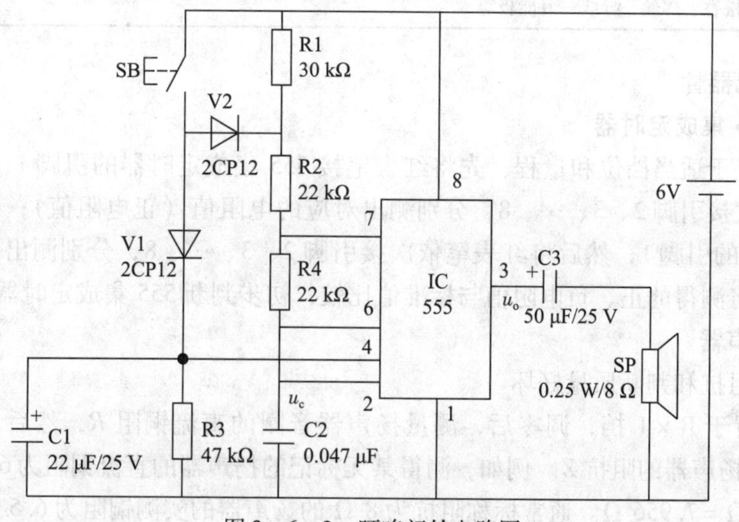

图3－6－3　叮咚门铃电路图

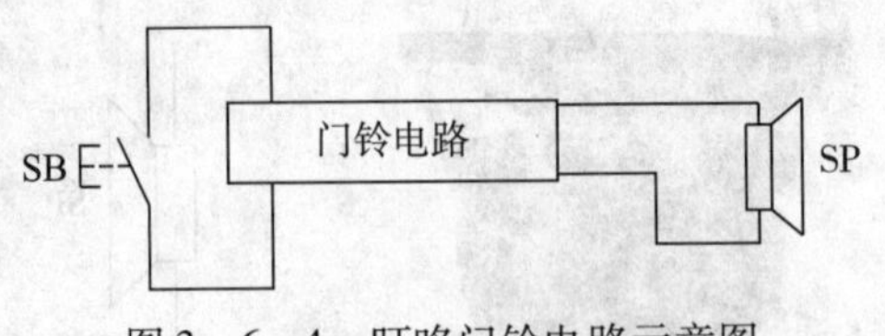

图 3－6－4　叮咚门铃电路示意图

当按下按钮 SB 后，电源经二极管 V1 对电解电容器 C1 充电。当 555 集成定时器引脚 4（复位端）的电压大于 1 V 时，电路振荡，扬声器 SP 发出“叮”声。松开按钮 SB，电解电容器 C1 储存的电能经电阻器 R3 放电，此时 555 集成定时器引脚 4 继续维持高电平而保持电路振荡，但因电阻器 R1 也接入振荡电路，振荡频率变低，使扬声器 SP 发出“咚”声。当电解电容器 C1 上的电能释放一定时间后，555 集成定时器引脚 4 电压低于 1 V，555 集成定时器复位，此时电路将停止振荡，扬声器停止发声。再按一次按钮 SB，电路将重复上述过程。

一、任务准备

根据任务需要，按照实训器材清单（见表 3－6－2）准备好相应的工具、仪器仪表、元器件和材料，设置好安全防护措施。

表 3－6－2　　**实训器材清单**

类别	准备内容
工具	内热式电烙铁、烙铁架、镊子、斜口钳
仪器仪表	万用表、直流稳压电源、通用示波器
元器件	555 集成定时器、集成电路插座、二极管、电阻器、电容器、按钮、扬声器
材料	松香、焊丝、导线、万能板等

二、检测元器件

1. 检测 555 集成定时器

将万用表置于适当挡位和量程，先将红表笔接 555 集成定时器的引脚 1，然后将黑表笔依次接引脚 2、3、…、8，分别测出对应的电阻值（正电阻值）；再将黑笔表接 555 集成定时器的引脚 1，然后将红表笔依次接引脚 2、3、…、8，分别测出对应的电阻值（负电阻值）；将测得的正、负电阻值与标准值比较，初步判断 555 集成定时器的质量好坏。

2. 检测扬声器

（1）估算阻抗和判断质量好坏

将万用表置于 R×1 挡，调零后，测量扬声器音圈的直流铜阻 R，然后利用估算公式 $Z=1.17R$ 计算扬声器的阻抗 Z。例如，测得某无标记的扬声器的直流铜阻为 6.8 Ω，则阻抗 $Z=1.17\times6.8\ \Omega=7.956\ \Omega$。通常标称阻抗为 8 Ω 的扬声器的实测铜阻为 6.5～7.2 Ω。

（2）通过声音判断质量好坏

将万用表置于 R×1 挡，调零后，将红表笔搭在扬声器的一个端子上，黑表笔触碰扬声器的另一个端子，扬声器应发出“咔咔”声。如果没有发出声音，则说明扬声器损坏。

三、安装与调试电路

1. 安装电路

按照图 3－6－3 所示的叮咚门铃电路图进行元器件的安装和导线的连接，采用直脚插焊的方式对元器件和导线进行焊接，焊接完成后进行剪脚、清洁和整理，整理完成的叮咚门铃电路板如图 3－6－5 所示。

注意：集成电路安装前，应安装相应的插座，插座标记口的方向应与实际集成电路标记口的方向一致；将集成电路插入插座时，应避免插反、引脚未完全插入等现象。

a）

b）

图 3－6－5　整理完成的叮咚门铃电路板

a）元器件面　b）焊接面

2. 检查电路

电路安装完成后，应按照工艺要求进行电路检查，电路检查项目及工艺要求见表 3－6－3。

表 3－6－3　电路检查项目及工艺要求

检查项目	工艺要求
元器件安装	（1）元器件与电路图一致 （2）元器件布局合理、紧凑 （3）元器件安装牢固 （4）555 集成定时器的安装符合要求 （5）按钮、扬声器的装接符合要求 （6）有极性元器件极性正确
电路连接、焊接质量	具体工艺要求参考表 3－2－15

3. 调试电路

用万用表检测电路是否有短路问题，无误后方可通电调试。

接通叮咚门铃电路的电源，按下按钮 SB，再松开按钮 SB，用示波器观察 u_c、u_o 的波形，聆听扬声器的声音，将结果填入表 3－6－4 中。调试完毕，断开电路电源。

表 3－6－4　　电路调试结果记录

调试操作	u_c、u_o 波形	声音
按下按钮	u_c / u_o 坐标（O，t）	扬声器发出“＿＿＿＿”的声音
松开按钮	u_c / u_o 坐标（O，t）	扬声器发出“＿＿＿＿”的声音

课题四 钳工基本操作技能

任务1 划 线

学习目标

1. 熟悉常用的划线工具及应用。
2. 掌握钳工划线的一般步骤。
3. 能正确使用划线工具进行划线。

任务引入

錾口锤的制作是学习钳工基本操作技能的典型工作任务之一，制作过程涵盖钳工操作的各项基本技能，包括划线、錾削、锯削、锉削、孔加工和装配。划线是指利用划线工具在毛坯或工件上划出待加工部位的轮廓线或作为基准的点和线。

本任务旨在学习常用的划线工具及应用、钳工划线的一般步骤，并完成錾口锤制作的第一步——划线，即使用划线工具在圆钢上划出錾口锤锤头长方体轮廓线。

相关知识

一、常用的划线工具

划线工具按照用途可以分为基准工具（如平板、V形架、三角铁、各种分度头等）、量具（如外径千分尺、游标卡尺等）、绘制工具（如游标高度卡尺、划规、划针、划线盘、样冲等）、辅助工具（如台虎钳、垫铁、千斤顶、夹头、夹钳等）。

钳工常用的划线工具及应用见表4－1－1。

表 4-1-1　钳工常用的划线工具及应用

名称	图示	说明
平板		平板一般由铸铁制成，具有较好的平面度，适用于大型工件的划线。工作时应使平板的工作面处于水平状态
V 形架		V 形架一般由铸铁或碳钢精制而成，相邻各面互相垂直，用来支撑圆形工件，以便于找中心和划中心线
钢直尺	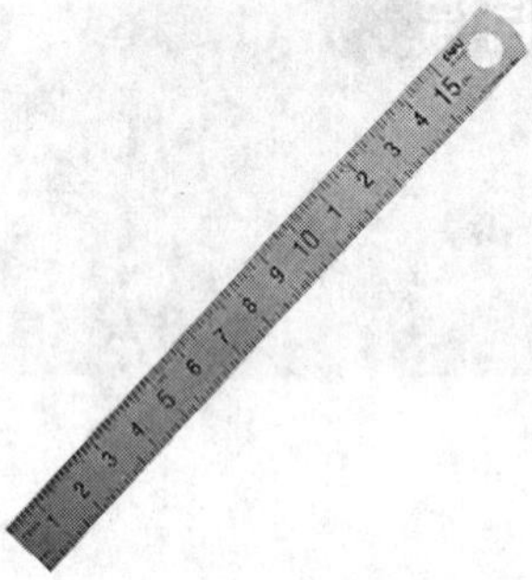	钢直尺是一种简单的长度量具，尺面上刻有尺寸刻线，长度规格包括 150 mm、300 mm、1 000 mm 等多种。主要用于量取尺寸，也可以作为划直线的导向工具
直角尺	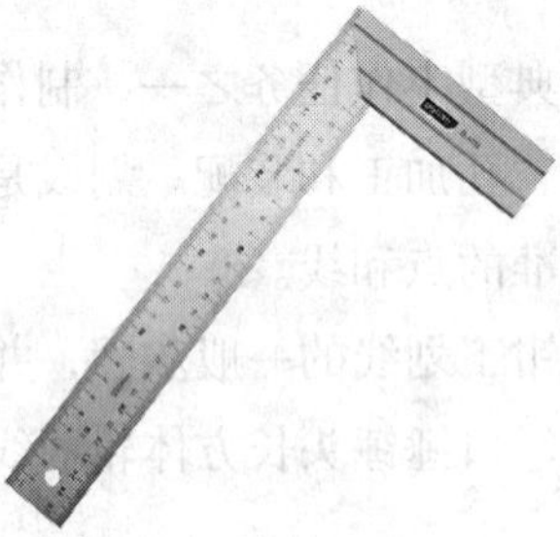	直角尺（90°角尺）既可以作为检验直角的量具，又可以作为划平行线或垂直线的导向工具，还可以用来找正工件平面在平板上的垂直位置
游标万能角度尺	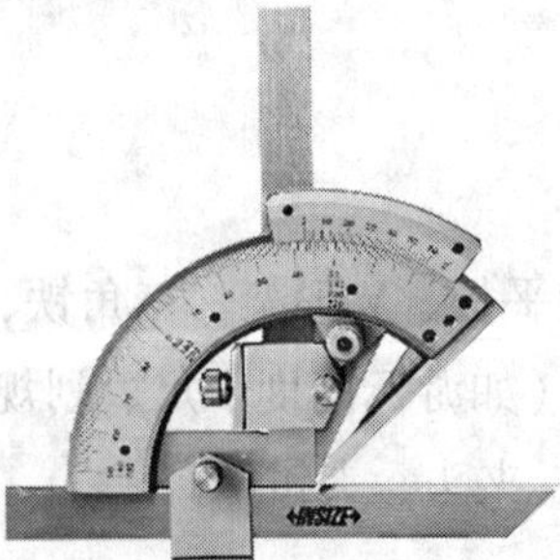	游标万能角度尺是利用活动直尺测量面相对于基尺测量面的旋转，对两测量面间分隔的角度利用游标原理进行测量的工具，Ⅰ型游标万能角度尺的测量范围一般为 0°～320°

续表

名称	图示	说明
游标高度卡尺		游标高度卡尺由游标卡尺和底座等组成，调节螺钉可以移动尺框的位置，划线量爪尖端焊有硬质合金，既可以用来量取尺寸，又可以直接划线
划规	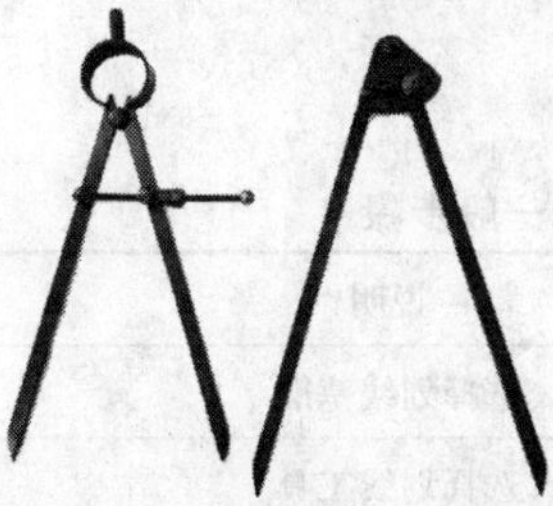	划规由工具钢或不锈钢制成，两脚尖端淬硬，硬度高，耐磨，可用于量取尺寸、等分角度、等分线段、划圆等
划针	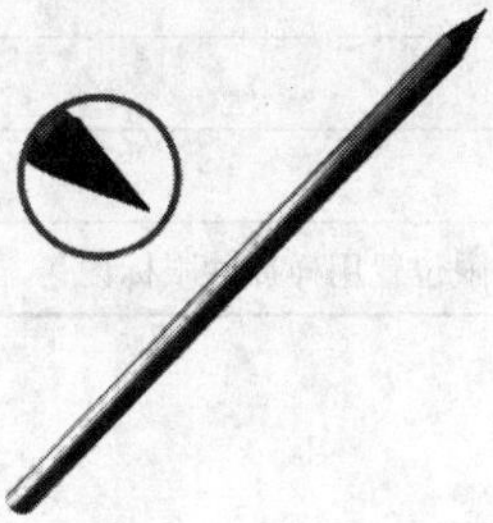	划针是划线用的基本工具。常用的划针由 $\phi3$ ~ $\phi6$ mm 的弹簧钢丝或高速钢制成，其长度为 200 ~ 300 mm，尖端磨成 15° ~ 20° 的尖角，并经热处理淬硬，以提高其硬度和耐磨性
划线盘		划线盘常用于在工件上划线和找正工件位置。划针一端（直头端）一般焊有硬质合金用于划线，另一端制成弯头用于找正工件位置
样冲		样冲一般由工具钢制成，尖端淬硬，用于在已经划好的线上冲眼，可以完成划线标记、确定尺寸界限和中心等操作

续表

名称	图示	说明
台虎钳	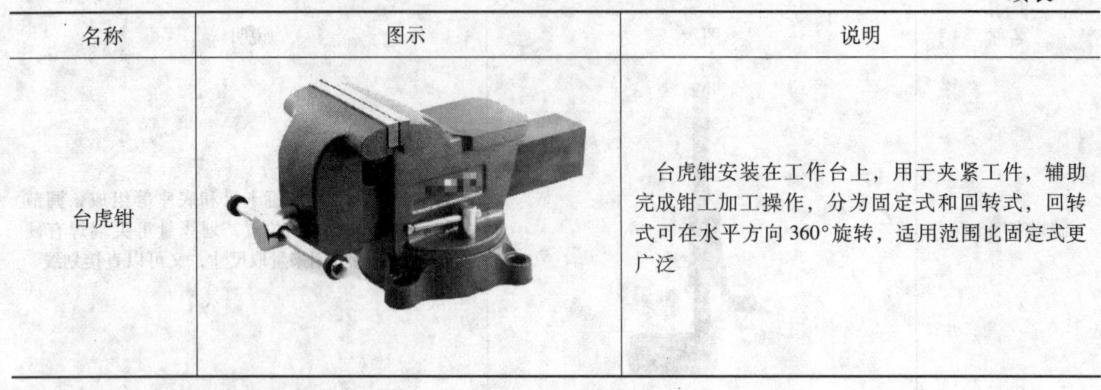	台虎钳安装在工作台上，用于夹紧工件，辅助完成钳工加工操作，分为固定式和回转式，回转式可在水平方向360°旋转，适用范围比固定式更广泛

二、钳工划线的一般步骤

钳工划线的一般步骤见表4－1－2。

表4－1－2　钳工划线的一般步骤

步骤	说明
分析图样	熟悉图样，了解工艺要求和加工部位，选择划线基准
准备	了解加工尺寸，正确安放毛坯或工件，选择划线工具
检查毛坯或工件	检查毛坯或工件尺寸，估算加工余量
划线	按照图样要求，使用合适的工具划线
检查划线部位	检查划线部位是否齐全、准确
标记	根据图样要求，在需要标记的位置、界限位置用样冲冲眼标记

任务实施

一、任务准备

根据任务需要，按照实训器材清单（见表4－1－3）准备好相应的工具和材料，设置好安全防护措施。

表4－1－3　实训器材清单

类别	准备内容
工具	V形架、平板、游标高度卡尺、直角尺等
材料	ϕ34 mm×122 mm 圆钢

二、认识、使用游标高度卡尺

游标高度卡尺是利用游标原理对安装在尺框上的划线量爪工作面与底座工作面相对移动分隔的距离进行读数的测量器具，如图4－1－1所示，其读数方法同游标卡尺。游标高度卡尺既可以用于测量工件的高度尺寸、相对位置，又可以完成精密划线

操作。游标高度卡尺的使用见表 4 –1 –4。

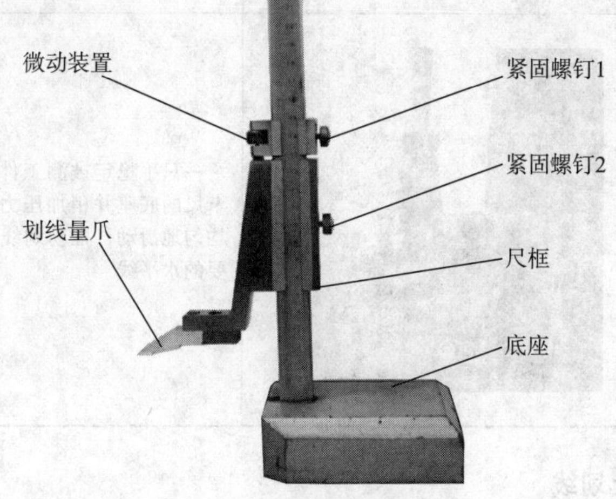

图 4 –1 –1　游标高度卡尺

表 4 –1 –4　　游标高度卡尺的使用

步骤	图示	操作说明
预调		移动尺框，使划线量爪接近于所需的高度尺寸，拧紧紧固螺钉 1
微调		调节微动装置，使划线量爪对准所需尺寸，拧紧紧固螺钉 2

续表

步骤	图示	操作说明
划线		一只手稳定被测工件，另一只手握住游标高度卡尺的底座并稍加压力，使游标高度卡尺沿平板均匀地滑动，推动划线量爪在被测工件上划出需要的水平线

三、在圆柱工件上划线

1. 分析图样

錾口锤的锤头是长方体工件，选用的原材料是 ϕ34 mm 圆钢，需要在圆钢端面和外圆表面划出长方体工件的轮廓线。划线图样如图 4－1－2 所示。

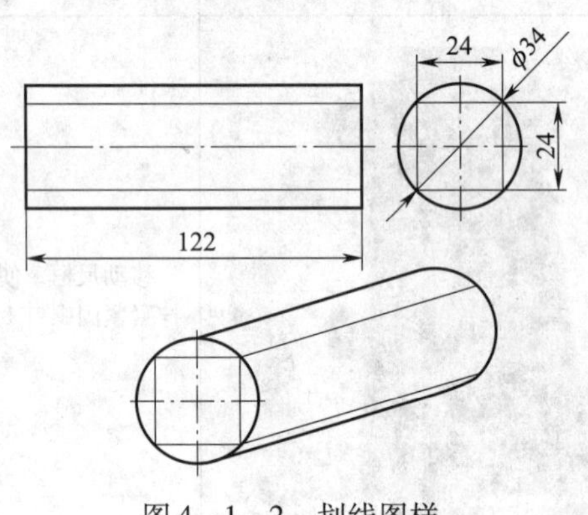

图 4－1－2　划线图样

2. 划线

划线操作步骤见表 4－1－5。

表 4－1－5　划线操作步骤

步骤	图示	操作说明
测量工件外圆最高点		在平板上用 V 形架放置工件，用游标高度卡尺测出工件外圆最高点的尺寸

续表

步骤	图示	操作说明
划工件中心线	 	调整游标高度卡尺，降低高度尺寸至工件中心高度 H（中心高度 H = 最高点尺寸 - 工件半径） 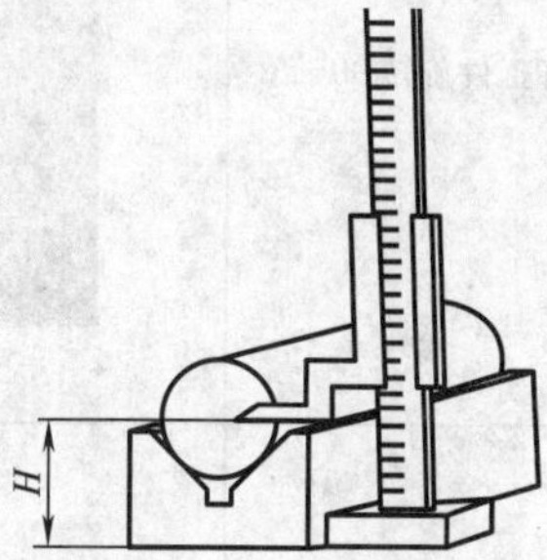 H 一只手压住工件，另一只手推动游标高度卡尺，利用划线量爪在工件两端面划出水平中心线
划第一条线		调整游标高度卡尺，升高高度尺寸至高度 L_1（L_1 = 中心高度 H + 12 mm） 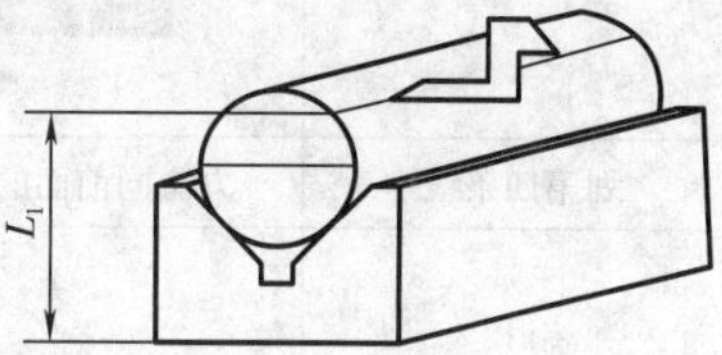 L_1 在工件两端面和外圆表面划出一圈水平线
将工件旋转 90°		旋转工件 90°，利用直角尺检查旋转角度
划第二条线		保持游标高度卡尺示值不变，划出第二条线

续表

步骤	图示	操作说明
将工件旋转 90°		再次同向旋转工件 90°，利用直角尺检查旋转角度
划第三条线		保持游标高度卡尺示值不变，划出第三条线
划第四条线	方法同前面的步骤	
完成划线		—

(1) 熟悉图样，了解划线的位置，分析划线顺序。

(2) 工件夹持要稳固，避免工件移动或松脱。

(3) 正确选择划线工具，划出的线应清晰。

(4) 一次夹持应将要划的水平线全部划完，避免再次夹持补划造成误差。

(5) 划线应准确，应反复检查、核对尺寸，避免加工后尺寸错误造成废料。

任务2　錾　削

学习目标

1. 熟悉常用的錾削工具及其使用方法。
2. 掌握錾削的基础知识。
3. 掌握加工平面的检查方法。
4. 能正确使用錾削工具进行錾削加工。

任务引入

用手锤敲击錾子对金属进行切削加工的操作方法称为錾削。

本任务旨在学习常用的錾削工具及其使用方法、錾削的基础知识和加工平面的检查方法，并完成錾口锤制作的第二步——錾削，即使用錾削工具在划线后的圆钢上进行錾削加工。

相关知识

一、常用的錾削工具

錾削加工主要使用各类錾子和手锤。

1. 錾子

（1）錾子的种类

錾子是錾削加工的刀具，常用的錾子包括扁錾、尖錾、油槽錾三种，见表4－2－1。

表4－2－1　　常用的錾子

名称	图示	说明
扁錾		扁錾又称为阔錾、平錾，用于去除凸缘、毛刺，切割和錾削平面，是用途最广泛的一种錾子
尖錾		尖錾又称为狭錾、窄錾，主要用于錾槽和分割曲线形板料
油槽錾		油槽錾又称为油錾，主要用于錾削润滑油槽

（2）錾子的几何角度

錾子由头部、錾身和切削部分组成，其切削部分呈楔形。錾子的錾削角度如图 4－2－1 所示。前刀面与后刀面的夹角称为楔角，是决定錾子切削性能和强度的重要参数，楔角越大，切削性能越差。

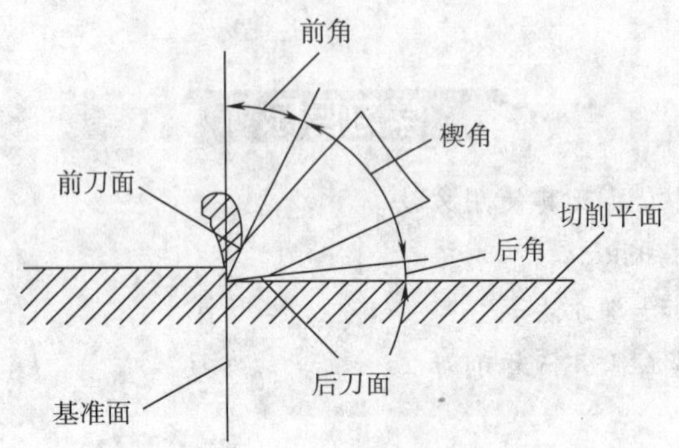

图 4－2－1　錾子的錾削角度

应根据工件材料的不同选择不同的楔角，工具钢、铸铁工件选取 60°～70°的楔角，结构钢工件选取 50°～60°的楔角，铜、铝、锡工件选取 30°～50°的楔角。

錾子前刀面与基准面的夹角称为前角，前角越大，切削越省力。錾子后刀面与切削平面的夹角称为后角，后角越大，切削深度越大，切削越困难；后角过小，易造成錾子从工件表面滑过。

（3）錾子的刃磨

当錾子在使用中其切削部分磨钝时，需要在砂轮机上进行刃磨，如图 4－2－2 所示。

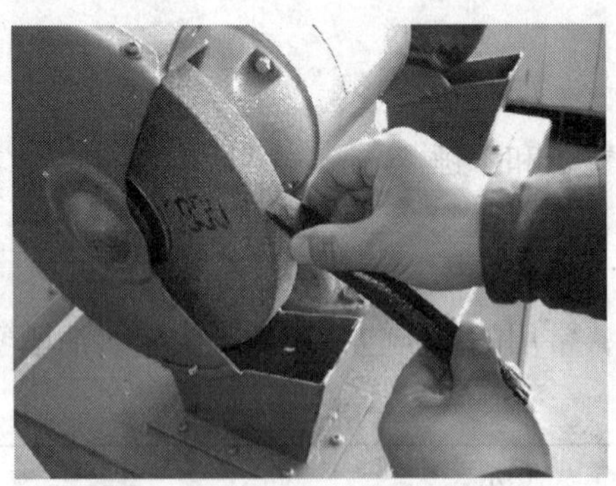

图 4－2－2　錾子的刃磨

刃磨时，必须使切削刃略高于砂轮水平中心线，在砂轮全宽上做左右移动，用力均匀，两刀面交替进行，直至磨出所需的楔角。

2. 手锤

手锤是钳工常用的敲击工具，如图 4－2－3 所示。手锤的规格以锤头的质量来表示，常用的包括 0.25 kg、0.5 kg、1 kg 等。锤头经淬硬处理，锤柄用硬而不脆的木材制成，如檀木、胡桃木等，其长度应根据锤头的规格选用。

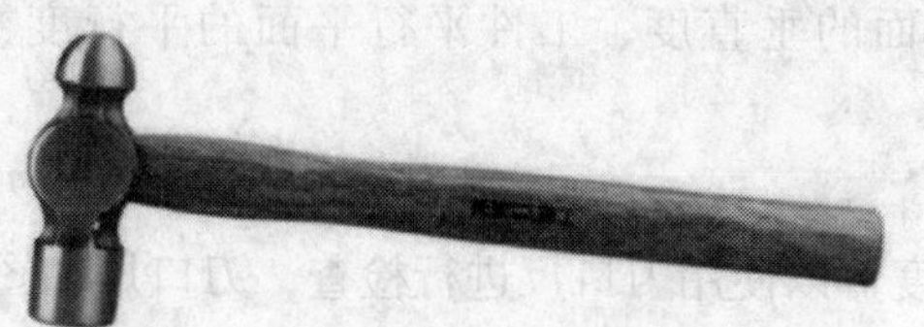

图4－2－3　手锤

二、錾削基础知识

錾子能切下金属，应满足两个条件：一是錾子切削部分的材料硬度比被加工材料的硬度大；二是錾子切削部分有合理的几何角度，主要是选择合适的楔角。应根据工件材料软硬程度的不同选取不同的楔角：錾削硬材料，楔角要大一些；錾削软材料，楔角要小一些。

錾削可以加工平面、沟槽和錾断板料等，不同的錾削操作有不同的要求。

1. 錾削平面

錾削平面一般用扁錾进行，錾削平面分为起錾、錾削和錾出三个阶段，操作要点见表4－2－2。

表4－2－2　錾削平面的操作要点

步骤	操作要点
起錾	从工件边缘尖角处起錾，錾子切削刃贴紧工件錾削划线部位，握平錾子（錾子的前刀面在工件錾削加工一侧，后刀面基本与工件端面垂直），轻击錾子，切入工件
錾削	保持錾子的正确位置和前进方向，控制好后角的大小和锤击力度。锤击数次后暂停，给錾子切削刃散热，同时观察錾削情况，若錾削尺寸无误，则继续錾削；若发现有偏差，应及时修正
錾出	錾削快结束时，一般錾削距工件尽头10～15 mm，应将工件掉头，从另一端錾去余下部分，以免工件边缘崩裂

2. 錾槽

錾槽操作主要分为錾油槽和錾键槽，操作要点见表4－2－3。

表4－2－3　錾槽的操作要点

操作类型	操作要点
錾油槽	先在待加工的轴瓦上划出油槽的形状，再根据图纸中油槽断面的形状，对油槽錾的切削刃进行刃磨，使之符合油槽断面的形状要求，然后进行錾削操作
錾键槽	先在需加工键槽的部位划线，再按照键槽的形状，在加工部位一端（或两端）钻孔，完成圆弧形的加工，然后对尖錾的切削刃进行刃磨，使之符合键槽的形状要求，最后进行錾削操作

3. 錾断板料

錾断板料时，可在铁砧（或平板）上进行錾削。在板料下垫软铁材料，避免损伤錾子的切削刃。操作时先按划线部位錾出凹痕，再用锤击使板料折断。

三、加工平面的检查方法

平面加工操作中，经常需要对加工平面进行检查，检查的主要项目包括工件某一平面的平面度、工件两个相邻平面的垂直度、工件平行平面的平行度、两个工件配合平面的间隙等。

1. 检查平面度

工件某一平面的平面度可以使用刀口尺进行检查，刀口尺如图4－2－4所示。使用刀口尺检查平面度一般采用透光法多位置检查，如图4－2－5所示。

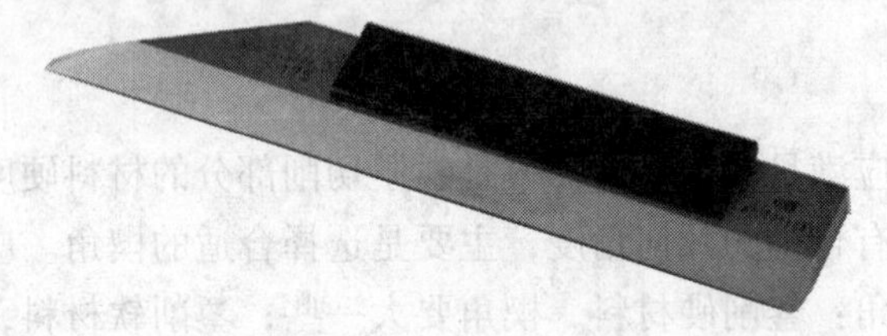

图4－2－4　刀口尺

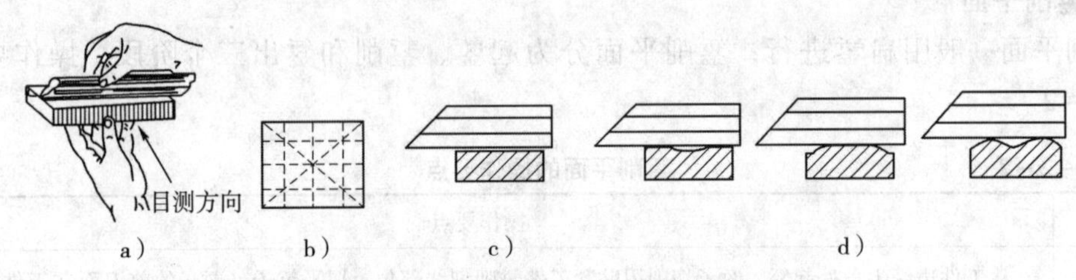

a） b） c） d）

图4－2－5　使用刀口尺检查平面度

a）检查方法　b）检查位置　c）平直　d）不平直

2. 检查垂直度

工件两个相邻平面的垂直度可以使用刀口形直角尺采用透光法多位置进行检查，如图4－2－6所示。

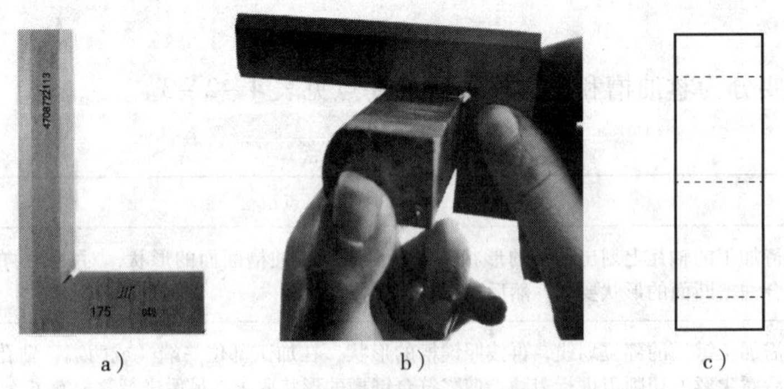

a） b） c）

图4－2－6　使用刀口形直角尺检查垂直度

a）刀口形直角尺　b）检查方法　c）检查位置

3. 检查平行度

工件平行平面的平行度一般使用游标卡尺采用多位置间距尺寸比较进行检查，如图4－2－7所示。用游标卡尺在多个位置测量两个平行平面间的尺寸，检查是否符合平行度要求。

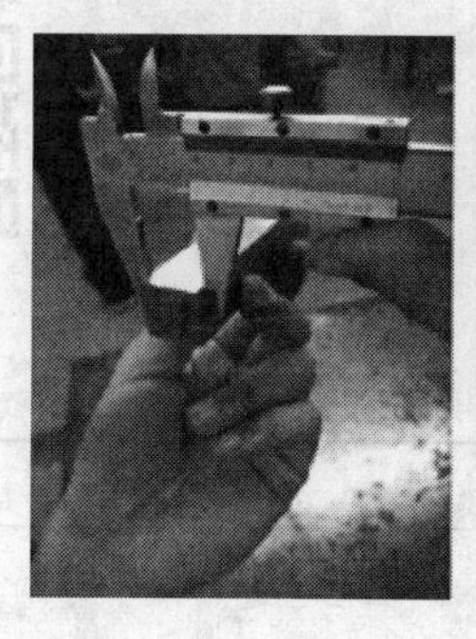

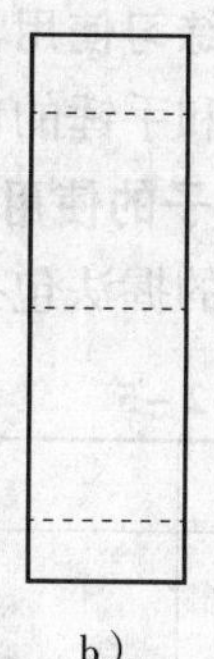

a）　　b）

图4-2-7　使用游标卡尺检查平行度

a）检查方法　b）检查位置

4. 检查间隙

塞尺又称为测微片或厚薄规，由各种具有准确厚度尺寸的薄片组成，主要用于测量两个工件配合平面的间隙，如图4-2-8所示。使用时，先目测待测间隙的大小，选择合适厚度的塞尺片塞入间隙。若可以塞入，则说明间隙大于该塞尺片的标称厚度；若不能塞入，则说明间隙小于该塞尺片的标称厚度，以此判断间隙的大小。

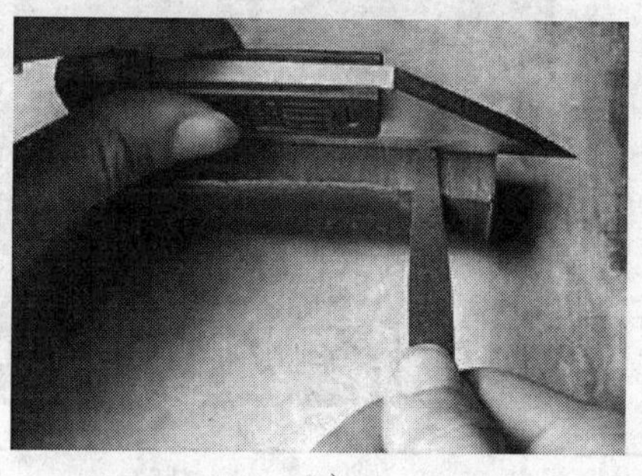

a）　　b）

图4-2-8　使用塞尺检查间隙

a）塞尺　b）检查方法

任务实施

一、任务准备

根据任务需要，按照实训器材清单（见表4-2-4）准备好相应的工具和材料，设置好安全防护措施。

表4-2-4　实训器材清单

类别	准备内容
工具	游标卡尺、刀口尺、直角尺、塞尺、游标高度卡尺、扁錾、手锤等
材料	任务1完成划线的 $\phi34$ mm×122 mm 圆钢

二、练习使用常用錾削工具

錾子和手锤的使用是錾削的主要操作技能。

1. 錾子的使用

錾子的握法包括正握法和反握法两种，见表 4－2－5。

表 4－2－5　　錾子的握法

握法	图示	操作说明
正握法	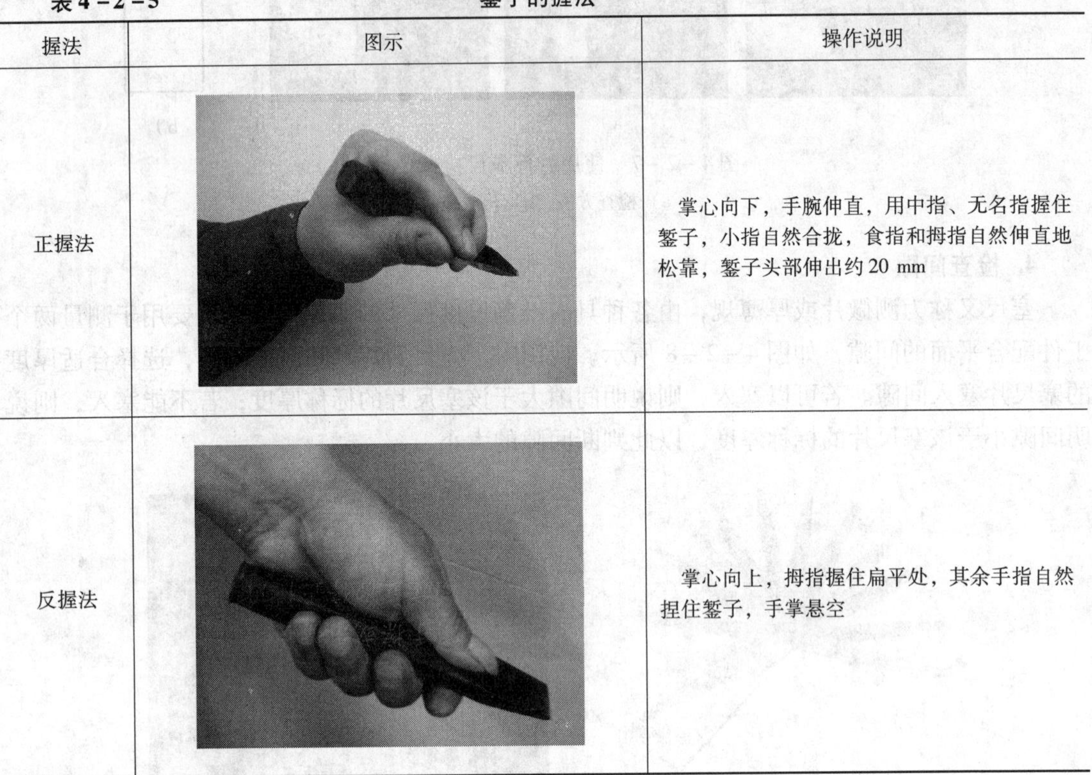	掌心向下，手腕伸直，用中指、无名指握住錾子，小指自然合拢，食指和拇指自然伸直地松靠，錾子头部伸出约 20 mm
反握法		掌心向上，拇指握住扁平处，其余手指自然捏住錾子，手掌悬空

2. 手锤的使用

（1）手锤的握法

手锤的握法包括紧握法和松握法两种，见表 4－2－6。

表 4－2－6　　手锤的握法

握法	图示	操作说明
紧握法		用右手五指紧握锤柄，拇指合在食指上，虎口对准锤头方向，锤柄尾端露出 15 ~ 30 mm，在挥锤和锤击过程中，五指始终紧握锤柄 紧握法的优点是锤击精准度高

续表

握法	图示	操作说明
松握法		只用拇指和食指始终紧握锤柄，在挥锤时，小指、无名指和中指则依次放松；在锤击时，又以相反的顺序收拢握紧 松握法的优点是手不易疲劳，锤击力大

（2）挥锤的方法

挥锤包括腕挥、肘挥和臂挥三种方法，见表4－2－7。

表4－2－7　　挥锤的方法

方法	操作说明
腕挥	仅用手腕的动作进行锤击操作，采用紧握法握锤，一般用于余量较小以及起錾或錾出的情况
肘挥	用手腕与肘部一起挥动手锤进行操作，采用松握法握锤，因挥动幅度较大，锤击力也较大，一般操作都采用肘挥法挥锤
臂挥	手腕、肘部、手臂一起挥动手锤操作，锤击力最大

挥锤操作时，锤击要求稳（速度节奏稳定）、准（命中率高）、狠（锤击有力）。挥锤动作要一下一下有节奏，节奏控制一般是肘挥法约40次/min，腕挥法约50次/min。

三、錾口锤锤头錾削加工

1. 分析图样

接上一个任务，在完成划线的圆钢上进行錾削加工，完成锤头长方体两个平面的粗加工。錾削加工图样如图4－2－9所示。

图中，錾削的尺寸公差为 $29^{+1.5}_{0}$ mm，即上极限尺寸为30.5 mm，下极限尺寸为29 mm。[▱|0.8] 是平面度公差要求，代表加工表面的平整程度，表示工件上的錾削面必须位于距离等于0.8 mm的两个理想平行平面之间。[⊥|0.8|*A*] 是垂直度公差要求，表示工件上的錾削面必须位于距离为0.8 mm且垂直于基准平面（图中的*A*面）的两个理想平行平面之间。

2. 錾削加工

錾削加工操作步骤见表4－2－8。

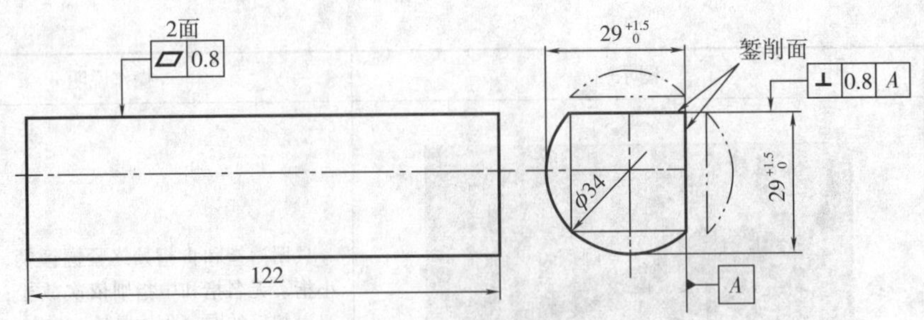

图 4－2－9　錾削加工图样

表 4－2－8　　錾削加工操作步骤

步骤	图示	操作说明
装夹工件		按划线位置找正并在台虎钳上夹紧工件
		所划加工面的线条应平行于钳口平面，錾削面应高于钳口平面 10～15 mm
		可在工件下面加木垫块

续表

步骤	图示	操作说明
站位		身体略前倾，保持自然，左脚前跨半步，膝盖处稍有弯曲，右腿站稳并伸直，不要太用力
起錾	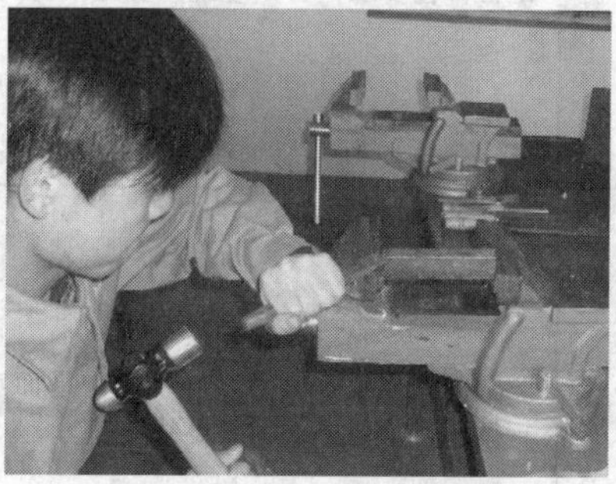	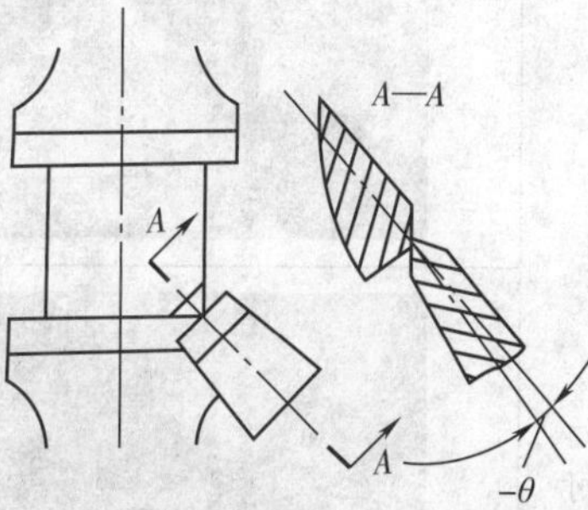 先在工件的边缘尖角处将錾子呈负角放置（$-\theta=3°\sim5°$），錾出一个斜面，然后按正常的錾削角度逐步向中间錾削，平面錾削时常用这种方法
錾削第一个面	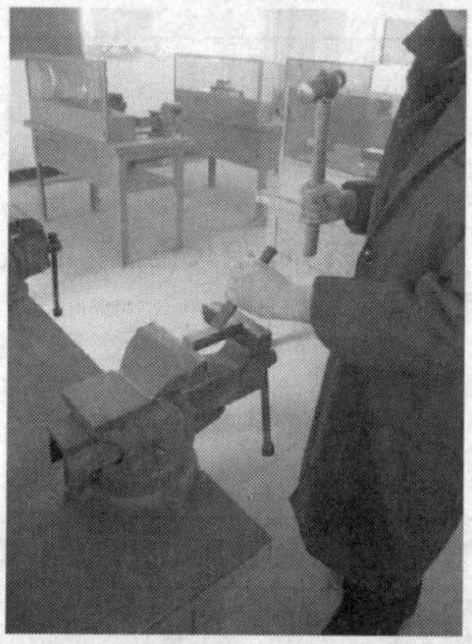	正常錾削时錾子的后角为 $5°\sim8°$，开始时錾削量一般为 0.5 ~ 1.5 mm，每錾削 2 ~ 3 次后将錾子退回一些，观察錾削面的平整情况，然后继续錾削
	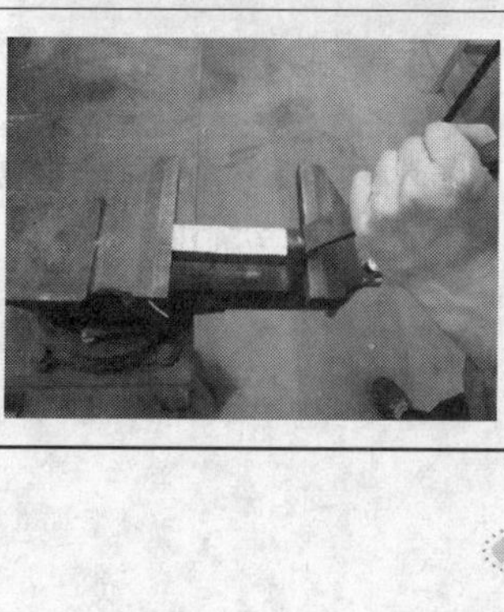	当錾削到接近工件尽头时（一般剩余 10 ~ 15 mm），必须将工件掉头，从另一端錾去余下的部分，否则会錾出缺口，造成工件报废

续表

<table>
<tr><th>步骤</th><th>图示</th><th>操作说明</th></tr>
<tr><td>錾削第一个面</td><td></td><td>当尺寸錾削到30 mm时，每次錾削量应较少，一般不超过0.5 mm，对錾削面进行修整加工，挥锤方法应采用腕挥，要求錾削痕迹整齐一致</td></tr>
<tr><td rowspan="3">检查尺寸和平面度</td><td></td><td>在錾削到接近划线位置时，利用游标卡尺检查尺寸是否符合要求，否则应继续加工</td></tr>
<tr><td></td><td>錾削完成后，使用刀口尺检查平面度，观察透光是否微弱且均匀，否则需要修整</td></tr>
<tr><td>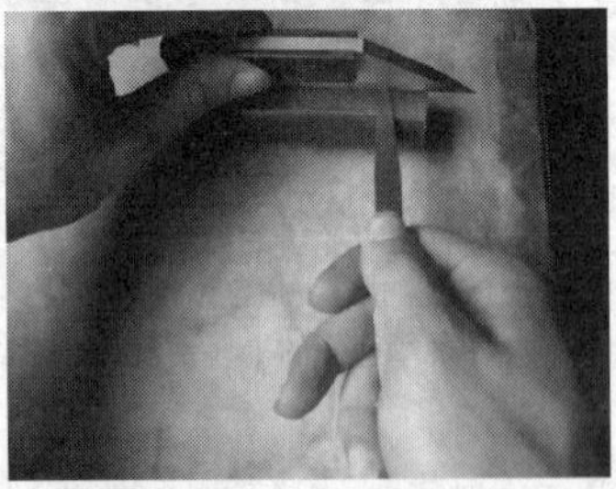</td><td>使用0.8 mm塞尺检查錾削面是否符合平面度要求，否则需要修整</td></tr>
<tr><td>錾削第二个面</td><td colspan="2">将工件旋转90°装夹在台虎钳上，用同样的方法錾削第二个面，加工完成后应检查尺寸和平面度</td></tr>
<tr><td>检查垂直度</td><td>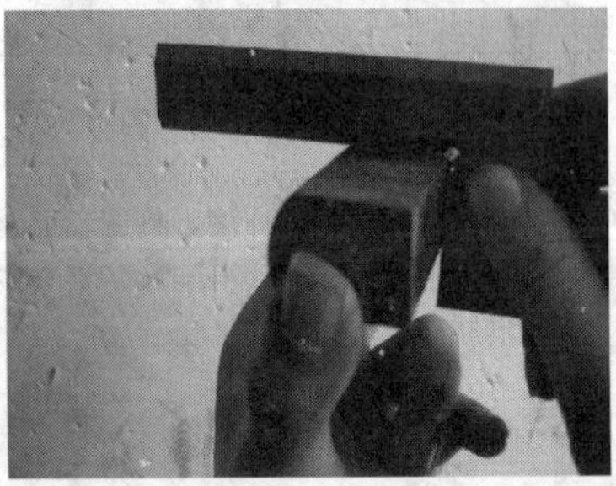</td><td>用直角尺检查两个平面的垂直度，若不符合要求应进行修整</td></tr>
</table>

续表

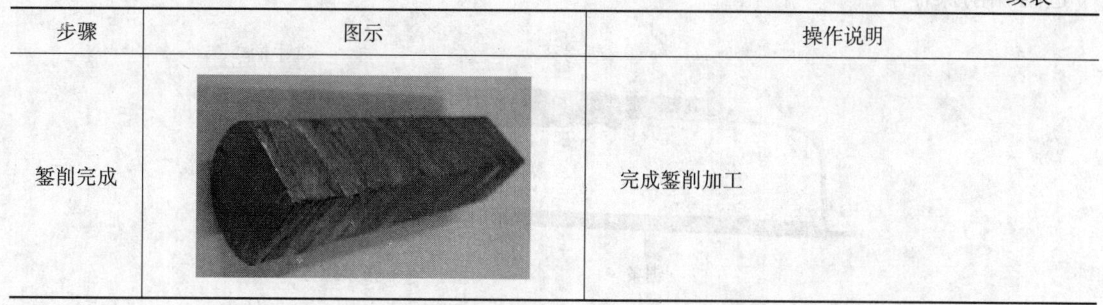

步骤	图示	操作说明
錾削完成		完成錾削加工

(1) 錾子应刃磨锋利，以免錾削时打滑。
(2) 錾子头部有明显的毛刺时应及时磨掉。
(3) 挥锤时应注意身后，以防伤人。
(4) 錾屑应用刷子刷掉，不得用手擦或用嘴吹。
(5) 手锤锤柄应装牢，如有松动应立即停止使用。

任务3　锯　削

学习目标

1. 熟悉手锯的组成和锯条的安装方法。
2. 掌握锯削的基础知识。
3. 能正确使用手锯进行锯削加工。

用手锯对材料或工件进行锯断或锯槽等加工的操作方法称为锯削。

本任务旨在学习手锯的组成和锯条的安装方法、锯削的基础知识，并完成錾口锤制作的第三步——锯削，即使用手锯在錾削后的工件上进行锯削加工。

一、手锯

1. 手锯的组成

手锯主要由锯弓和锯条组成，如图 4－3－1 所示。锯弓用于安装和张紧锯条，锯条用于进行锯削操作。

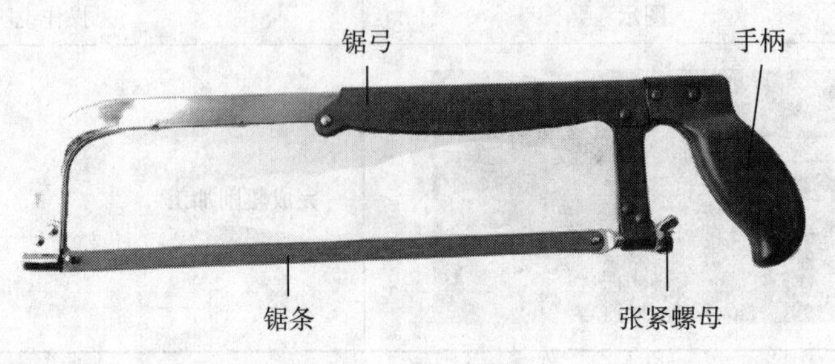

图 4－3－1　手锯

锯条的长度规格用两端销孔的中心距表示，常用的锯条长度为 300 mm，如图 4－3－2 所示。

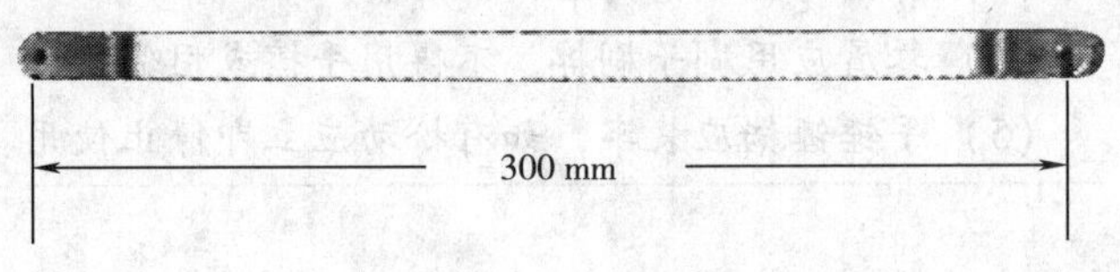

图 4－3－2　锯条

锯条的粗细规格用 25 mm 长度内的锯齿数或齿距（两相邻锯切刃之间的距离）表示。锯条的粗细规格应根据材料的硬度和厚度来选用。通常锯削软材料或切面较大的工件时，应选用齿距较大的锯条；锯削硬材料或切面较小的工件时，应选用齿距较小的锯条；锯削管子或薄板材料时，必须选用齿距小的锯条，以防锯齿卡住或崩裂。

2. 锯条的安装

锯条在使用前需要安装到锯弓上。安装锯条时，先将锯弓前端拉开到合适的位置，然后将锯条上的销孔套在锯弓的固定销上，旋转翼形张紧螺母收紧锯条。安装时需注意以下两点：

（1）安装好的锯条齿尖的方向应朝前，如图 4－3－3a 所示，因为手锯在向前推进时才起锯削作用。如果装反，则锯削困难，不能进行正常的锯削，如图 4－3－3b 所示。

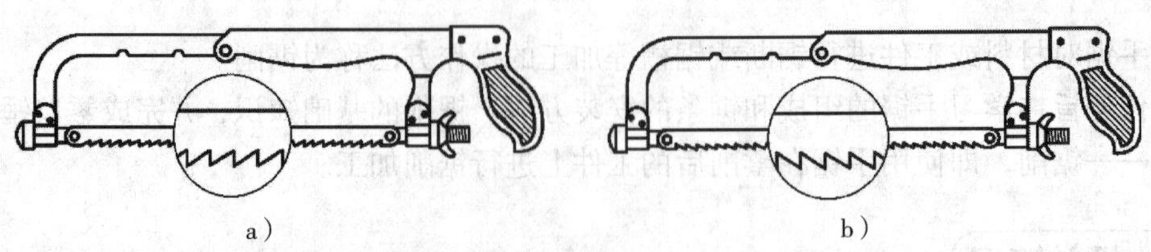

图 4－3－3　锯条的安装方向

a）正确　b）错误

（2）安装锯条时要适当控制锯条的松紧，锯条太紧会使其受力大，锯削中稍有卡阻而弯折时很容易崩断；锯条太松，锯削时容易扭曲，也易折断，而且锯缝容易歪斜。装好的锯条应使其与锯弓保持在同一平面内，这对保证锯缝平直和防止锯条折断都很有利。

二、锯削基础知识

1. 锯削姿势

正确的锯削操作可概括为“站、握、推”三个方面，见表4－3－1。

表4－3－1　锯削操作

锯削操作	说明
站	站是锯削时的站姿。锯削操作的站姿与錾削操作的站姿基本相同，成前弓步
握	握是手锯的握法。右手满握锯弓手柄，控制锯削操作的推力和压力；左手轻扶在锯弓前端，配合右手扶正手锯
推	推是手锯的推挽。在手锯推进时，身体略向前倾，左手上翘，右手下压；挽回时右手上抬，左手自然跟回。手锯的推挽速度一般控制在40次/min左右，锯削硬材料时速度慢一点，锯削软材料时速度可以稍快一点

锯削操作过程中身体的姿势见表4－3－2。

表4－3－2　锯削操作过程中身体的姿势

阶段	图示	说明
锯削前	 10°	锯削操作前成前弓步站立，身体略前倾约10°的倾角，准备起锯
向前锯削	 15°	开始向前锯削，身体的前倾角度逐渐加大至15°左右

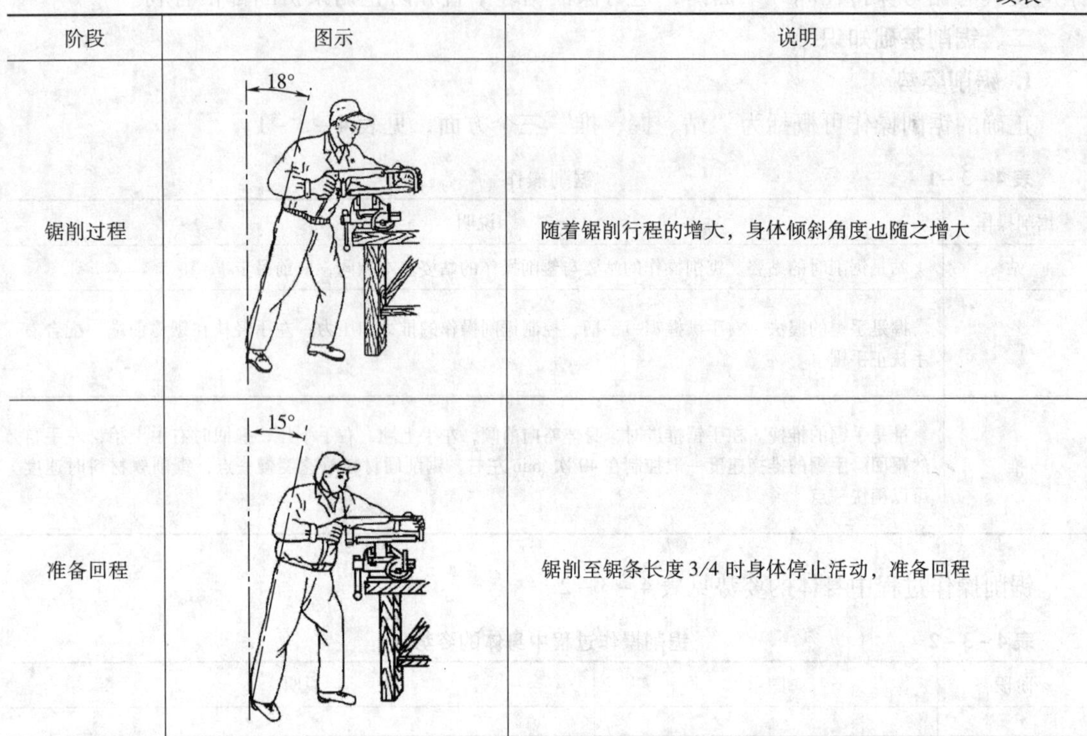

续表

阶段	图示	说明
锯削过程	18°	随着锯削行程的增大，身体倾斜角度也随之增大
准备回程	15°	锯削至锯条长度3/4时身体停止活动，准备回程

2. 锯削工艺和锯削方法

（1）工件夹持

工件一般夹持在台虎钳的左侧，便于锯削操作；工件伸出钳口不应过长，应使锯缝离开钳口侧面约20 mm，以防工件在锯削操作时产生振动；锯缝线条应与钳口侧面保持平行（使锯缝线与铅垂线方向一致）。

工件夹持要牢固，但也要防止过大的夹紧力使工件变形。

（2）起锯

起锯时，为保证在正确的位置上起锯，可用左手拇指挡住锯条；加压要小，往复行程要短，速度要慢，起锯角一般为15°左右。

（3）锯削方法

不同形状的材料应采用不同的锯削方法，见表4－3－3。

表4－3－3　　锯削方法

材料形状	图示	锯削方法
棒料		若锯削的断面要求平整，则应从开始连续锯到结束；若锯削的断面要求不高，则可分几个方向锯下，锯到一定深度后，折断棒料

续表

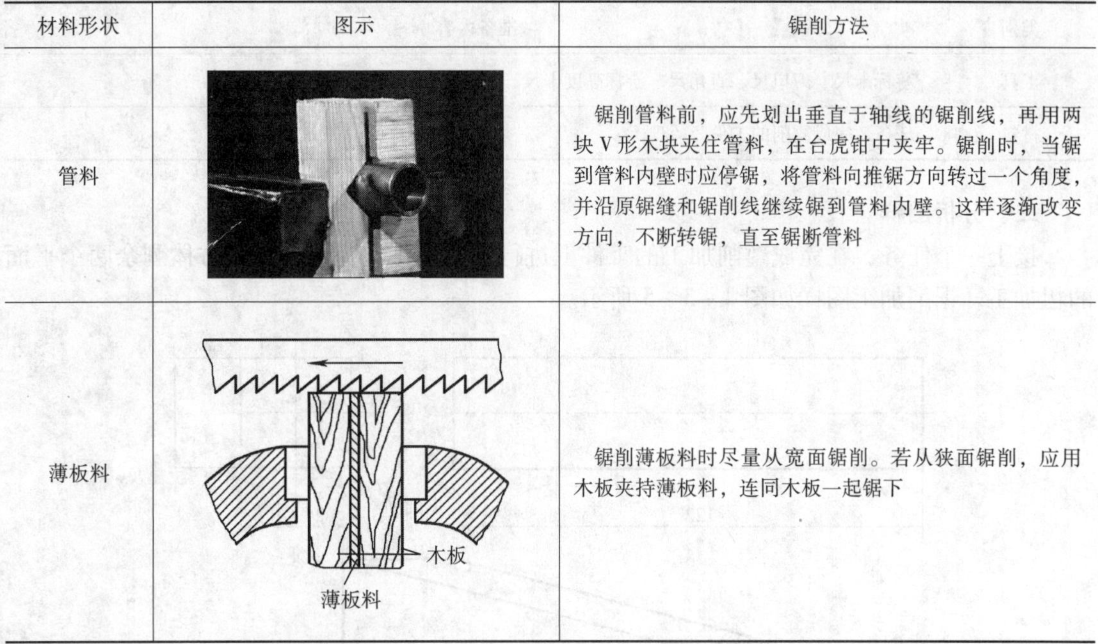

材料形状	图示	锯削方法
管料		锯削管料前，应先划出垂直于轴线的锯削线，再用两块V形木块夹住管料，在台虎钳中夹牢。锯削时，当锯到管料内壁时应停锯，将管料向推锯方向转过一个角度，并沿原锯缝和锯削线继续锯到管料内壁。这样逐渐改变方向，不断转锯，直至锯断管料
薄板料		锯削薄板料时尽量从宽面锯削。若从狭面锯削，应用木板夹持薄板料，连同木板一起锯下

当锯缝深度大于锯弓高度时，应采用深缝锯削方式，此时可以将锯条转过90°重新安装，使锯弓在工件外侧，如图4－3－4所示；或将锯条转过180°，使锯弓在工件底部，继续进行锯削。

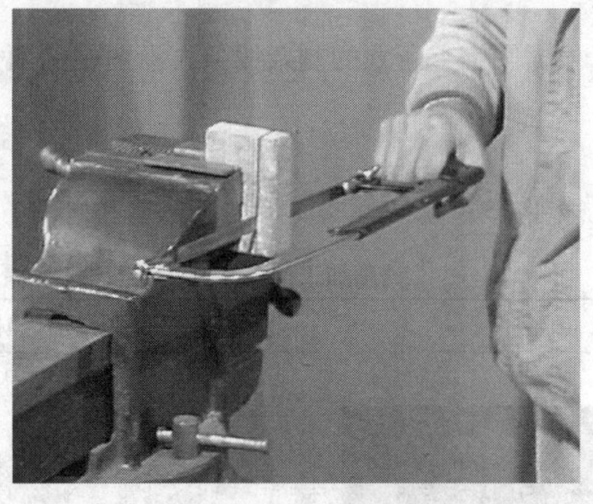

图4－3－4　深缝锯削

任务实施

一、任务准备

根据任务需要，按照实训器材清单（见表4－3－4）准备好相应的工具和材料，设置好安全防护措施。

表 4－3－4　　实训器材清单

类别	准备内容
工具	游标卡尺、刀口尺、直角尺、游标高度卡尺、锯弓、锯条等
材料	任务 2 完成錾削的工件

二、分析图样

接上一个任务，在完成錾削加工的工件上进行锯削加工，完成锤口长方体剩余两个平面的粗加工。锯削加工图样如图 4－3－5 所示。

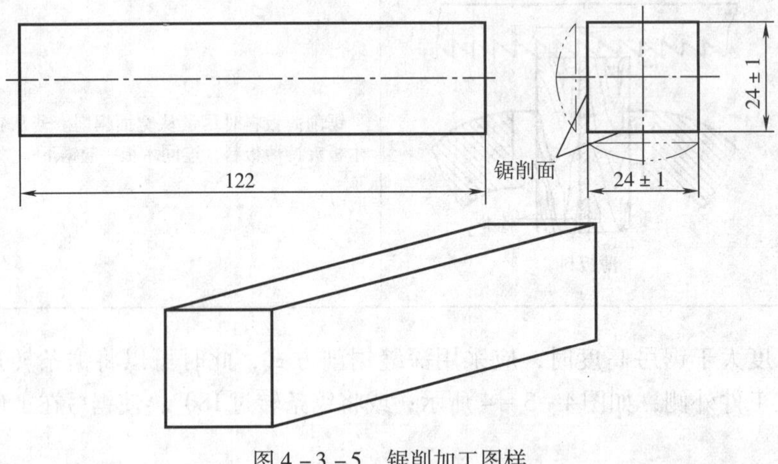

图 4－3－5　锯削加工图样

在錾削后的工件上，根据圆钢上所划的剩余线条，沿图中的两个锯削面锯削并达到尺寸要求（24±1）mm。

三、锯削加工

锯削加工操作步骤见表 4－3－5。

表 4－3－5　　锯削加工操作步骤

步骤	图示	操作说明
装夹工件		按照夹持工件的工艺要求将工件竖着装夹在台虎钳上

续表

步骤	图示	操作说明
站位		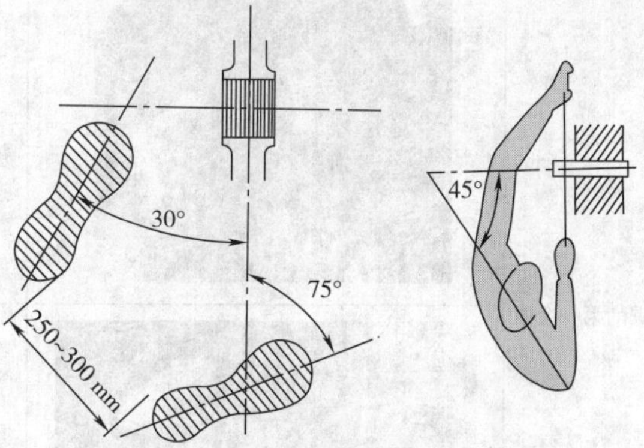 30°　75°　45°　250~300 mm 站在台虎钳的左斜侧，左脚前跨半步，左膝略有弯曲，右腿在后，站稳并伸直，不要太用力，整个身体保持自然
		起锯时，右手满握锯弓手柄，拇指压在食指上，左手拇指挡住锯条，使锯条保持正确的起锯位置，在工件上向远离自己的一端开始锯削
起锯	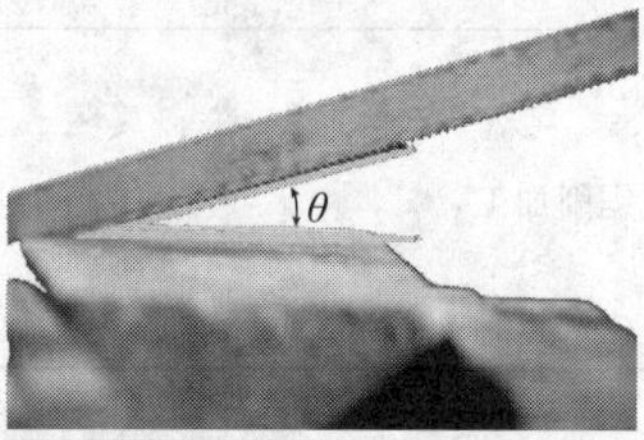 θ	为了起锯平稳、准确，起锯角 θ 要小，一般为15°左右
		起锯时施加的压力要小，往复行程要短，速度要慢。锯到槽深2 ~3 mm且锯条不会滑出槽外时，左手拇指可离开锯条，扶正锯弓，使锯条逐渐与加工平面平行，锯槽延伸至水平，继续正常锯削

续表

步骤	图示	操作说明
锯削第一个面	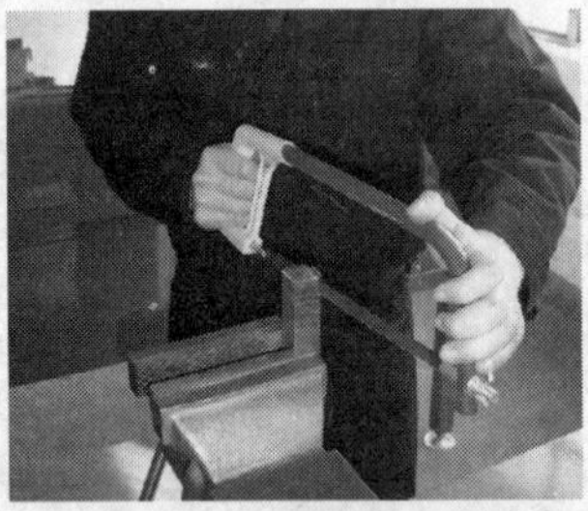	右手满握锯弓手柄，左手轻扶在锯弓前端，身体随着锯弓的前后移动而自然摆动。锯弓推出时为切削行程，要施加压力；返回行程不切削，不要加压力，自然拉回。锯削速度一般为 40 次/min 左右
	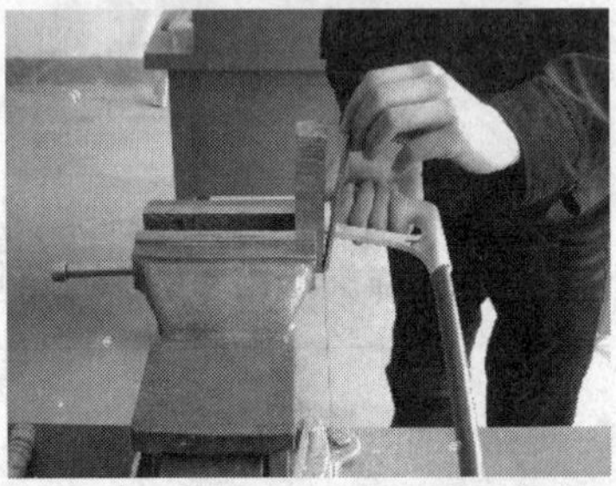	工件快要被锯断时，左手应扶住工件，右手轻施压力，慢速将工件锯断
检查尺寸		第一个面锯削完成后，利用游标卡尺检查尺寸是否符合要求
锯削第二个面	将工件旋转 90°装夹在台虎钳上，用同样的方法锯削第二个面，加工完成后应检查尺寸	
锯削完成		完成锯削加工

锯削加工中常见的问题及其原因分析如下：

(1) 锯缝歪斜

锯条安装得太松或相对于锯弓平面扭曲；使用锯齿两面磨损不均的锯条；工件夹持歪斜，锯削时未划线找正；锯弓未摆正或用力歪斜。

(2) 锯条折断

锯条安装得过松或过紧；工件未夹紧，锯削时抖动；锯削压力过大；强行纠正歪斜的锯缝；更换新锯条后仍在原锯缝中施加大压力锯削；锯削时用力突然偏离锯削方向。

任务4　锉　削

学习目标

1. 熟悉锉刀的类型、选择和手柄的安装方法。
2. 掌握锉削的基础知识。
3. 能正确使用锉刀进行锉削加工。

任务引入

用锉刀对工件表面进行切削加工的操作方法称为锉削，一般是在錾削、锯削之后对工件进行的精度较高的加工。

本任务旨在学习锉刀的类型、选择和手柄的安装方法，锉削的基础知识，并完成錾口锤制作的第四步——锉削，即使用锉刀在錾削、锯削后的工件上进行锉削加工。

相关知识

一、锉刀

1. 锉刀的类型

钳工常用的普通锉刀，按锉身长度的不同，包括100 mm、150 mm、200 mm、300 mm、350 mm、450 mm等规格；按其断面形状不同，分为平锉（又称为板锉）、方锉、三角锉、半圆锉和圆锉，见表4－4－1。

表4－4－1　锉刀的类型

类型	截面形状	图示
平锉		
方锉		
三角锉		

续表

类型	截面形状	图示
半圆锉		
圆锉		

锉刀锉齿的排列方式可分为单齿纹和双齿纹两种，除锉削软材料用单齿纹，其他都用双齿纹，如图 4－4－1 所示。双齿纹交错形成锉齿，锉齿的粗细分为粗、中、细等，适用于不同的场合。

a）　　　　　　　　　　　　b）

图 4－4－1　锉刀的齿纹
a）单齿纹　b）双齿纹

知识拓展

异形锉和整形锉

除普通锉刀外，常用的锉刀还有异形锉和整形锉。异形锉适用于锉削工件上的特殊表面，如图 4－4－2 所示。整形锉适用于修整工件上的细小部位，由若干把不同断面形状的锉刀组成一套，如图 4－4－3 所示。

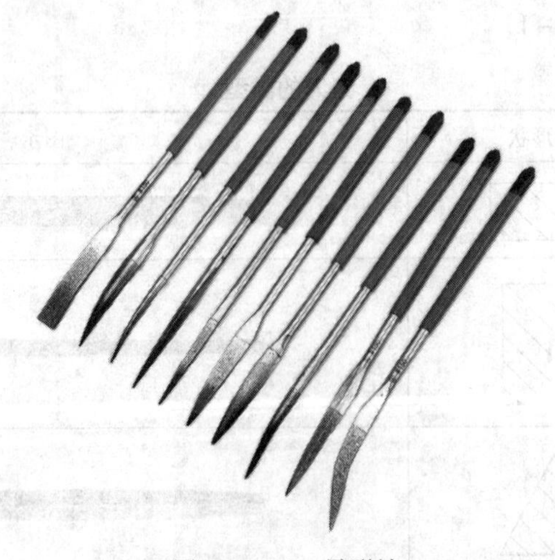

图 4－4－2　异形锉

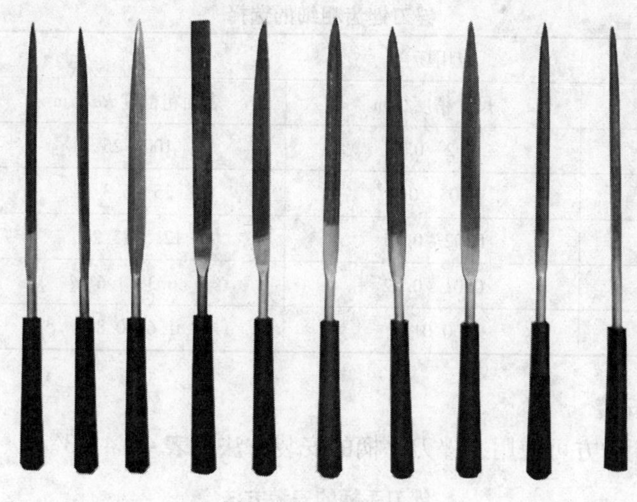

图4－4－3　整形锉

2. 锉刀的选择

（1）锉刀断面形状的选择

锉削加工时，不同的加工表面应选择不同断面形状的锉刀，两者要相互匹配，如图4－4－4所示。平锉用来锉削平面、外圆面和凸弧面，方锉用来锉削方孔、长方形孔和窄平面，三角锉用来锉削内角、三角孔和平面，圆锉用来锉削圆孔、半径较小的凹弧面和椭圆面，半圆锉用来锉削凹弧面和平面。

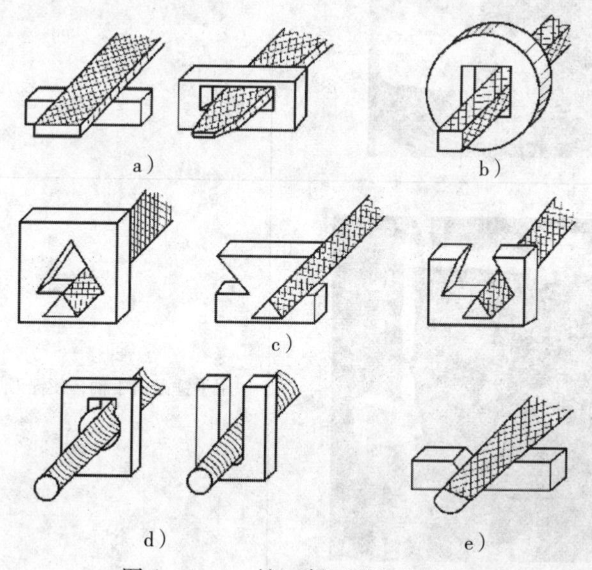

图4－4－4　锉刀断面形状的选择

a）平锉的应用　b）方锉的应用　c）三角锉的应用　d）圆锉的应用　e）半圆锉的应用

（2）锉刀锉齿粗细的选择

根据工件的锉削余量、尺寸精度和表面粗糙度要求，选择锉刀锉齿的粗细，见表4－4－2。

表 4－4－2　　锉刀锉齿粗细的选择

应用场合			选用锉齿粗细
锉削余量/mm	尺寸精度/mm	表面粗糙度 Ra/μm	
0.5～1	0.2～0.5	100～25	粗齿
0.2～0.5	0.05～0.2	25～6.3	中齿
0.1～0.3	0.02～0.05	12.5～3.2	细齿
0.1～0.2	0.01～0.02	6.3～1.6	双细齿
0.1 以下	0.01	1.6～0.8	油光锉

3. 锉刀手柄的安装

锉刀需安装手柄后方可使用，锉刀手柄的安装方法见表 4－4－3。

表 4－4－3　　锉刀手柄的安装方法

步骤	图示	说明
1		将锉刀尾部插入手柄的安装孔，利用锉刀自重墩入手柄
2		用手锤敲击手柄，使锉刀尾部进入手柄并紧固

安装锉刀手柄时，用力要适当，手柄上一定要有铁箍，以防木质手柄被锉刀胀裂而报废。

二、锉削基础知识

1. 锉削姿势

锉削操作时的姿势要注意三个方面：站稳弓步、握平锉刀、动作协调。

（1）站稳弓步

锉削操作时的站姿与锯削操作的站姿相似。站在台虎钳左斜侧，身体前倾 10°左右，左脚前跨半步，右脚在后，成前弓步，两脚站位如图 4－4－5 所示。

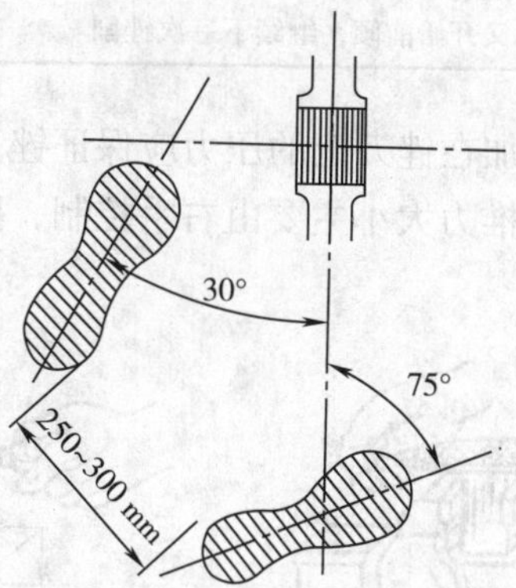

图 4－4－5　锉削时两脚站位

（2）握平锉刀

使用长度大于 250 mm 的锉刀时，握法如图 4－4－6 所示。右手紧握锉刀手柄，柄端顶住掌心，拇指放在手柄的上部，其余四指满握手柄；左手拇指根部压在锉刀头上，拇指自然伸直，中指、无名指握住锉刀前端，食指、小指自然收拢。

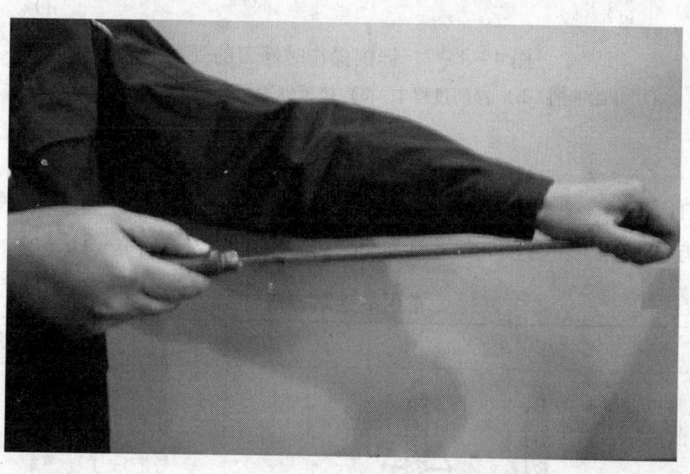

图 4－4－6　长度大于 250 mm 锉刀的握法

（3）动作协调

要确保每一次锉削操作都能达到预期的工艺标准，就必须使身体各部分协调动作，见表 4－4－4。

表 4－4－4　**锉削操作动作协调要求**

阶段	动作要求
预备姿势	双手握住锉刀，左臂弯曲，小臂与工件锉削面的左右方向保持平行；右小臂与工件锉削面的前后方向保持基本平行
锉削进程	身体与锉刀一起向前运动，右腿伸直并稍向前倾，重心在左脚，左膝自然弯曲；当锉刀推进至最后1/3 行程时，身体停止前进，两臂继续将锉刀向前推进到头
锉削回程	左脚自然伸直，并随着锉削时的反作用力将身体重心后移，使身体恢复原位，并顺势将锉刀收回。当锉刀回程结束时，身体又开始前倾，继续下一次锉削

锉削操作推进锉刀时，两手加在锉刀上的压力应保证锉刀平稳而不上下摆动，这样才能锉出平整的平面。推进锉刀时的推力大小主要由右手控制，而压力大小则由左手协同右手控制，如图 4－4－7 所示。

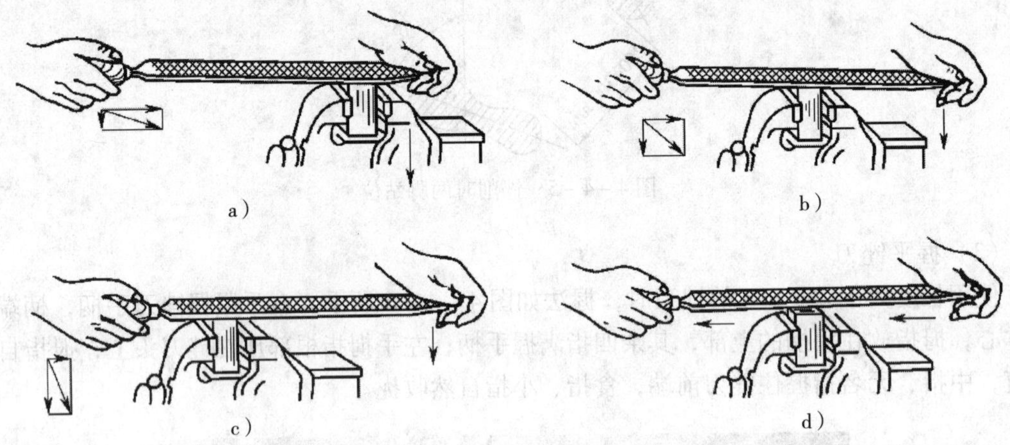

图 4－4－7　锉削操作时锉刀的受力

a）开始锉削　b）锉削过程中　c）接近锉削行程尾部　d）锉削回程

2. 锉削方法

（1）基本锉削方法

常用的锉削方法包括顺向锉、交叉锉和推锉三种，见表 4－4－5。

表 4－4－5　**常用的锉削方法**

锉削方法	图示	说明
顺向锉		顺向锉用于锉削较小平面和精锉。工艺特点是锉刀运动方向与工件夹持方向保持一致

续表

锉削方法	图示	说明
交叉锉	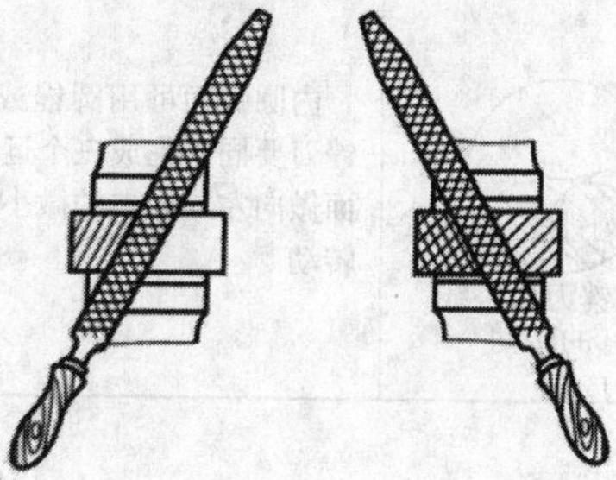	交叉锉用于粗锉，但在完成前仍需要改为顺向锉，以使锉痕平直。工艺特点是从两个交叉方向对工件进行锉削，锉刀运动方向与工件夹持方向成35°左右的夹角
推锉		推锉用于锉削加工余量较小的窄长平面。工艺特点是两手对称横握锉刀，用拇指推动锉刀顺着工件的长度方向进行锉削

（2）典型加工面的锉削方法

常见的典型加工面包括平面、外圆弧面和内圆弧面，其锉削方法见表4－4－6。

表4－4－6　常见典型加工面的锉削方法

加工面	图示	说明
平面	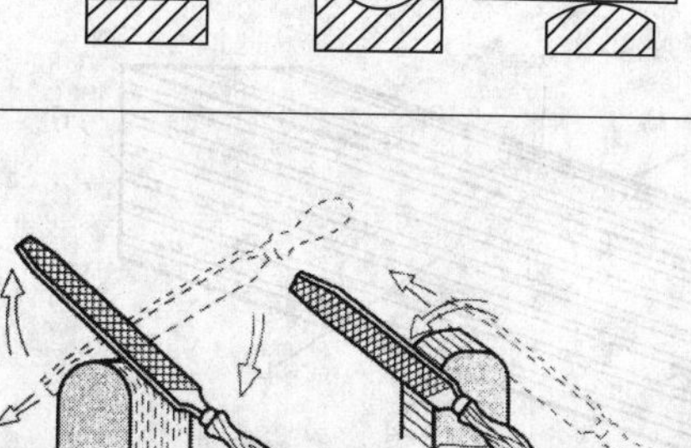 目测方向	先用交叉锉方法粗锉，再用顺向锉方法精锉，并经常用刀口尺通过透光法检查平面度 检查时，将刀口尺垂直放在工件表面，沿纵向、横向和对角线方向逐一检查。若刀口尺与工件平面间透光微弱且均匀，说明该平面是平直的；反之，说明该平面是不平直的
外圆弧面	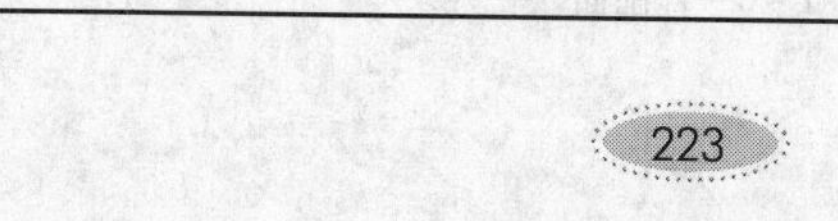 顺弧锉　对弧锉	顺弧锉时，锉刀要同时完成向前运动和绕圆弧中心的摆动。锉刀位置不容易掌握，锉削效率也不高，但圆弧面光洁、圆滑，适用于精锉圆弧面 对弧锉时，锉刀做直线运动，并不随圆弧中心摆动，将圆弧面锉成非常接近圆弧的多棱面，适用于粗锉圆弧面

续表

加工面	图示	说明
内圆弧面	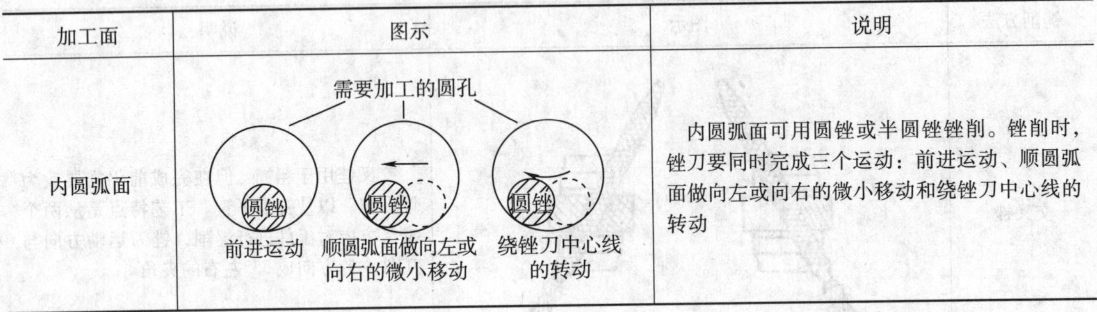	内圆弧面可用圆锉或半圆锉锉削。锉削时，锉刀要同时完成三个运动：前进运动、顺圆弧面做向左或向右的微小移动和绕锉刀中心线的转动

任务实施

一、任务准备

根据任务需要，按照实训器材清单（见表 4－4－7）准备好相应的工具和材料，设置好安全防护措施。

表 4－4－7　实训器材清单

类别	准备内容
工具	游标卡尺、刀口尺、直角尺、游标高度卡尺、锉刀等
材料	任务 3 完成锯削的工件

二、分析图样

接上一个任务，对完成粗加工的工件，采用锉削的方法进行表面的精加工，锉削加工图样如图 4－4－8 所示。

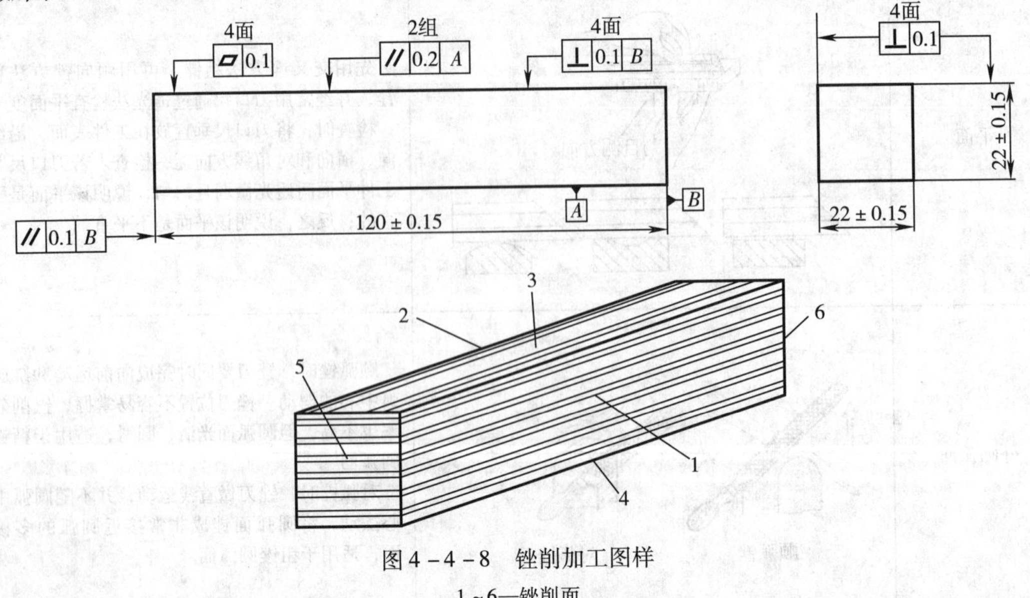

图 4－4－8　锉削加工图样

1～6—锉削面

图中， 是两个平行平面的平行度公差要求，表示工件上的锉削面必须位于距离为0.2 mm且平行于基准平面的两个理想平行平面之间。

三、锉削加工

锉削加工操作步骤见表4－4－8。

表4－4－8　　锉削加工操作步骤

步骤	图示	操作说明
装夹工件	 10～15 mm	将工件装夹在台虎钳钳口宽度的中间位置，锉削面应高出钳口平面10～15 mm，并处于水平位置
站位		站在台虎钳的左斜侧，左脚前跨半步，右脚在后，两腿自然站立
加工第一个面		
粗锉	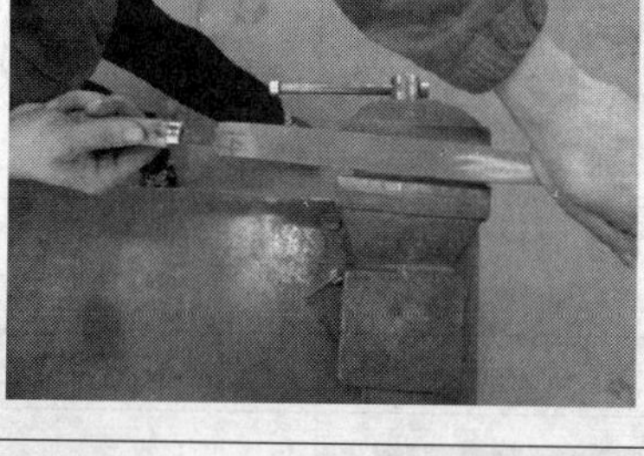	采用交叉锉方法或顺向锉方法对工件表面进行粗锉，留0.3 mm左右的精锉余量
精锉		选用细齿锉刀对粗锉后的表面进行精锉修整，以达到图样要求

续表

步骤	图示	操作说明
检查平面度		用刀口尺检查纵向平面度，观察透光是否微弱、均匀
		用刀口尺检查横向平面度，观察透光是否微弱、均匀
		用刀口尺检查对角线方向平面度，观察透光是否微弱、均匀
加工第二个面（第一个面的相对面）		
划线	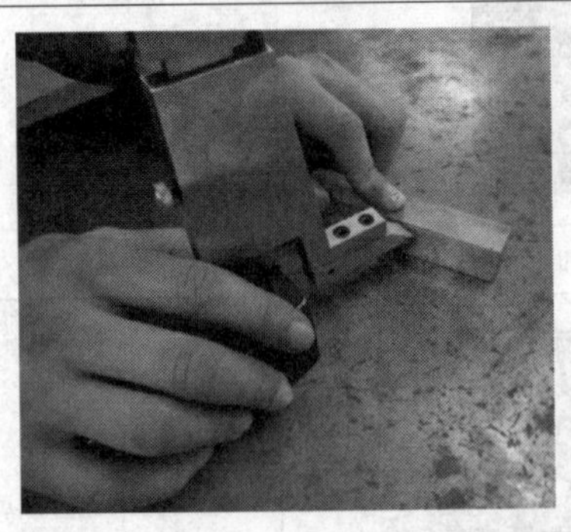	以加工好的第一个面作为基准面，将工件放置于平板上，用游标高度卡尺划出距基准面22 mm的第二个面的加工线
锉削	重新装夹工件，锉削第二个面，锉削方法同第一个面，先粗锉，留0.3 mm左右的精锉余量，再选用细齿锉刀精锉表面，以达到图样要求	
检查平面度	采用透光法检查第二个面的平面度，检查方法同第一个面	
检查平行度	  	使用游标卡尺两外测量爪多点测量第二个面与第一个面之间的尺寸，测得的最大尺寸与最小尺寸的差值不超过0.2 mm，即满足图样的平行度要求

续表

步骤	图示	操作说明
加工第三个面（第一个面的相邻面）		
锉削	重新装夹工件，锉削第三个面，锉削方法同第一个面	
检查平面度	采用透光法检查第三个面的平面度，检查方法同第一个面	
检查垂直度		使用直角尺多点检查第三个面与第一个面的垂直度，直至达到图样垂直度要求
加工第四个面（第三个面的相对面） 以加工好的第三个面作为基准面，划线、锉削、检查方法同第二个面		
加工第五个面（端面）		
锉削		重新装夹工件，锉削第五个面，锉削方法同第一个面
检查垂直度	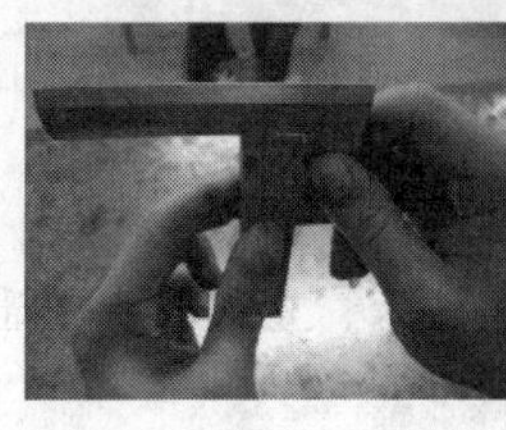 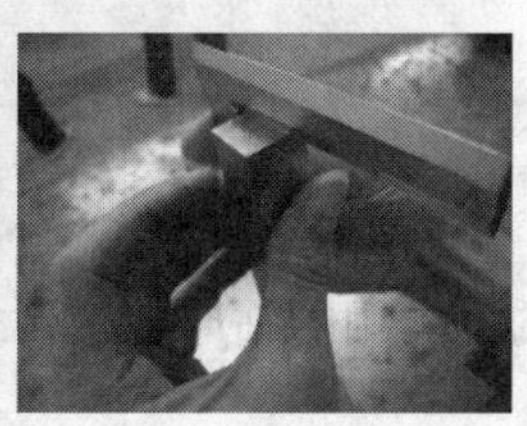	锉削过程中要经常检查锉削面与第一个面、第三个面的垂直度
加工第六个面（第五个面的相对面） 以加工好的第五个面作为基准面，划线、锉削、检查方法同前		
锉削完成		完成锉削加工

任务5 孔加工和螺纹加工

学习目标

1. 熟悉钻床、钻头，攻螺纹和套螺纹工具。
2. 掌握孔加工、攻螺纹和套螺纹的操作工艺。
3. 能正确使用钻床、钻头，攻螺纹和套螺纹工具进行孔加工和螺纹加工。

任务引入

用钻头在工件上加工孔的方法称为钻孔，是孔加工的主要方法之一，此外还有扩孔和铰孔等。用丝锥在孔中切削出内螺纹的加工方法称为攻螺纹（俗称攻丝），用板牙在圆杆或管子上切削出外螺纹的加工方法称为套螺纹（俗称套丝）。孔加工、攻螺纹和套螺纹是钳工的基本操作技能。

本任务旨在学习钻床、钻头，攻螺纹和套螺纹工具，孔加工、攻螺纹和套螺纹的操作工艺，并完成錾口锤制作的第五步——孔加工和螺纹加工，即在锉削后的工件上进行钻孔、攻螺纹加工，同时在圆杆上进行套螺纹加工。

相关知识

一、孔加工

1. 钻床和钻头

钳工钻孔主要是由钻床来完成的，常用的钻床包括台式钻床、立式钻床和摇臂钻床，如图4－5－1所示。

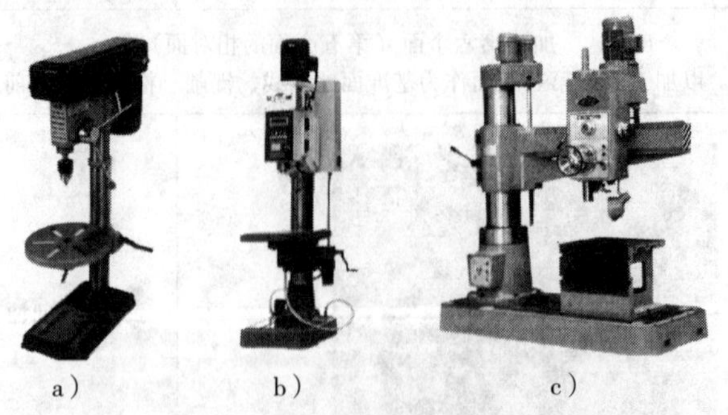

图4－5－1　常用的钻床

a）台式钻床　b）立式钻床　c）摇臂钻床

钻床使用的钻头一般为麻花钻，钻体用来做钻孔加工，钻柄用来夹持、定心和传递动力。ϕ13 mm 以下的钻头一般制成直柄式，ϕ13 mm 及以上的钻头一般制成锥柄式，如图 4－5－2 所示。

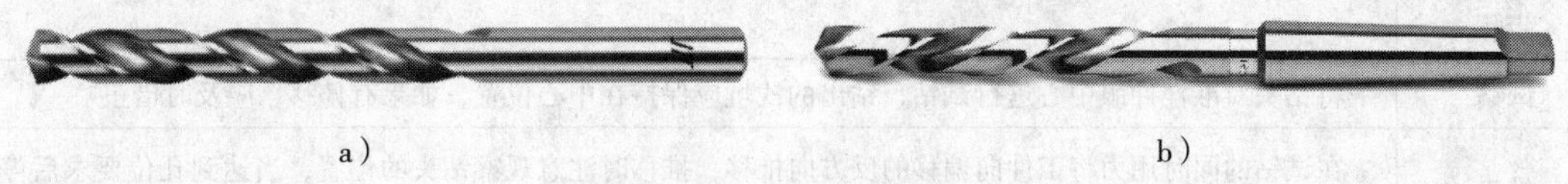

图 4－5－2　麻花钻

a）直柄式　b）锥柄式

2. 钻孔操作工艺

（1）钻床的使用

钻削直径小于 12 mm 的孔一般使用台式钻床。台式钻床可以调节三挡或五挡不同的转速，变速前应先停机。台式钻床的机头和工作台可以进行上下或左右的调整，调整到所需的位置后，必须把手柄锁紧。钻孔时，主轴做顺时针转动。

台式钻床的使用注意事项如下：

1）操作台式钻床时，严禁戴手套或垫棉纱，留长发者要戴工作帽；工件、夹具、刀具必须装夹牢固、可靠。

2）钻深孔或在铸件上钻孔时，需要经常退刀，排除切屑；钻通孔时，应在工件的底部垫木板，以免钻伤工作台。

（2）钻头的更换

常用钻头的更换方法见表 4－5－1。

表 4－5－1　　常用钻头的更换方法

类型	图示	说明
直柄式	松	直柄式钻头用钻夹头夹持。安装时，先将钻头的钻柄塞入钻夹头的三个卡爪内，塞入长度不能小于 15 mm，然后用钻夹头钥匙顺时针旋转外套，夹紧钻头；拆下钻头时，用钻夹头钥匙逆时针旋转，松开卡爪，即可取下钻头
锥柄式	矩形舌部　钻头套　楔铁	锥柄式钻头用钻头套夹持，直接与主轴连接。安装时，必须先擦净主轴上的锥孔，并使钻头套矩形舌部的长度方向与主轴上腰形孔中心线方向一致，利用加速冲力一次装接；拆下钻头时，用楔铁顶出

（3）操作要点

钻孔的操作要点见表4－5－2。

表4－5－2　钻孔的操作要点

步骤	说明
试钻	将钻头对准样冲眼中心进行试钻，钻出的浅坑应保持在中心位置，如果有偏移，应及时借正
借正	在试钻的同时用力将工件向偏移的反方向推移，推移时注意观察钻头的位置，当达到孔位要求后停止借正
钻孔	将工件压紧，沿试钻后正确的孔位进行钻孔，钻孔时应经常退钻排屑。孔将钻穿时，应减小进给力，以免钻头折断或工件随钻头转动而造成事故
加注切削液	为使钻头散热冷却，提高钻头的耐用度，改善加工孔的表面质量，钻孔时应加注切削液

3. 扩孔和铰孔

（1）扩孔

扩孔是指使用扩孔工具扩大工件孔径的加工方法。

既可使用麻花钻进行扩孔操作，也可使用扩孔钻完成精度要求较高的扩孔操作。使用麻花钻扩孔时，由于钻头横刃不参加切削，轴向力小，进给省力。

（2）铰孔

铰孔是指使用铰刀从工件孔壁上切除微量金属层，以提高孔的尺寸精度和表面质量的加工方法。

铰刀是一种多刃切削工具，具有多个切削刃和较小的顶角，如图4－5－3所示，铰孔时切削余量小、切削阻力小、导向性好。

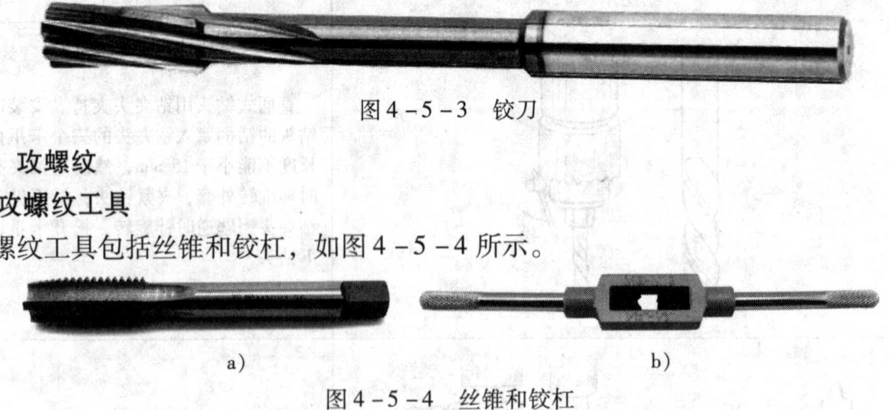

图4－5－3　铰刀

二、攻螺纹

1. 攻螺纹工具

攻螺纹工具包括丝锥和铰杠，如图4－5－4所示。

a）　　b）

图4－5－4　丝锥和铰杠

a）丝锥　b）铰杠

（1）丝锥

丝锥是加工内螺纹的刀具。攻螺纹时，为了减小切削力和延长丝锥寿命，一般将整个切削量分配给几支丝锥来共同承担。通常M6～M24丝锥每组有两支，M6以下及M24以上的丝锥每组有三支，细牙螺纹丝锥为两支一组。成组丝锥切削量的分配形式包括锥形分配和柱形分配两种，见表4－5－3。

表4－5－3　成组丝锥切削量的分配形式

分配形式	说明
锥形分配（等径丝锥）	各支丝锥的大径、中径、小径均相等，只是切削锥长度和切削锥角不等。切削锥较长且切削锥角较小的为初锥，在通孔中攻螺纹可一次加工完成螺纹成品尺寸；切削锥较短的为底锥，只起修短螺尾的作用；切削锥长度介于初锥和底锥之间的为中锥，具有单支丝锥的功能
柱形分配（不等径丝锥）	各支丝锥的大径、中径、小径以及切削锥长度和切削锥角均不相等。切削锥较长且切削锥角较小的为第一粗锥（头锥），在攻螺纹时起粗加工作用；切削锥较短的为精锥，起最后精加工作用；切削锥长度介于头锥和精锥之间的为第二粗锥（二锥），起第二次粗加工作用。这种丝锥的切削量分配比较合理，切削省力，各支丝锥磨损量差别小、寿命长，攻制的螺纹表面粗糙度值小。通常三支一组的丝锥按6∶3∶1分担切削量，两支一组的丝锥按3∶1分担切削量

（2）铰杠

铰杠是用来夹持丝锥进行攻螺纹操作的工具，使用时将丝锥在铰杠夹口中夹持紧固。铰杠的长度应根据丝锥尺寸来选择，见表4－5－4。

表4－5－4　铰杠长度的选择

丝锥尺寸	铰杠长度
≤M6	150～200 mm
M8～M10	200～250 mm
M12～M14	250～300 mm
≥M16	400～450 mm

2. 攻螺纹操作工艺

（1）确定底孔直径

攻螺纹前，应先确定底孔直径，底孔直径应略大于螺纹小径，还要根据工件材料性质综合考虑，可用以下经验公式计算。

对钢和塑性较大的材料：　$D_{孔}=D-P$

对铸铁等脆性材料：　$D_{孔}=D-1.05P$

式中　$D_{孔}$——底孔直径，mm；

D——螺纹公称直径，mm；

P——螺距，mm。

（2）操作要点

攻螺纹的操作要点见表4－5－5。

表4－5－5　攻螺纹的操作要点

步骤	说明
孔口倒角	攻螺纹前要划线、钻底孔，底孔孔口要进行倒角处理，以便于丝锥切入。通孔则需要在两端都倒角
起攻	用头锥起攻，丝锥与工件表面垂直，可一手按住铰杠中部，用力加压，另一手配合做顺时针旋转

续表

步骤	说明
检查、校正	当丝锥攻入1~2圈后，从间隔90°的两个方向用直角尺检查丝锥与工件表面的垂直度。若不符合要求，校正丝锥位置至符合要求
攻螺纹	攻入3~4圈后，不要再对铰杠加压，只需两手握稳铰杠，均匀用力旋转铰杠即可。一般每转1/2~1圈，应倒转1/4~1/2圈，以利于排屑
二攻	更换二锥进行二攻，操作要点同上

(1) 攻螺纹时，必须先使用头锥起攻，再用二锥二攻。

(2) 攻螺纹中扳动铰杠时，一定要转动平稳，切忌左右晃动，否则容易使螺纹牙型撕裂、螺纹孔扩大或出现锥度。

(3) 攻螺纹前可以加注切削液，以减小切削阻力和螺纹表面粗糙度值。

三、套螺纹

1. 套螺纹工具

套螺纹工具包括板牙和板牙架，如图4-5-5所示。

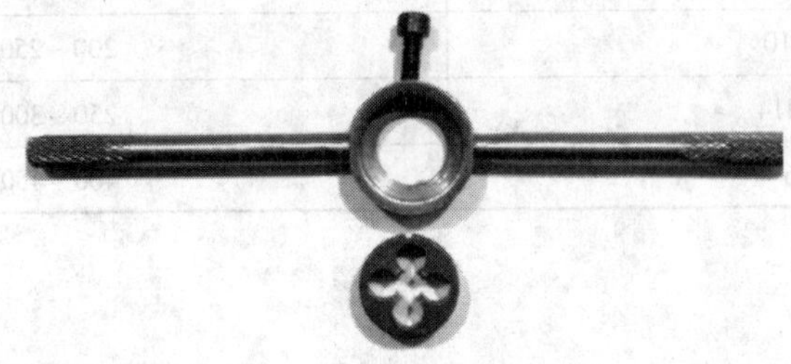

图4-5-5 板牙和板牙架

(1) 板牙

板牙是加工外螺纹的工具。板牙相当于一个具有很高硬度的螺母，螺孔周围制有容屑孔；两端磨有切削锥，可以两面使用；中间是校准部分；外边缘有固定槽，用于将板牙固定在板牙架上。

(2) 板牙架

板牙架用于安装板牙。板牙架上装有紧固螺钉，用于将板牙固定在板牙架上，避免套螺纹操作时板牙转动。

2. 套螺纹操作工艺

(1) 确定圆柱形工件外径

套螺纹前，应先确定圆柱形工件外径，圆柱形工件外径应略小于螺纹大径，可用以下经验公式计算：

$$d_{圆} \approx d - 0.13P$$

式中 $d_{圆}$——圆柱形工件外径，mm；

d——螺纹公称直径，mm；

P——螺距，mm。

（2）操作要点

套螺纹的操作要点见表4－5－6。

表4－5－6　套螺纹的操作要点

步骤	说明
倒角	套螺纹前将圆柱形工件端部倒成15°～20°的锥体，且锥体的小端直径略小于螺纹小径，避免切出的螺纹起端出现锋口，否则螺纹起端容易发生卷边而影响螺母的拧入
起套	起套时，一手按住板牙架中部，沿工件的轴向施加压力；另一手配合做顺时针切进，转动要慢，压力要大，并保证板牙端面与工件轴向垂直，否则会出现螺纹一边深一边浅的现象
套螺纹	当板牙套入3～4圈后，不要再施加压力，两手握稳板牙架，顺着旋转方向均匀用力转动，套螺纹过程中应注意经常倒转排屑

（1）夹持圆柱形工件时一定要紧固，避免套螺纹时工件转动，为防止工件夹持偏重或夹出痕迹，一般用厚铜皮作衬垫，以保证夹紧可靠。

（2）在钢件上套螺纹要加切削液，以保证螺纹质量，延长板牙的使用寿命，使切削省力。

任务实施

一、任务准备

根据任务需要，按照实训器材清单（见表4－5－7）准备好相应的工具和材料，设置好安全防护措施。

表4－5－7　实训器材清单

类别	准备内容
工具	台式钻床、钻头、丝锥、铰杠、板牙、板牙架、游标卡尺、直角尺、手锤、样冲、90°锪孔钻等
材料	任务4完成锉削的工件、ϕ12 mm×250 mm圆钢

二、分析图样

接上一个任务，在完成锉削加工的工件上进行钻孔、攻螺纹加工，形成錾口锤锤头工件；在ϕ12 mm圆钢上进行套螺纹加工，形成錾口锤锤柄工件。孔加工和螺纹加工图样如图4－5－6所示。

图中，表示内螺纹，表示外螺纹，特征代号用“M”表示，M10表示螺纹公称直径为10 mm，孔口处与圆杆端部需做倒角处理。

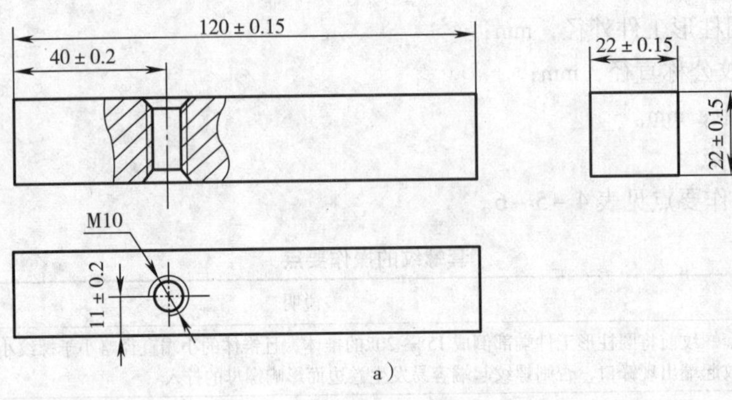

a）

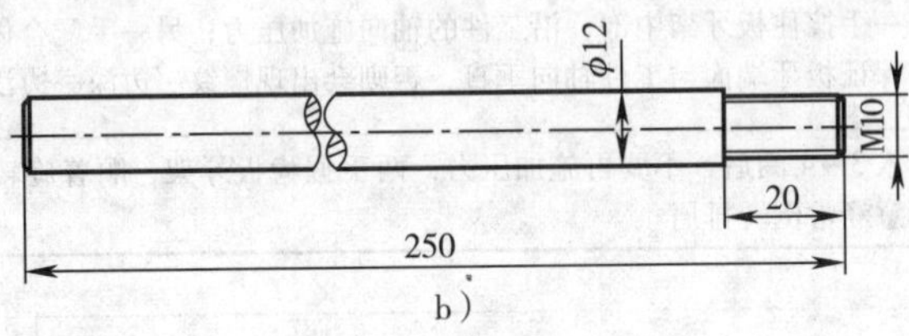

b）

图 4 -5 -6　孔加工和螺纹加工图样

a）锤头　b）锤柄

三、钻孔

钻孔操作步骤见表 4 -5 -8。

表 4 -5 -8　　钻孔操作步骤

步骤	图示	操作说明
划线		按图样要求划出孔的中心线

续表

步骤	图示	操作说明
冲眼		将样冲外倾，使尖端对准十字线正中
		将样冲立直，打样冲眼
	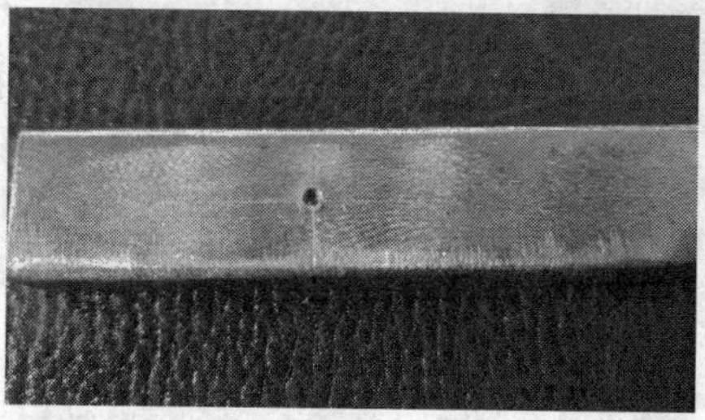	完成后的样冲眼
装夹工件		用平口钳装夹工件，并将平口钳固定在台式钻床的工作台上，调整好工件的位置

续表

步骤	图示	操作说明
安装钻头		先根据内螺纹的尺寸确定攻螺纹前的底孔直径，再选择合适的钻头并装夹在钻夹头上，然后缓缓转动台式钻床主轴，在确认钻头位置合适后，用钻夹头钥匙锁紧钻头
试钻	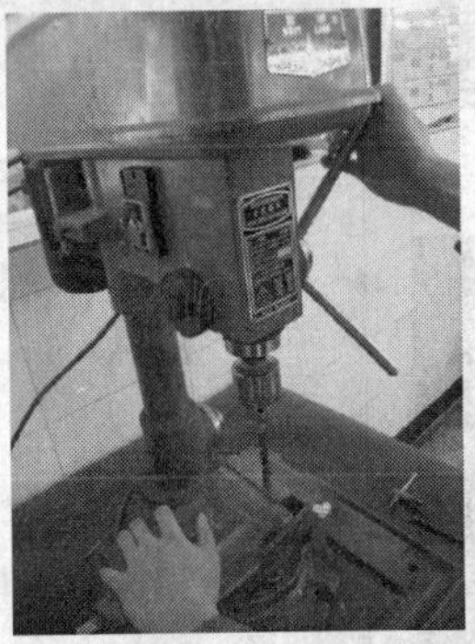	接通电源，扳动进给手柄，使钻头下降，对准样冲眼中心，钻一个小凹坑，以防钻头偏移
钻孔	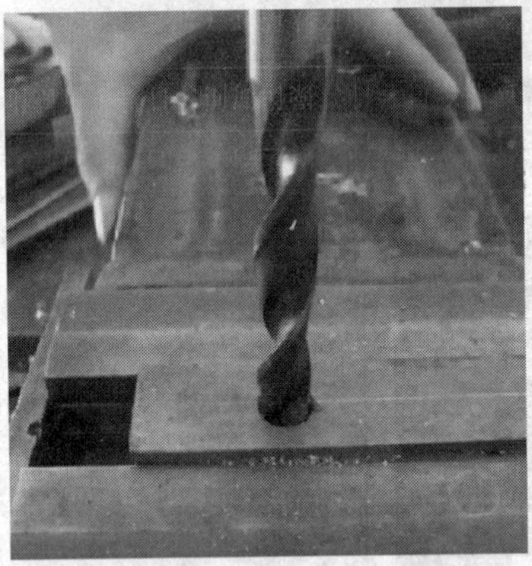	按照钻孔的操作要点完成钻孔操作
倒角		钻孔完成后，使用90°锪孔钻进行孔口倒角

四、攻螺纹

攻螺纹操作步骤见表4-5-9。

表 4－5－9　　攻螺纹操作步骤

步骤	图示	操作说明
装夹工件		将工件装夹在台虎钳上，应尽量使其底孔中心线置于铅垂位置，使攻螺纹时易于判断丝锥是否垂直于工件表面
安装丝锥	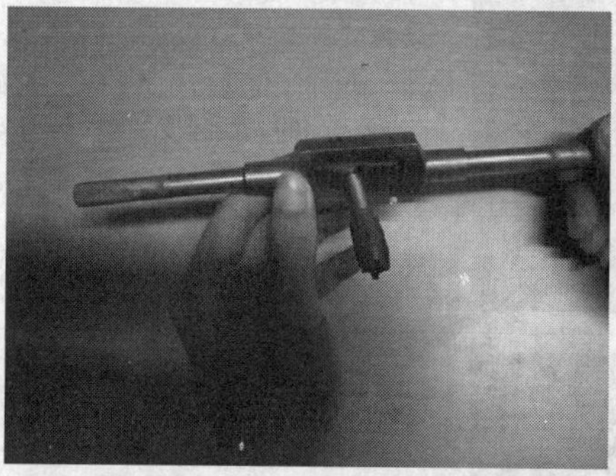	选用 M10 丝锥，将头锥安装在铰杠中间的铰杠夹口中并紧固
起攻	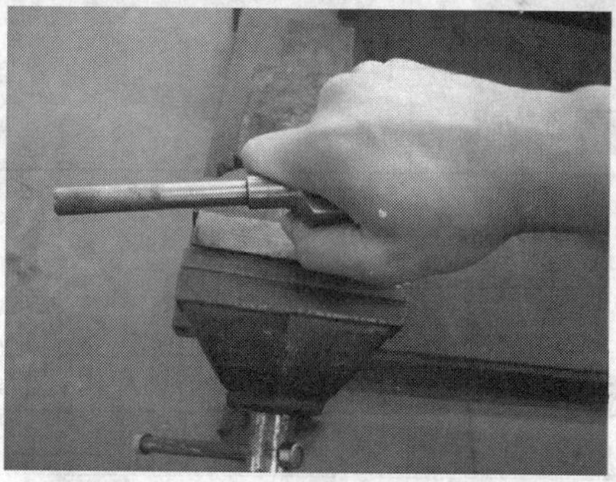	将丝锥导入底孔中，起攻时，将丝锥放正，一手握住铰杠中部，并适当加压，另一手握住铰杠柄部旋转，将丝锥攻入孔内 1 ~ 2 圈
检查、校正		卸下铰杠，用直角尺检查丝锥与工件表面的垂直度。如发现有偏斜，应在攻螺纹时加以校正，并再做检查

续表

步骤	图示	操作说明
攻螺纹	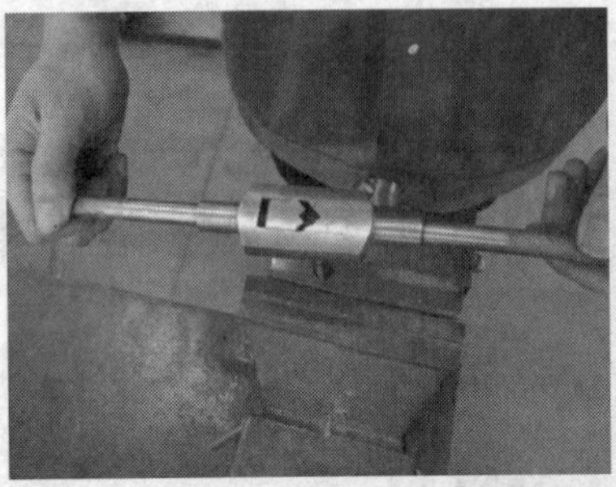	当丝锥的切削部分全部进入工件孔时，只需两手握稳铰杠，均匀转动即可，为避免切屑过长而卡住丝锥，每转动铰杠1/2～1圈，应倒转1/4～1/2圈，使切屑容易排出
二攻	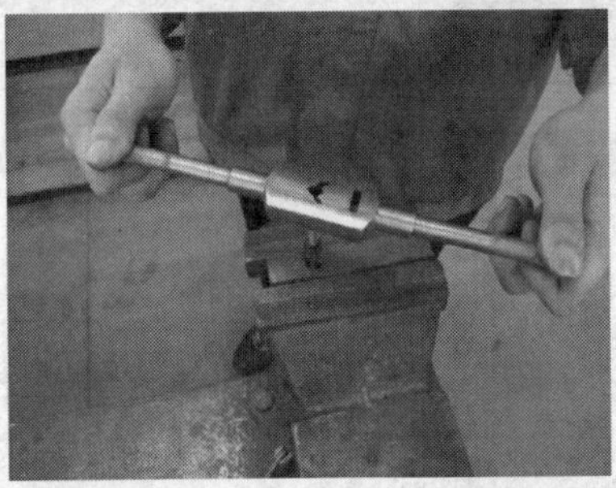	更换二锥进行二攻，直至标准尺寸，并提高螺纹表面的光洁程度
攻螺纹完成	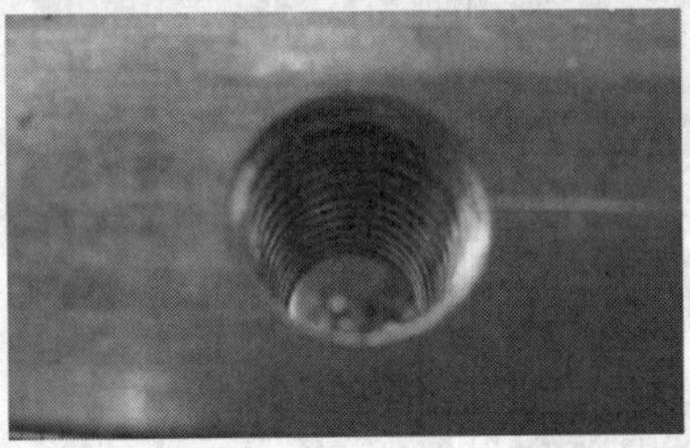	完成攻螺纹操作

五、套螺纹

套螺纹操作步骤见表4－5－10。

表4－5－10 套螺纹操作步骤

步骤	图示	操作说明
倒角		套螺纹前，将圆杆端部倒成15°～20°的锥体
安装板牙	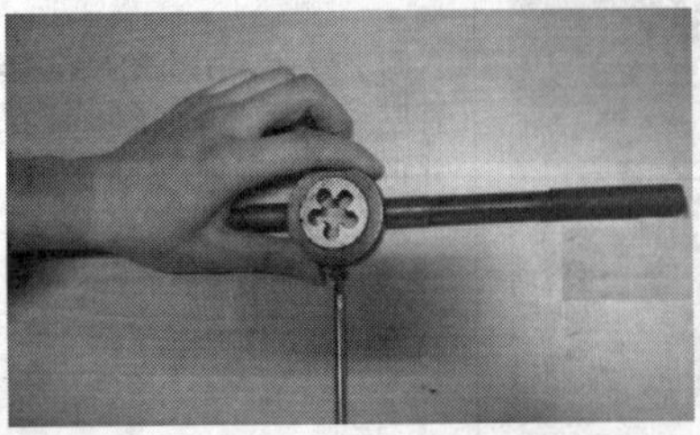	将板牙安装于板牙架中，将板牙架上的紧固螺钉对准板牙安装孔，拧紧紧固螺钉加以固定

续表

步骤	图示	操作说明
套螺纹	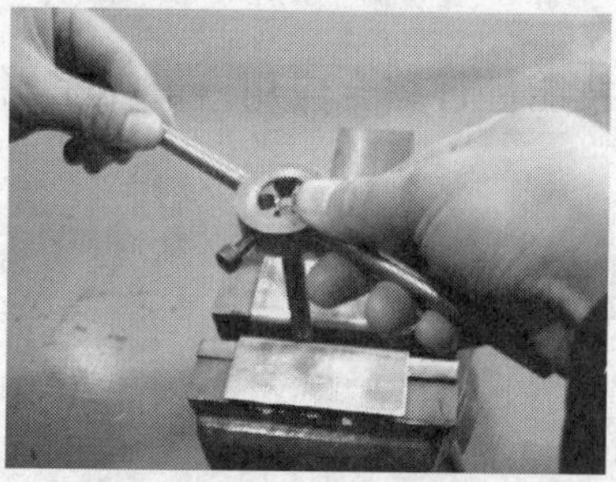	将工件装夹在台虎钳上，为防止圆杆夹持偏重或夹出痕迹，一般用厚铜皮作衬垫，以保证夹紧可靠，圆杆套螺纹部分伸出应尽量短，呈铅垂方向放置 起套方法与攻螺纹起攻方法一样，注意，在板牙套入圆杆2~3圈时，应及时检查板牙端面与圆杆的垂直度并做校正
		套螺纹过程中，为了断屑，板牙每转动1圈，应倒转1/2圈进行排屑
套螺纹完成		完成套螺纹操作
检查配合		将圆杆的外螺纹旋入长方体的内螺纹中，如果旋入比较轻松，说明内、外螺纹的加工质量较好

任务6　錾口锤的制作

学习目标

1. 了解机械装配的基础知识。
2. 了解装配图及其识读方法。
3. 进一步掌握划线、錾削、锯削、锉削、孔加工、螺纹加工等钳工基本操作技能。
4. 能完成錾口锤的制作，并达到图样要求。

任务引入

本任务旨在将前面所学钳工基本操作技能进行综合应用，最终完成錾口锤的加工和装配。

相关知识

一、机械装配基础知识

机械装配是根据规定的技术要求，将零件或部件进行配合和连接，使之成为半成品或成品的工艺过程。装配是机械制造过程的最后环节，在机械制造过程中占有非常重要的地位。

1. 装配技术要求

（1）一般要求

1）工程机械产品装配应按照产品图样、工艺要求及有关技术文件进行，并符合相关标准规定。

2）所有待装配的零部件均应检验合格后方可装配。

3）零部件在装配前，应将铁屑、毛刺、油污、泥沙等杂物清除干净，其配合面及摩擦表面不允许有锈蚀、划痕和碰伤情况。零件的油孔、油槽应清洁畅通。

4）装配前涂漆的零件或部位，在漆膜干透前不应进行装配。

5）装配过程中的机械加工工序（如钻孔、攻螺纹等）应符合相关标准的规定。

6）装配过程中，所有零部件不允许有磕碰和划伤。

7）箱体、阀体等零件与其他零件连接处应紧密，装配后不允许加工与内腔相通的孔。

8）零部件装配后，各润滑处应注入适量的润滑油（或脂）。

（2）紧固件的装配

1）螺钉、螺栓和螺母紧固时严禁打击或使用不合适的旋具和扳手。紧固后螺钉槽、螺母和螺钉、螺栓头部不应损坏。

2）螺钉、螺栓和螺母拧紧后，其支承面应与被紧固零件贴合。

3）图样或工艺文件中注明拧紧力矩要求的紧固件，应紧固到规定的拧紧力矩；未注明拧紧力矩要求的紧固件，其拧紧力矩可参照相关标准。

4）同一零件用多件螺钉（螺栓）紧固时，各螺钉（螺栓）应遵循交叉、对称的原则，按一定顺序分 2 ~ 3 次拧紧。长方形布置的成组螺栓或螺母，拧紧应从中间开始，逐渐向两边对称地扩展；圆形或方形布置的成组螺栓或螺母，应对称拧紧。如有定位销，应从靠近定位销的螺钉（螺栓）开始拧紧。

5）各种止动垫圈在螺母拧紧后，应随即弯转舌耳。螺栓头部防松保险钢丝应按螺纹旋向穿装缠牢。用双螺母且不使用螺纹锁固剂防松时，应先装薄螺母，用 80% 左右的拧紧力矩拧紧后，再用 100% 的拧紧力矩拧紧厚螺母。

6）装配的紧固件性能等级应符合图样及技术文件的规定，不允许用低性能紧固件替代高性能紧固件。用高性能紧固件替代低性能紧固件，应符合连接副的要求。

2. 装配工艺

常用的装配工艺包括清洗、平衡、刮削、螺纹连接、胶接、校正等，见表4-6-1。

表4-6-1　装配工艺

工艺	说明
清洗	使用清洗液和清洗设备对装配前的零件进行清洗，去除表面残存油污，使零件达到规定的清洁度 常用的清洗方法包括浸洗、喷洗、气相清洗和超声波清洗等
平衡	对旋转零部件使用平衡试验机或平衡试验装置进行静平衡或动平衡试验，测量出不平衡量的大小和相位，用去重、加重或调整零件位置的方法，使之达到规定的平衡精度
刮削	在装配前对配合零件的主要配合面进行刮削加工，以保证较高的配合精度。部分刮削工艺已逐渐被精磨和精刨等代替
螺纹连接	用扳手或电动、气动、液压等工具拧紧各种螺纹紧固件，以达到一定的拧紧力矩
胶接	使用工程胶黏剂和胶接工艺连接金属零件或非金属零件，操作简便，且易于机械化
校正	装配过程中使用测量工具测量出零部件间各种配合面的形状精度（如直线度和平面度等）、零部件间的方向精度和位置精度（如垂直度、平行度、同轴度和对称度等），并通过调整、修配等方法达到规定的装配精度 校正是保证装配质量的重要环节

3. 装配步骤

机械装配一般包含准备、装配、检查、调试四个步骤，见表4-6-2。

表4-6-2　装配步骤

步骤	说明
准备	研究和熟悉装配图的技术要求，了解产品的结构、各零部件的作用和相互连接关系；确定装配方法、顺序和所需的工具；清洁装配的零件和工作环境，不能有油污、铁屑等杂物，并倒去棱边和毛刺
装配	采用不同的装配方法，按照技术要求和工艺规范进行零件的装配
检查	每完成一个部件的装配都要按照图样和技术要求对以下环节进行检查：装配是否完整，有无漏装零件；零件安装位置是否准确；各连接部分是否可靠，紧固件是否达到装配要求；活动件是否运动灵活。如发现问题应及时分析处理 总装完成后主要检查各装配部件之间的连接，清理装配中产生的铁屑、杂物、灰尘等，确保各传动部件间没有障碍物，并做好调试准备
调试	检查无误后开始调试，调试时注意观察运动速度、运动平稳性、传动轴运动情况等主要工作参数。如发现问题应立即停止，分析并排除故障后继续进行调试，直至工作正常

矫正与弯形

机械加工过程中经常需要对工件进行整形加工，常见的整形加工包括矫正和弯形。

矫正是指消除材料的弯曲、翘曲和凹凸不平等缺陷的加工方法。常用的矫正工具包括矫正平板和铁砧、手锤、拍板和抽条、压力机等。矫正时，使用不同的工具和矫正方法针对不同材质、形状的工件进行矫正，如图4－6－1所示。

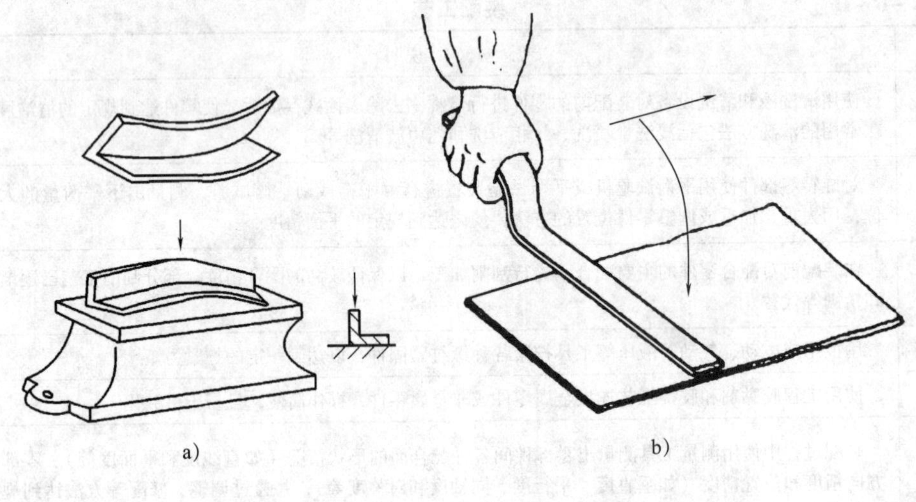

图4－6－1　矫正

a）利用铁砧对角钢进行矫正　b）利用抽条对板料进行矫正　c）利用压力机对轴类工件进行矫正

弯形是指将材料弯成所需要形状的加工方法。弯形时，外侧（外层）部分的材料因拉伸而伸长，内侧（内层）部分的材料则因受压而缩短，只有处于中间（中性层）部分的材料长度不变。因此，只有塑性良好的材料才能进行弯形。板材的弯形过程如图4－6－2所示。

弯形方法分为冷弯和热弯两种。冷弯法是指材料在常温下进行弯形，适合材料厚度小于5 mm的钢材；热弯法是指材料在预热后进行弯形。

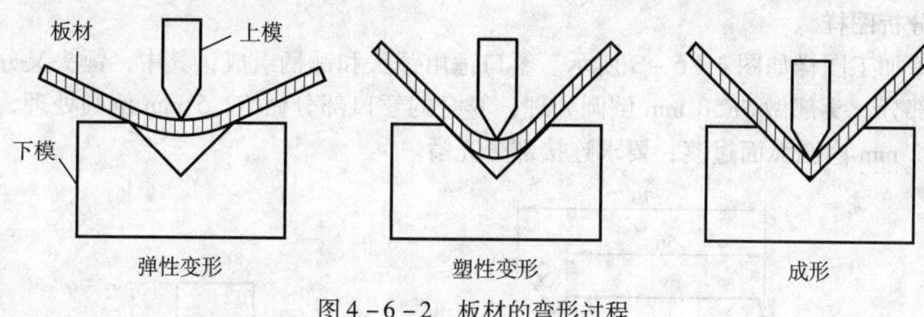

图 4－6－2　板材的弯形过程

二、装配图及其识读

1. 装配图的内容

完整的装配图应包含一组图形，尺寸数据，技术要求以及标题栏、零件序号和明细栏等，见表 4－6－3。

表 4－6－3　装配图的内容

内容	说明
一组图形	一组图形用来表达机器（或部件）的工作原理、装配关系和结构特点
尺寸数据	标注反映机器（或部件）的规格（性能）尺寸、安装尺寸、零件之间的装配尺寸以及外形尺寸等
技术要求	用文字或符号注写机器（或部件）的质量、装配、检验、使用等方面的要求
标题栏、零件序号和明细栏	根据生产组织和管理的需要，在装配图上对每个零件编注序号，并填写明细栏；在标题栏中注明装配体名称、图号、绘图比例等

2. 装配图的识读方法与步骤

（1）概括了解。

（2）了解装配关系和工作原理。

（3）分析零件，读懂零件的结构和形状。

（4）分析尺寸，了解技术要求。

任务实施

一、任务准备

根据任务需要，按照实训器材清单（见表 4－6－4）准备好相应的工具和材料，设置好安全防护措施。

表 4－6－4　实训器材清单

类别	准备内容
工具	平板、划针、划规、钢直尺、手锯、平锉、圆锉、半圆锉、直角尺、游标高度卡尺、游标卡尺、半径样板等
材料	任务 5 完成孔加工和攻螺纹的锤头工件、完成套螺纹的锤柄工件

二、分析图样

錾口锤加工图样如图 4－6－3 所示。錾口锤由锤头和锤柄组成，其中，锤头又分为头部和錾身两部分。头部做 $SR50$ mm 倒圆处理；錾身的錾口部分做 $R2.5$ mm 倒圆处理，錾身斜面通过 $R12$ mm 内圆弧面过渡，要求连接部分光滑。

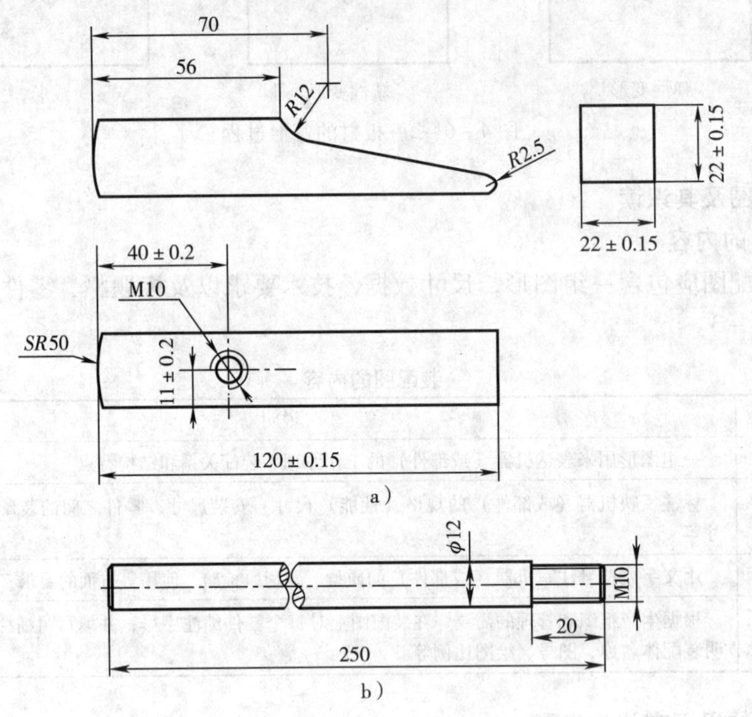

图 4－6－3　錾口锤加工图样

a）锤头　b）锤柄

錾口锤的装配如图 4－6－4 所示。

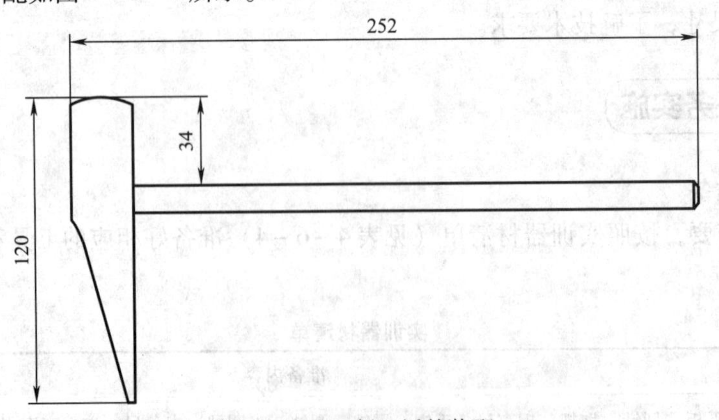

图 4－6－4　錾口锤的装配

三、制作錾口锤

錾口锤制作步骤见表 4－6－5。

表 4－6－5　　錾口锤制作步骤

步骤	图示	操作说明
检查材料		检查前续任务准备的錾口锤锤头工件，用游标卡尺检查工件尺寸（22 mm×22 mm×120 mm）
	划线	
划端点		为使划线清晰，可在工件表面涂色（如涂蓝油等） 将游标高度卡尺调整为56 mm，划出圆弧的一个端点（距离工件底端56 mm）
划 $R12$ mm 圆弧	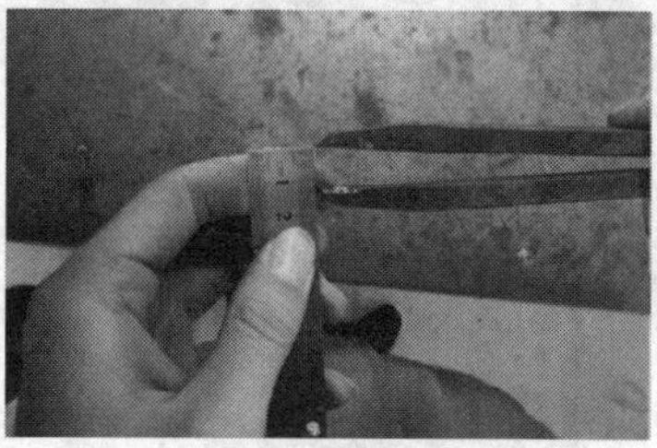	将划规两脚尖距离调整为12 mm
	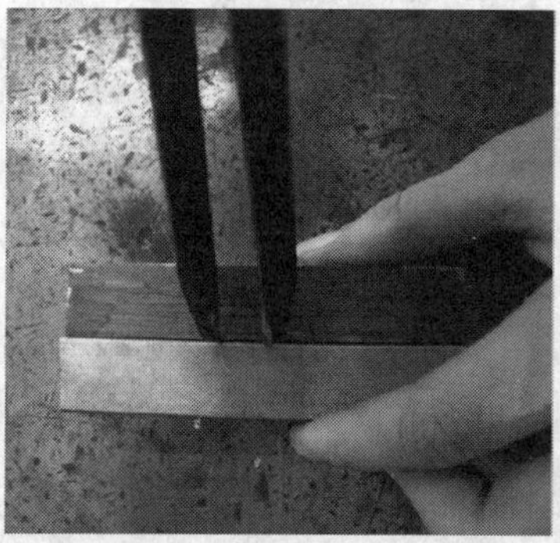	由于 $R12$ mm 圆弧的圆心在工件外侧，需要使用靠铁辅助划线，靠铁与工件等厚且底端与工件底端对齐。以端点为圆心在靠铁上划弧 注意：划线过程中不得随意移动工件和靠铁的位置

续表

步骤	图示	操作说明
划 R12 mm 圆弧		将游标高度卡尺调整为70 mm，在靠铁上划出辅助线（距离靠铁底端70 mm）
		找到 R12 mm 圆弧的圆心（靠铁上圆弧和辅助线的交点），打样冲眼标记
	 	再将靠铁与工件保持底端对齐，以样冲眼为圆心，在工件上划出 R12 mm 圆弧
划 R2.5 mm 圆弧与 R12 mm 圆弧的切线	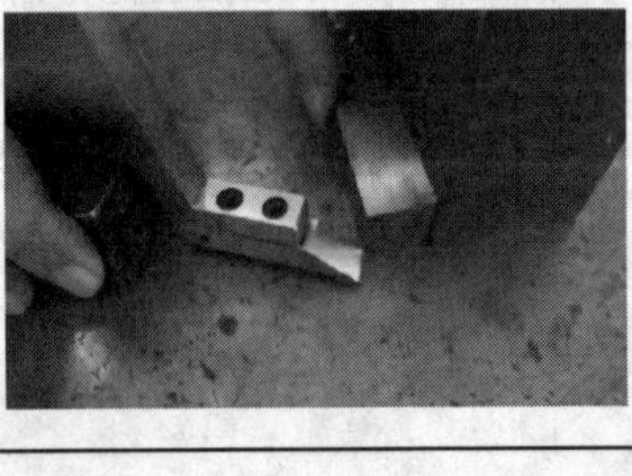	由于錾口部分需要倒 R2.5 mm 圆角，所以在工件顶端划出5 mm 连接点

续表

步骤	图示	操作说明
划 R2.5 mm 圆弧与 R12 mm 圆弧的切线	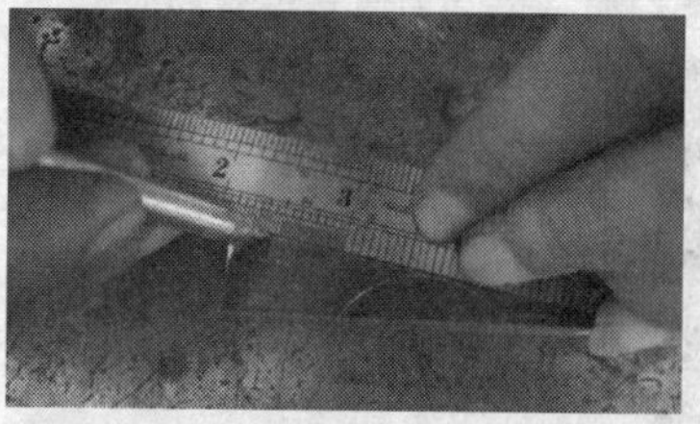	用划针和钢直尺划出 R2.5 mm 圆弧与 R12 mm 圆弧的切线
完成划线	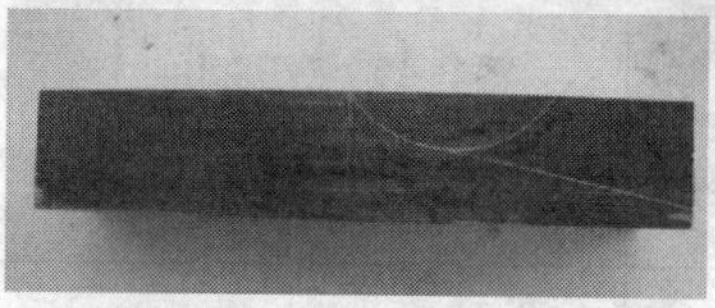	用同样的方法在划线面的对面划出相同的轮廓线，完成划线
锯削		
装夹工件		将工件装夹在台虎钳上
分段锯削	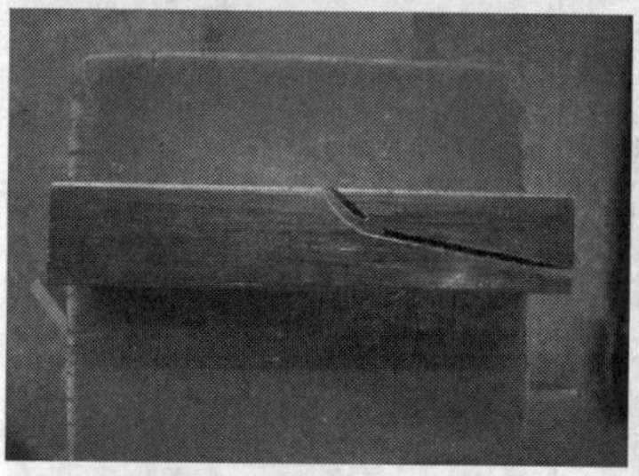	用手锯按划线轮廓锯去錾身斜面多余的材料，由于圆弧部分无法一次完成锯削，所以分两次进行锯削
锯削完成		完成锯削
锉削		
粗锉 R12 mm 内圆弧面		将工件装夹在台虎钳上，用半圆锉粗锉 R12 mm 内圆弧面至划线线条（留 0.3 mm 精锉余量）

续表

步骤	图示	操作说明
粗锉錾身斜面		用平锉粗锉錾身斜面至划线线条（留 0. 3 mm 精锉余量）
粗锉 R12 mm 内圆弧面与錾身斜面连接部分		用平锉粗锉 R12 mm 内圆弧面与錾身斜面连接部分至划线线条（留 0. 3 mm 精锉余量）
精锉		用平锉精锉，用半圆锉做推锉修整，使各加工面连接圆滑、光洁，纹理整齐
检查 R12 mm 内圆弧面		在锉削过程中经常使用半径样板 R12 mm 凸板检查圆弧面，若存在偏差，应及时修正，确保圆弧面符合要求

续表

步骤	图示	操作说明
锉削 *SR*50 mm 球面	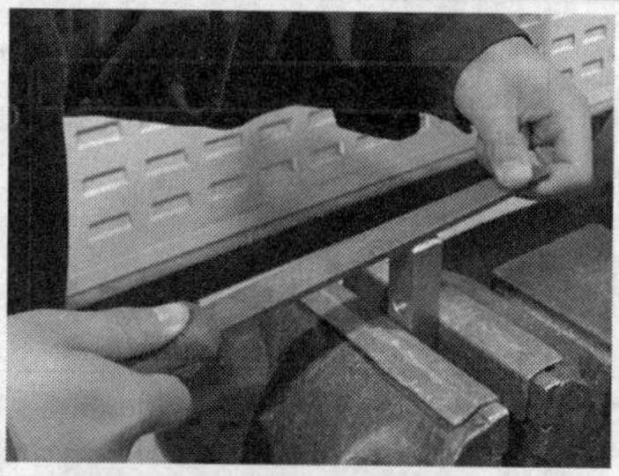	用平锉按照图样要求锉削头部 *SR*50 mm 球面，使各面连接圆滑、光洁，纹理整齐
检查 *SR*50 mm 球面		使用半径样板 *R*50 mm 凹板检查球面是否符合要求
锉削 *R*2.5 mm 外圆弧面		用平锉按照图样要求锉削錾口部分 *R*2. 5 mm 外圆弧面，使各面连接圆滑、光洁，纹理整齐
检查 *R*2.5 mm 外圆弧面		使用半径样板 *R*2. 5 mm 凹板检查圆弧面是否符合要求

续表

步骤	图示	操作说明
锉削完成	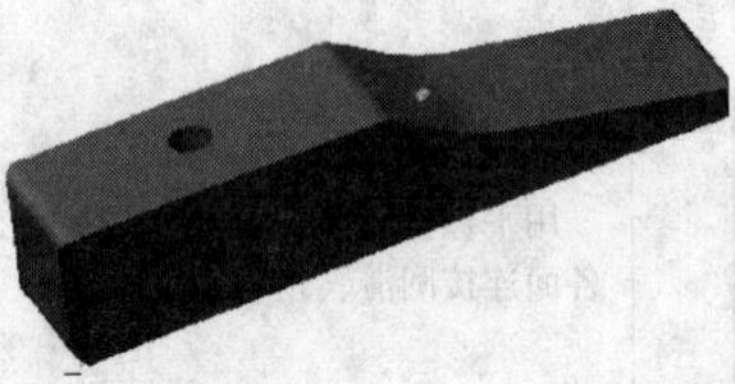	完成锉削
装配		
装配		按照螺纹配合将锤头与锤柄进行装配